"揭榜挂帅"
实践与发展

李海丽　陈海燕　李　玲　曹　静◎著

经济管理出版社
ECONOMY & MANAGEMENT PUBLISHING HOUSE

图书在版编目（CIP）数据

"揭榜挂帅"实践与发展／李海丽等著. -- 北京：
经济管理出版社，2025. -- ISBN 978-7-5243-0222-3

Ⅰ. G322.1

中国国家版本馆CIP数据核字第2025Q3C056号

组稿编辑：陆雅丽
责任编辑：杜　菲
责任印制：许　艳
责任校对：蔡晓臻

出版发行：经济管理出版社
　　　　　（北京市海淀区北蜂窝 8 号中雅大厦 A 座 11 层　100038）
网　　址：www.E-mp.com.cn
电　　话：(010) 51915602
印　　刷：唐山玺诚印务有限公司
经　　销：新华书店
开　　本：720mm×1000mm/16
印　　张：21
字　　数：329 千字
版　　次：2025 年 4 月第 1 版　　2025 年 4 月第 1 次印刷
书　　号：ISBN 978-7-5243-0222-3
定　　价：98.00 元

前　言

党的十八大以来，国家高度重视科技创新，把关键核心技术攻关摆在国家发展全局的重要位置。自 2016 年以来，助力关键核心技术攻关的"揭榜挂帅"制度经历了"尝试探索—有序落实—推广实践"的历程，从"会议主题"上升到"国家层面的顶层设计"，被明确写入了《中华人民共和国国民经济和社会发展第十四个五年规划和 2035 年远景目标纲要》。

本书课题组长期从事科技管理改革研究，从 2020 年开始研究"揭榜挂帅"制度，承担了科技部的"适应新型科研项目组织模式的科技监督范式研究""'揭榜挂帅'项目组织管理模式研究"等项目，北京科学技术委员会、中关村科技园区管理委员会的"北京市新型科研项目组织管理模式研究""中关村领军企业强链工程机制研究""揭榜挂帅项目组织实施评估"等项目，支撑国家和北京市"揭榜挂帅"相关政策的制定，并跟踪评估"揭榜挂帅"项目的组织实施情况和效果。为支撑国家和北京市"揭榜挂帅"机制改革，课题组开展了系统深入的研究工作：一是深入研究了国家部委和各地的"揭榜挂帅"有关文件，重点分析"揭榜挂帅"的适用范围、项目类型、组织管理流程、支持方式等；二是赴京津冀区域的北京、天津，长三角区域的上海、浙江的宁波和金华，粤港澳大湾区的深圳、广州，中西部区域的武汉等地实地调研，深入了解各地"揭榜挂帅"实施的成功经验和存在问题。

本书是课题组"揭榜挂帅"研究成果的集成，共分八章。其中前三章从国内外科学研究资助模式的演变说起，以历史的视角对政府资助科技发展的脉络进行梳理。从国际上看，各国对科学研究的态度经历了从放任自流到积极资助再到主动管理和控制的过程，形成了以政府科学基金制为主导，个人和企业等捐赠和私人基金为辅的科学研究资助格局。从国内来看，我国科学体制化的形成经历了从古代中央集权下封建王朝利用国家权力推动科技发展，到学习西方近代科学成立中央研究院实现有组织地发展科技的过程。新中国成立以来，在科技体制改革历程中，我国科学研究资助模式和管理方式不断调整和变革，特别是"十三五"之后开始探索新的组织管理模式，如委托国家实验室实施、业主单位负责、帅才科学家领衔、"揭榜挂帅""赛马制"等。由此引出"揭榜挂帅"组织管理模式，从"揭榜挂帅"实施的背景、概念和内涵、组织实施等方面展开论述。

第四至第八章，分区域即国家层面、京津冀区域、长三角区域、粤港澳大湾区、中西部区域，对我国"揭榜挂帅"的实践情况进行详细介绍。国家层面包括科技部、工信部、国家发展改革委、中央企业；京津冀区域包括北京市、河北省、天津市；长三角区域包括浙江省、上海市、江苏省、安徽省；粤港澳大湾区包括广东省、广州市、深圳市；中西部区域包括湖北省、湖南省、重庆市。对于每个区域而言，首先，总体论述该区域"揭榜挂帅"实践情况；其次，选取重点省或市，论述该地"揭榜挂帅"政策文本制定情况、榜单发布情况、实施效果等，分析该地"揭榜挂帅"项目组织管理特点；最后，总结该区域"揭榜挂帅"实践的特点，并就该区域实践情况展开一些关于"揭榜挂帅"适用范围、组织流程等方面的探讨。

希望本书研究成果能够为各相关主体"揭榜挂帅"实践提供指导，引导广大创新主体"解决真问题、真解决问题"，打好关键核心技术攻坚战。

由于著者学识和水平有限，书中疏漏之处在所难免，欢迎提出宝贵意见和建议。

目　录

第一章　科技管理体制的历史演变

近现代科学源于古希腊，特别是自然哲学传统或理论传统、理性精神。此外，还有当时的工匠传统或实践传统——这种传统在中世纪后期和文艺复兴时期进化为实验传统或实证精神。古希腊的科技繁荣在公元前 146 年被古罗马征服后中断。古罗马重创辉煌后，在公元 476 年随着西罗马帝国的灭亡，科学文化的历史也中断了，从而进入了漫长黑暗的中世纪。文艺复兴是西方科技史上的一次重大转折，随着人文主义的兴起，人们开始摆脱宗教束缚，追求理性与科学。近现代以来科学研究与国家利益和社会需求日益结合，科学家个体自由探索的研究被国家、企业或者社会资助的研究所取代；依靠简单仪器进行的低成本研究被更复杂、更昂贵的大科学研究所替代；单个科学家独立研究转向网络化、全球化的协作研究。科学研究日益成为需要巨额资金支持的庞大结构体系，越来越依靠国家和社会的资金支持，对科学研究的投资越来越成为关键性的国家利益投资。因此，全球主要发达国家和许多发展中国家都先后建立起自己的国家科研资助模式，确立自己的科学发展战略和政策，以实现对现代科学研究的有效管理。① 由于中西方政治制度、经济制度的不同，科技管理体制和资金来源也不一样，中国历史上一直有政府科研机构，如农业、水利、医学、天文以及数学都有专门的机构管理。中国古代典籍经、史、子、集中，科学技术相关内容在子部，如农家类、医家类、天文算法类、术数类等。中国科技体制主流是政府资助，还有大量的民间研究，如书院、独立科学家等。中国现代的科技管理内容来自西方，体制上是

---

① 吕群燕. 现代科学研究的特点及科技基金的产生背景 [J]. 科技导报，2009，27（6）：112.

中西方结合，即政府既管科学研究也做科学研究。

政府对科技进步的认识、承认、支持以至干预是逐步发展起来的。从中世纪的经院哲学式科学研究，到 17 世纪科学学会的自然科学研究，到 19 世纪关注自然科学理论体系研究，再到第二次世界大战后的大科学研究，科学研究的内在需求及所处的社会环境都不同，科学研究资助呈现出不同的形态。由最初基于探求热忱而独自开展的研究，到后来需要外部赞助的实验性研究，到私人科学基金制深入化支持的科学研究，再到大科学时代国家需要和科学发展需要的由国家设立专门科研机构并拨款的政府科学基金。这几种形态转化及并存体现了科学发展和国家发展的必然逻辑规律。

第一节　国外科学研究资助模式的演变

一、政府资助科学研究活动的缘起

在漫长的人类历史上，最初的科学研究活动仅仅表现为个人的兴趣爱好和基于生产、生活以至宗教活动的简单需要，即使是"文艺复兴"时期，科学研究也处于简单劳动阶段。这种科学研究活动仅为了增长个人对自然界的认识，不考虑对社会经济的贡献。因此，当时科学研究活动不需要特殊的资助。[①]

政府资助科学研究的例子，最早可追溯到古埃及约公元前 2650 年的伊姆霍特普，他是埃及古王朝时期第三王朝第二位法老的大臣，是第一座金字塔的建筑师，并且也是所有历史文献中记录最早的医师。在他之后，埃及人掌握了如何移动 50 吨重石板的技术。公元前 1400 年后，埃及人已经掌握可以熟练移动 1000 吨石板的技术。希腊城邦时期被誉为发明创造的第一个黄金

----

① 蒋国华，赵红州. 论科学基金会 [J]. 科学管理研究，1983（6）：22-30.

期，那时，发明创造是由富裕的个人独自承担的，如阿基米德，他也是当时叙拉古君主赫农二世的科学顾问，负责为君主解决科学问题。狄奥尼修斯在公元前 399 年时通过高薪和奖金组建了一支科学家队伍，负责设计和制造战争机器。中世纪很多科学研究中断了，有两个人物值得一提，即罗马君士坦丁大帝和查理曼大帝。君士坦丁大帝兴建官办学堂研究神学，这就是当时的科研，金属冶炼和医药治疗等在这时期都属于神学范畴。查理曼大帝大力宣扬人文科学，包括读、写、算数、天文、医药等，当时贵族也一度以进入官办学府为荣。在这段时间内，还有一些工会组织也涉及科学研究，如各种金属的冶炼、锻造，对历史、植物等的研究。在 11 世纪，欧洲出现大学，开始在法学、医药、自然科学领域从事专门研究，到 1450 年，欧洲已经有约 80 所大学，而这些大学主要依靠君主资助。文艺复兴时期既是一个思想和社会大转变时期，也是科学的时间维度或实验科学逐渐受到关注的时期。近代科学在意大利逐渐走向繁荣，并且在研究方法上也日趋完善，突出表现为数学和实验方法的结合，相关组织也陆续出现，如以科学为主要研究对象的学会。①

二、科学研究活动资助形式"恩主制"的出现

十六七世纪开始，西方统治阶层开始资助科学研究活动，但并不具有明显的目的性。随着社会对科学研究需求的增长，科学研究的复杂程度和规模有了明显的变化，出现了许多超出科学家个人智力和财力的研究课题。科学家觉得有必要组织起来，以便进行智力上的相互协作，寻求社会对科学的资助，应对封建宗教势力的巨大压力。② 中世纪以后开始出现学会组织，17 世纪科学学会组织出现。英国皇家学会和法国皇家科学院的成立标志着科学学会时代的来临。科学完成了近代化建制，真正意义的科学共同体开始形成。此后西方社会崇尚科学风气日盛，科学研究不再是冥思苦想的理论知识，而

---

① 宋丽 . 17 世纪意大利山猫学会（Academia dei Lined）研究［D］. 上海：上海师范大学，2016.

② 蒋国华，赵红州 . 论科学基金会［J］. 科学管理研究，1983（6）：22-30.

是更关注实际生活，实验科学渐占上风。18 世纪，自然科学的大发展促进了工业革命的到来，工业革命的兴起反过来愈加使自然科学受到"追捧"，其被资本当作致富的手段，科学具备了大规模变成直接生产力的历史条件，从此开始了科学和工业紧密结合的新时代。科学大规模进入生产领域，提高了生产力；反过来，生产力也加速了科学研究社会化的进程。随着全社会科学能力的形成和提高，单纯靠科学家自身的科学研究活动已开始严重制约科学技术的发展。也就是说，经济动力问题成为科学发展生死攸关的大事了。问题的最初解决，就是"恩主制"的出现，即个人或机构对科学研究进行资助。18 世纪的"恩主"大部分是社会慈善家，19 世纪的"恩主"则是工业资本家。科学家通过各种渠道去寻找有意愿且有能力投入资金对科研进行资助的"恩主"，并依靠其支持从事耗资巨大的科研活动。在这一过程中，"恩主"也看到了科学研究带来的好处。此时吸引的"恩主"不只是王公贵族，还有一些能够承担大额资助经费的企业家或者工厂主。"恩主"想通过支持科学研究来获得经济利益或者实现资本增值。为了推动科学技术发展，一些政府机构或公司也成为资助科学研究的"恩主"，如 1714 年英国政府设立的经度奖，通过 2 万英镑高额悬赏征集测量经度方法，这是科技悬赏奖制度的里程碑，为解决某一特定领域的难题而专门征集科技创新成果。

三、从"恩主制"资助到私人基金制

到 19 世纪中后期，科学研究转向职业化和专业化，科学家需要组织起来，分工协作，有计划、有步骤地承担更大规模的科学研究任务，科学选题越来越大，研究周期越来越长，科学研究的资金需求规模庞大且需持续支持。这便使偶然的、时断时续的单个"恩主"资助陷入困境，取而代之的是多个"恩主"的联合资助。同时，私人和社会力量也看到了科学技术展现出转化为生产力的巨大作用，潜在的利益诉求和社会责任使得集合社会力量共同支持科学研究活动成为可能，此时私人科学基金制开始出现。私人科学基金会最早出现在美国、英国、德国等发达国家，其科技发展迅速、城市化进程进入高潮、初步完成由农业社会向工业社会转型，具备相应的条件。从 19 世纪中叶到 20 世纪中期，在各资本主义国家，各种科学基金会纷纷设立，如 1860 年德国建立的洪堡基金会，最初宗旨是接受各国捐赠资助德国科学家科学研究或出国考察。20 世纪初，美国政府对私人基金会及其捐款人给予免税优惠，一些私人财团相继建立了以个人命名的私人基金会，如洛克菲勒基金会、福特基金会等。基金会是保持独立法人资格的机构，其稳定性和科学的组织管理在资助科学研究上做出了很大贡献，后期对世界很多科学家的资助促进了整个科学事业的进步。例如，1895 年诺贝尔基金会设立，通过为世界各国最优秀的科学家提供奖金，成为对全世界科学研究发展具有重要贡献的资助奖励阵地。

私人基金制的三个资助特点：一是构建了一种集合社会财富资助科学研究的制度形式。将单个"恩主"的资金筹集起来作为科学基金，其大额资金可以满足科学研究日益深入的需求，保障科学研究资助的连续性，其经费来源广泛，较为稳定。二是管理的制度化和对项目直接资助。基金会是独立机构，实行由科学团体或团队来管理的具体运作模式，其制度化的管理能够保障资助的科学性、连续性和高效性，并由代理方进行资金管理，这样可以有效地规避对科学研究自主性的干预。科学基金制基本确定资助领域，对具体的科学研究议题和研究活动进行支持。这种直接的项目资助有利于推动研究本身的深入，调节资助的重点领域，使资助不仅灵活且更加有效，使科学研究人员可以免受或少受来自包括国家、政府在内的各方面约束或干扰，专心致志地从事研究工作。三是对资助项目进行竞争性评审。科学基金会具有特定的管理方式，根据资助范围和目标引入公开竞争机制，采取同行评议方式进行择优资助及管理，具有公正、合理、灵活、高效等优点。

四、从私人基金制资助到政府科学基金制

国家的发展在很大程度上取决于我们运用科学技术去解决面临问题的能力。因此，政府作为国家利益的代表者和维护者，如何去引导、影响这一重要因素的发展也就成为关系到国家、民族前途的大事，成为政府关心的重要问题。

第二次世界大战前，科学研究资助仍然以私人科学基金制为主。随着科学建制的不断扩张，科学研究需要投入更多的资金、更强的组织能力，而能担此重任的只有政府。第二次世界大战加速了私人科学基金制到政府科学基金制的转变。两次世界大战的爆发使各国政府明显地加强了对科技发展的干预，美国政府以国家力量为背景，动员大量资源，实施了"曼哈顿"计划，使科学与国家之间的关系产生了巨大的变化。"二战"后进入大科学时代，科学研究的特点是投资强度大、需要昂贵且复杂的实验设备、研究目标宏大、多学科交叉等。科学的组织形式和投入方式发生了转变，科学研究需要投入巨资与众多科学家参与，资助这样规模的科学研究，任何科学基金会都显得无能为力。因此，必须动员整个国家的经济力量来资助，从而进行有组织、有计划的科学研究活动，这就是现代国家资助的"大科学"事业。"二战"后，美国联邦政府开始大规模资助基础研究，成立由民间科学家领导的、接受政府财政拨款的科学基金会，采用研究拨款和合同制管理的方法对科学研究项目进行资助。1950年美国国家自然科学基金会的成立，标志着政府拨款的科学基金制开始实施，此后很多国家都效仿美国实行了国家科学基金制。基金会的资助是通过研究课题和法律程序发放拨款的形式实现的，采用同行评议的方式进行评审，其资助具有多选择性和高竞争性。国家科学基金制承袭了私人基金制的项目管理特点，将竞争性评价发展为完善的同行评议制度，并很快超越了私人科学基金制，迅速成为科研资助的主要形式。

政府科学基金制的四个资助特点：一是国家是科研经费的筹集者和管理者。科学研究规模越来越大、成本越来越高，与私人科学基金制相比，国家聚集资金的能力更大，更能够有效地支持科学研究。同时，国家有政策上的先天优势和广泛的组织权力，能够顺利地推动科学研究资助工作的开展。二是采用私人科学基金制的项目管理方式。除了直接向科研机构拨款，政府科学基金制对科研项目的资助沿袭了私人科学基金会的管理做法。依靠科学家民主管理，引入竞争机制，采取同行评议遴选项目，构建了一套符合现代科学研究性质和知识生产规律的科研资助制度体系。三是课题制成为在科学基金制度下的科研组织的基本形式。"二战"以来，发达国家或地区在研究与开发活动中普遍形成以课题为核心的组织管理模式。课题制成为当今世界各国或地区进行研究与开发活动的一种有效的和普遍采用的基本制度。四是国家和科研机构的一种契约机制。政府科学基金制是通过拨款项目和合同项目制实现国家控制经费、保持科学研究自主性的一种制度。一方面能实现以发展战略和资助政策为导向的宏观调控，使其为国家目标服务；另一方面可以保证有限的经费资助最优秀的科学家。

五、形成多种方式并存的科学研究资助格局

从科学发展史来看，科学和科学家最早出现于古希腊时期，当时的科学活动大多是由兴趣驱动的自由探索。自近代科学革命和工业革命以来，随着科学和技术不断融合，以及科学活动本身复杂性的加深，其组织性不断加强。[①] 第二次世界大战以后，科学在促进经济增长、保障国家安全、实现国家利益方面的作用愈加显著。科学与政府之间建立的前所未有的紧密联系使人们从理论层面上思考政府"为何支持"和"如何支持"科学研究。

"恩主制"改变了科学研究活动依靠个人财产资助的形式，通过寻找具有雄厚资金实力的"恩主"来支持科学研究。私人科学基金制将单个"恩主"的资金筹集起来作为科学基金，资助具体的科学研究项目，其竞争性资助模式有利于科学研究的深入。政府科学基金制最大的特点就是国家作为经费的筹集者和管理者，与私人科学基金制相比聚集资本的能力更强，适应了大科学时代科学发展的需要，能够有效地支持科研活动。同时充分地满足了依靠科学研究实现国家利益的需要。依靠科学家民主管理，引入竞争机制，通过同行评议选择项目，成为国家科研资助体制的基本特征。

总体来看，国家对科学研究的态度经历了从放任自流到积极资助再到主动管理和控制的过程。政府科学基金制成为协调国家和科学关系的契约机制，以中央政府拨款为主的国家科研资助制度成为各个国家资助科学研究的主导制度。通过政府拨款并采用科学基金管理方式，政府对科学研究发挥了强大

---

① 褚建勋，王晨阳，王喆. 国家有组织科研：迎接世界三大中心转移的中国创新生态系统探讨[J]. 中国科学院院刊，2023，38（5）：708-718.

的影响力和导向作用。

目前，对科学研究的资助已形成以政府科学基金制为主导，单个"恩主"（个人和企业等捐赠）和私人基金为辅的科学研究资助格局。例如，美国对科学研究资助力度较大且知名度较高的有西蒙斯基金会、斯隆基金会、考夫曼基金会、英特尔基金会等。资助遴选除了同行评议的方式，还采取"悬赏奖""挑战赛"等方式。自1714年英国政府设立经度奖后，美国、西班牙、英国、法国、德国等十余个国家先后设立了近百项科技悬赏奖。[①] 挑战赛方式如美国国防高级研究计划局（DARPA）自2004年首次启动技术挑战赛并设立资金，2007年后平均每年推出至少一项新技术挑战赛，涉及机器人、人工智能、传感器等先进科技，用挑战赛的方式来为一些棘手的国家安全项目开发创新的解决方案。

第二节 中华人民共和国成立前我国科学体制化的发展

中国封建社会的发展历史是十分漫长的，古代中国的科学技术是围绕着农业发展起来的，与农业技术关系密切的气象、天文、地理、历法、水利建设等发展较快，也较为系统，是我国古代科技最重要的部分。自秦汉以后，我国形成了封建专政的中央集权国家，科学的存在与发展依赖于帝王的恩赐。[②] 在中央集权的条件下，封建王朝可以利用国家权力集中组织社会力量推动科技的发展。中国很早以前就出现了钦天监、太医院等专门的国家科学研究机构并且各朝各代都会网罗大量专门人才从事天文学、数学、医学以及工艺、技术等领域的研究。到了清朝，科技发展建立在西学引入的基础上，

---

① 曾婧婧. 国家科研资助体制下"科技悬赏奖"的制度架构研究 [J]. 科技进步与对策，2014，31（8）：107-111.

② 阿牧. 试谈中国封建社会科学技术发展缓慢的原因 [J]. 内蒙古科技，1981，3（2）：74-78.

并受到清朝科技政策的影响。清朝时近代科学在我国大面积传播、发展，其间经历了洋务运动、戊戌变法、晚清新政三次重要的改革运动。从清末科学社团的萌发，到民国初年以中国科学社为代表的民间科学社团的陆续成立，再到中央研究院等政府主办的科研机构的建立，我国近代科学体制化逐渐形成。

一、清朝以前我国科技结构体系的发展

我国封建社会科学技术结构体系在春秋战国时期处于形成阶段，以后历经秦汉唐宋达到完善，明清以后进入缓慢发展阶段，基本上形成了相对比较完整的基础科学与技术门类体系结构，如天文学、医学、数学、农学等。在 16 世纪以前，我国科技发展在许多方面超过西方，如都江堰、郑国渠、南北大运河等都代表了我国古代高水平的水利工程技术，而这种技术是"以农立国"政策的集中体现；万里长城的兴建则是为了抵御外族的入侵；历法与天文学受到历代王朝的热切关注，也是由于儒家的农本主义和"天人相与"的伦理文化。我国早于欧洲约 1000 年就创办了科技专科学校，最早由朝廷颁定科技教材，刊行药典，建造大型天文观测、演示仪器等。

我国古代科学技术的特点之一，是科学技术的学习、传播、科技活动的组织与实施多以官方为主，官僚制度已经不再是一种纯粹的国家管理形式，其影响波及学术、科技、经济、社会心理意识等各个层面。封建政府拥有人力、物力、资金等方面的巨大优势，为全国范围内大规模的科技活动奠定了坚实的基础。封建政府支持那些对加强封建统治有利的科技机构的建立，使很多重要的实用性科技工作成为一种稳定的社会职业，因而也保证了这些科技事业能够持续稳定发展。封建政府可以借政府名义调动人力、物力、财力为其进行科学研究服务，而且科学研究成败的风险也由国家来承担，而不是个人。例如，郭守敬在研究天文学时在全国范围内设立天文观测点收集数据；沈括在进行物理学研究时也动用了国家力量。科技人才做官有利于使发展某些科学技术上升为国家意志，并以行政命令敦促各级政府切实实施，科技成

果能得到有力推广。科技事业可以通过政府的行政力量和借助法律有组织地开展，相关资源的调动可在尽可能大的空间范围内进行，效率较高，如蔡伦的造纸术也是由官方推广开来的。

我国古代科学技术的特点之二，是科学家多数是政府官员，如工部是最重要的科技官职之一，负责监督和管理水利、道路、桥梁、建筑、制造和矿业等各种工程和制造项目等。古代形成了以官僚为主体的科技人才结构，可以说这种人才结构是我国古代科技发展的主要动力。因为从事科学和工艺技术研究的大量物力、财力都控制在封建统治者手里，不依赖于统治阶级单独从事科学技术研究在人力、物力、财力上是不可能的。在这种情况下，科学技术的发展掌握在统治阶级手中。所以造成了我国古代许多大科学家都是官身，如祖冲之、张衡、郭守敬、沈括、宋应星、徐光启等。如果这些科学家不依附于统治阶级，利用其所控制的社会资源进行研究是很难有所成就的，他们对统治阶级的依附性与农民对土地的依赖性一样强烈，一旦失去了依附对象，成就就会受限。例如，农学类著作，大部分都由政府组织编写或由地方官和掌管农业的大臣亲自编写。

我国古代科学技术的特点之三，是与加强封建统治密切相关的领域如数学、天文学发展较好，并带有很强的实用色彩，以保障和维护统治者权力或显耀其威严，而这在某种程度上决定了中国古代科学与技术的发展方向。同时，也出现了与现代科学院类似的组织或机构。例如，东汉时期的洛阳伊阙是古代著名的科研机构之一，致力于历史和科技研究。周朝有太史，汉朝有太史令和御史大夫等，这些机构在当时承担了历史和科技研究的任务。明清时期的钦天监，作为天文观测机构，除负责预测天气、编制历书等任务外，还致力于制造天文仪器、观测天象和研究天文，成为集科研和神学于一体的机构。

二、清朝末期科学体制化的萌芽

明清时期，我国的教育组织机构并没有发生实质性的变化，仍以国子监和府、州、县学为主，也存在着一些专业研究机构如钦天监、太医院和武学等，虽然也具有一定的科技功能和教育功能，但主要还是用来为统治者服务。① 1840 年鸦片战争后，西学伴着资本主义的坚船利炮来到中国。1840～1927 年是我国从古代社会向近代社会的转型期，也是从古代传统科技向近代科技转型的时期。这个转型既有教育、学会、刊物、研究机构等多方面的内容，又有地质学、生物学、气象学等多个学科的内容。另外，思想启蒙宣传、近代工业的起步，也对这一时期科学技术转型起到了促进作用。1840 年鸦片战争前后，封建知识分子开始重视学习西方，"开眼看世界"，如翻译一些西方科学技术著作、推动留学生工作等。为了满足外交翻译和军事工业等方面的人才需要，清政府创办了京师同文馆、上海广方言馆和福州船政学堂等。②

洋务运动是清政府在西方侵略和农民起义的双重打击下开始的，其提出的"中体西用"观点是科技教育思想的初步发展，认识到了科技的重要性。洋务派创办的新型学校有外国语学校、工业技术学校、军事学校和实业学校等，主要教授各种专门的技术知识及相关的自然科学基础知识，培训了中国第一批工程技术人员。洋务运动时期，一是认识到了西方科技的先进性；二是看到了先进科技结晶的机器在富国强兵中的重要作用；三是意识到了必须培养"制器之人"，即掌握西方近代先进科技的新型人才。洋务派科技引进活动不仅引进了近代西方科技，同时还引进了近代科技发展所必需的创新精神，冲击了国人因循守旧的传统，为近代科技发展提供了思想上的启蒙。③

戊戌变法时期，维新派康有为提出效法西方，确立从小学到中学、大学的教育体系，以提高中华民族的文化素质，培养中国真正的人才。梁启超提出了兴学堂的主张，要求在中国僵化的传统文化中注入西方先进的科学技术和文化思想观念。维新派不仅认识到了科学技术的重要性，还认识到了科学教育的重要性。④随着晚清政府中新生力量的突出，清政府于 1901 年下达新

① 叶桐. 清朝科技政策研究 [D]. 大连：东北财经大学，2011.
② 杨阳. 清末中日科技比较之忧思 [J]. 河北北方学院学报（社会科学版），2012，28（1）：57-61.
③④ 李杰. 清末民初科技教育初探 [D]. 长沙：中南大学，2003.

版新式学校的诏令，在之后几年之内便有相当规模的新学兴办了起来。1905年发布了废除科举制而大力推广新式学校的正式谕令。这些学堂的建立促进了科学技术在社会各个行业中的有力传播和发展。从此，西方科学知识不再是以留学生所带回的零散形式呈现在社会民众面前，而是以拥有了法定保障的形式列入大、中学堂的系统教学科目中。为了顺应时代的需要，某些初等教育中的小学堂也开设了基础的自然科学课程。同时，承载着传播西方先进思想和科学技术任务的新式报纸杂志不断涌现，还出版了一些专门为传播西方科学技术而设立的报纸杂志，如《格致新报》《农学报》等。学会作为知识分子研究学术的团体在晚清这一特定时期出现的数量多达70余个，遍布全国各地并对当时各个方面的学术研究产生重要影响，如上海农务总会等。① 这时的科学社团带有传统社会中"行会"的色彩，社团规模也较小，结构较松散，组织设置很不健全，受政治影响较大，学术研究的功能发挥有限。但是社团的活动冲破了封建传统社会禁止结社的思想束缚，开启了国人建立科学社团的先河。近代科学社团不仅促进近代科学技术的快速发展，而且在一定程度上初步奠定了民国时期科学研究的组织模式。因此，清末科学社团的出现，对中国近代科学体制化具有很大的影响和作用。②

三、民国时期科技体制化的探索

我国真正意义上的近代自然科学研究从19世纪末20世纪初才开始，并逐步开始科学建制化过程。自然科学研究受西方的影响才开始出现，科学研究活动多半是以零散的、个人独立研究的形式存在。到20世纪二三十年代科学教育才受到重视，留学归来的科学家发动成立科学社团，引入西方科学中重要的制度安排。

---

① 叶桐. 清朝科技政策研究 [D]. 大连：东北财经大学，2011.
② 张新峰. 中国近代科学体制化研究——以科学社团的历史演变为视角 [D]. 南京：南京航空航天大学，2011.

（一）民国时期科学社团的发展

民国初期是科学社团蓬勃发展的时期，这一时期西方文化大量涌入国内，尤其是新文化运动倡导民主与科学，民主与专制的斗争，科学与旧宗教、旧习俗的斗争交织在一起，为科学社团的发展提供了土壤。这一时期各种专门性的科学社团纷纷成立，出现了一些近代学术团体，这些学术团体覆盖面很广，如中国数学会、中国物理学会、中国化学会、中国天文学会等。民国时期的科学社团分工更加明确，主要朝着专业化的方向发展。这些科学社团为中国近代科学体制进化进行了许多有益的探索，为中国近代科学体制的形成奠定了基础。[①]

（二）中国科学社对近代科学体制化的探索

1914年中国科学社的成立及1915年其《科学》月刊的发行，是科学建制化的重要一步。中国科学社也是近代第一个综合性的民间科学社团，以"联络同志，研究学术，以共图中国科学之发达"为宗旨。《科学》杂志向中国介绍当时世界最新科学进展，在介绍西方科学精神和科学方法的同时，侧重于阐述科学理念，诠释科学内涵，唤醒国人的科学意识。通过引入、学习整个西方科学体系的方式，来汲取西方文明的精华为我所用，复兴中华。此外，中国科学社积极编著科学书籍、丛书，同时还积极翻译科技书籍；举办科学演讲，以通俗易懂而又活泼生动的宣传方式来进行科学知识的普及；发起创立科学图书馆；召开科学年会，进行学术交流等。

中国科学社的成立意味着中国开始有了真正意义上的科学共同体，将众多科学家有效地组织起来进行协调统一的科学研究活动，表明从事科学研究的学者不再是一些孤立的个体，而是组成了一个有共同目标和宗旨的并恪守一定规范的科学共同体。科学杂志和专业学会的出现表明科学研究已经成为一种独立职业，相应地，从事科学研究的科学家也开始扮演相对独立的职业

① 张新峰. 中国近代科学体制化研究——以科学社团的历史演变为视角 [D]. 南京：南京航空航天大学，2011.

角色。①

四、中国近代科学体制化的正式形成

1928 年 6 月，南京国民政府成立中央研究院，结束了我国没有科学研究院的历史，是我国近代科学建制化进程中的里程碑，标志着我国大规模科学研究事业的开端。在此之后，科学组织的主角也就由中国科学社转为中央研究院。在国民政府颁布的《中央研究院组织法》中明确规定中央研究院直属于国民政府，为中华民国最高学术机关，其基本任务是实行科学研究，指导、联络、奖励学术研究。中央研究院设院长一人，由国民政府任命，其余的研究人员以及行政管理人员均由院长聘任。中央研究院的机构在院长之下分为行政、研究、评议三大部分。中央研究院下属各研究所是整个研究院的核心机构，是进行科学研究的基本单位，研究范围包括自然科学和社会科学两大方面。至 1948 年，中央研究院先后成立了天文、数学、物理等 13 个实体研究所及多个筹备处，在这些研究所中，各设所长一人，由院长聘任，主要研究所的所长都是当时各个学科领域的著名科学家。作为国家最高学术研究机构，中央研究院在开展科学研究的同时，还担负着指导、联络、奖励全国学术研究活动的重任。此外，中央研究院还建立了科学奖励制度和院士制度。②国民政府为中央研究院提供了主要的经费来源与法律保障，这种对研究机构进行资助的形式为学者深入开展科学研究奠定了物质基础。中央研究院和国民政府是直接隶属关系，其经费来源构成为政府拨款、社会补助捐助和自行创收，其中政府拨款是其主要经费来源，分经常费、基金费、临时费和特别费。

中央研究院的建立表明，自清末民初以来，学术研究的重心开始由民间学术社团转向官办学术研究机构。中央研究院的主要创始人员以及主要的学术领导者绝大多数来自中国科学社。这也表明来自民间科学社团的学术影响

---

①② 张新峰. 中国近代科学体制化研究——以科学社团的历史演变为视角 [D]. 南京：南京航空航天大学，2011.

已经转变为具有官方背景色彩的学术权威。政府介入科学研究领域，为学术研究的国家体制化开辟了道路。中央研究院对于中国近代科学体制化的重大意义在于，一方面开启了中国近代有组织、有系统地进行科学研究事业的序幕，完成了中国近代科学的体制化；另一方面中央研究院将科学研究发展成为一种职业，科学家也相应具有了相当独立的社会角色。①

第三节　本章小结

从国际上来看，科学研究资助由最初基于科学家热忱而独自开展研究的无资助状态，到后来的"恩主"赞助的"恩主制"，到多个"恩主"联合支持的科学基金制，再到大科学时代国家需要和科学研究发展需要的由国家设立专门科研机构并拨款的政府科学基金制，体现了科学研究发展和国家发展的必然逻辑规律。科学研究尤其是基础研究对国家从独立走向依附，由兴趣和荣誉变成满足国家需求和战略利益。国家对科学研究的态度经历了一个明显的过程，从放任自流到积极资助再到主动管理和控制，通过政府拨款并采用科学基金的管理方式，政府对科学研究发挥了强大的影响力和导向作用。

从国内来看，在我国古代中央集权的条件下，封建王朝可以利用国家权力，集中组织社会力量推动科技发展。中国很早以前就出现了钦天监、太医院等专门的国家科学研究机构，并且各朝各代都会网罗大量专门人才从事天文学、数学、医学以及工艺、技术等领域的研究。而且，古代许多科学技术发明创造都是与封建帝王的统治思想和自身需要分不开的，以不断巩固其统治地位。清末，洋务派积极引进西方科学技术，也较为系统地培养了一批掌握近代科学技术的科技人才。民国初期，中国科学社及众多的科学社团作为新知识体系的倡导者，在介绍与传播西方近代科学方面发挥了重要作用，奠

---

① 张新峰. 中国近代科学体制化研究——以科学社团的历史演变为视角 [D]. 南京：南京航空航天大学，2011.

定了中国近代科学体制化的思想基础。南京国民政府在科学的发展上有自己的一套方针政策，致力于建设政府学术机构与学术体制，最突出的表现就是中央研究院的出现，通过奖励、资助、规划和决策对全国学术活动开展起到引领、指导、推动和规范作用。中央研究院的成立表明全国的科学事业已经发展进入到一个有领导、有组织、有制度、有机构，各种科学活动协调统一的体制化阶段，标志着中国近代科学体制化基本形成。

第二章 新中国成立后我国科技体制的发展历程

科学研究资助制度受一个国家科技发展阶段、科技政策和科技体的制约和影响。随着科学研究的发展，国家和科学技术的关系不断调整，其资助模式和管理方式也不断调整和变革。政府如何支持科学是影响新中国成立后不同阶段我国科技体制和科学技术发展的关键问题。

新中国成立后，我国意识到科学研究的重要性，以全额拨款的方式对以中国科学院为代表的国立科研机构进行资助。由于科技资源短缺，使得计划调配和行政管理成为这一时期科技管理的主要特色。1978年后，科学体制和科研管理方式随着经济体制改革发生了变化。国家自然科学基金委员会的成立，标志着我国的基础研究和部分应用研究转入科学基金制的轨道。科学基金制的管理方式和理念渗透到我国科研资助领域，被各个科研资助机构所采用。虽然我国国家科研资助制度在制度设计上效仿美国政府基金制，但受到具体的国情、政治经济体制、科学建制等的影响，成立了功能不同的科研资助机构，形成了特有的国家科研资助体系。一方面国家自然科学基金委施行科学基金制，在竞争、专业评审等方面建立了相对科学的规章制度；另一方面保留了计划管理模式，在科技计划项目管理上注重政府调控和政策规划，主要由相关部委掌控大的经费预算和组织制定相关领域科技发展规划。

第一节　计划时期的科技管理体制

1949 年新中国成立后，党和国家高度重视科技事业发展，在国家体制下，科技体制建构基本借鉴苏联模式，在计划经济体制下建立起来，其显著特点是"高度集中管理和单一计划调节""一切均由国家统一管理，从确定科研课题，到人、财、物，都由上级主管部门直接控制，课题通过自上而下的行政领导来确定"。这种以行政权力为基础支持科学研究的方式，其优点是用行政权力替代市场机制统一调配科研资源，降低了交易成本，有利于"集中力量办大事"；缺点是缺乏科学发展所需的多样性和柔性，科研人员的积极性和创造性被抑制。

一、新中国成立前党的科技政策

早在"五四"时期，党的创始人就开始大力提倡"民主"和"科学"。抗日战争时期，在以抗战和建设服务为方针的指导下，陕甘宁边区政府制定和实行了一系列科技政策，成立了自然科学研究会等科学社团，创建了延安自然科学院、延安大学等科研和教育机构，陕甘宁边区的科学建制逐渐形成。"科学为生产服务"是党在陕甘宁边区制定科技政策的原则，强调对科技工作的统一领导，有计划地发展科技事业。[①]

总之，在新中国成立之前，党解决了战时急需的科技问题，积累了初步的科技政策经验，并且形成了自己的科技思想，对新中国的科技政策制定有着决定性的意义。[②]

---

①② 尹木兰. 科技文化视域下新中国早期的科技政策研究（1949–1955）［D］. 太原：山西大学，2011.

二、新中国早期科技管理体制的形成

新中国成立伊始，中央政府首先面临的问题是恢复国民经济。这个时期的国家政策属于过渡时期政策，目的是恢复经济和巩固人民政权，科技政策也是依据这一目标而制定的。新中国早期是党探索科技政策道路上的奠基阶段。1949 年通过的《中国人民政治协商会议共同纲领》第四十三条明确规定"努力发展自然科学，以服务于工业农业和国防的建设。奖励科学的发明与发现，普及科学知识"。这一规定成为新中国早期中国共产党指导科技事业的总方针，标志着中国科技政策的开端。①

同时，在科技发展方面面临着建立起自己的科学研究队伍和研究机构的问题。早在 1949 年春，中共中央就决定筹划成立科学院，1949 年 11 月，在继承中央研究院、北平研究院等学术机构的基础上，仿造苏联学术体制模式正式成立中国科学院。其基本任务有三个：一是确立科学研究的方向；二是培养与合理地分配科学研究人才；三是调整与充实科学研究机构。从此中国科学院以国家最高科学机关、全国科学中心的身份和地位在全国科技界发挥引领、示范和带动作用，密切联系和系统组织全国科学研究工作。中国科学院既是国家科研中心，又是国家科技行政的最高管理机构，不仅要统筹协调下属各研究所的研究工作，还要组织、指导和协助全国各方面的科技工作。这一时期形成了以中国科学院作为科技事业"领导机构兼科研中心"的体制模式。

1954 年底，中央政府进行了机构大规模调整，中国科学院不再承担国家的科技管理工作，此后一段时间里也没有一个部门取代其主管国家科学事业的行政职能。1956 年，国务院相继成立了科学规划委员会与国家技术委员会，分别负责制定全国科学技术发展远景规划与组织全国技术工作。1958 年11 月，科学规划委员会和国家技术委员会合并为中华人民共和国国家科学技术委员会（以下简称国家科委），统一掌管全国科学技术工作。这样形成了

①　尹木兰. 科技文化视域下新中国早期的科技政策研究（1949–1955）［D］. 太原：山西大学，2011.

国家科委负责科技政策和组织管理，中国科学院负责学术指导的双中心格局。此时的国家科委很少插手科研的具体事务，科研经费大多数仍由中国科学院掌管。国家科委成立后，各省甚至地市级政府都根据自身条件，逐级成立了科学技术委员会，各级各类科研机构也相继涌现。全国科学事业的集中统一领导格局初步建立，新中国的科技管理体制就此形成。1977 年，国家科委重新建立，作为国务院所属的一个部门主管国家科学技术工作。①

总之，新中国的科技体制是在新中国成立初期科技基础极为薄弱的条件下逐步探索和建立起来的。这种体制使科技活动完全纳入政府的统一领导和管理之下，国家运用行政手段，对科技资源进行统一的安排，用计划管理的方式推进科技进步，对于一些重大科研项目则组织力量协作攻关。因此，计划管理和协作攻关是新中国成立初期主要的科技管理和组织方式。②

三、科技发展的计划管理和协作攻关

（一）科技发展的计划管理

对科学技术进行计划管理开始于"一五"计划，而其后的 1956 年 12 月，中共中央、国务院批准的《1956-1967 年科学技术发展远景规划纲要（修正草案）》（以下简称《十二年规划》）的制定与实施则促使了计划管理模式的形成。《十二年规划》安排了发展科技的主要任务，对科技体制问题、科研机构设置、科技干部的培养和使用、国际合作等也做了原则性的规定。规划的涉及面相当宽广，是当时科技发展指导思想、方针、战略以及宏观政策的集中体现。《十二年规划》将目标具体化为重点项目、中心任务和学科建设的布局，同时也围绕规划目标的实施确立了科研工作体制，组建了领导机构，组织了研究队伍，建立了科研服务系统等，确立了我国科技管理的规划模式。同时，每年根据《十二年规划》总的方向，结合当时国家建设所急需解决的重大科学技术任务和急需建立的学科，做出年度的具体安排，确定重

① 孙绪华. 我国科技资源配置的实证分析与效率评价 [D]. 武汉：华中农业大学，2011.
② 钱斌. 新中国科技体制的建立和初步发展（1949-1966）[D]. 合肥：中国科学技术大学，2011.

要研究项目和每个项目的主要负责单位和负责人以及若干保证计划实现的重要措施。

《十二年规划》对我国科研机构设置、科研体制的形成等起了决定性作用，为以后组织、领导、协调大型科研项目积累了宝贵经验。《十二年规划》的执行具有高度集中、计划性很强的特点，很多重点项目都是在中央直接领导下开展的。这种有明确的、急切需要的科技大课题，攻克式的大课题支持模式促进了我国科技实力的增强和国际竞争力的提高。

（二）"集中力量办大事"的协作攻关方式

新中国开始发展科学技术之时，国际科学的发展方式正发生着深刻的变革。对于一些重大的科研项目，必须以集体合作的形式完成，如美国的登月计划。这种趋势使得发展科学技术成为一项国家的事业，被纳入政府的直接领导和管理。由国家投入科研经费，组织科研力量，介入或者直接参与、干预科学技术发展，决定科学发展的规模、目标和任务。当时我国的现状是，要推进科技的发展，就必须把有限的科技资源充分地动员起来，协作攻关就成为实现新中国科技发展目标的一个必然的选择。新中国成立初期的综合考察协同攻关方式是初步尝试，而真正的全国大协作、集中全力攻关的是原子弹、导弹的研制，成立中央专委，组织国防、中国科学院、产业部门、高等院校和地方科研部门五方面力量进行全国范围大协作。此后的协作攻关还有人工合成牛胰岛素、石油大会战等，协作攻关成为新中国科技管理体制中非常独特的运行方式。①

总之，在高度集中的计划体制下，国家占据绝对主导地位，是适合我国当时的国情和科学事业发展需要的。同时，政府充分发挥统筹计划能力，通过科技规划和协作攻关引导科研活动。

四、按计划任务的事业拨款制经费资助方式

这一时期经费资助方式是事业拨款制，也称为供给制、行政拨款制，即

---

① 钱斌. 新中国科技体制的建立和初步发展（1949-1966）[D]. 合肥：中国科学技术大学，2011.

科研单位经费靠政府财政供给，向上级报计划、列项目。渠道一般有两种：一是各级政府拨付事业费，也叫人头费；二是各级政府拨付科三费（中间试验、新产品试制、重大科研项目补助费），也叫项目费。这种资金投入机制的优势，一是能够直接体现政府的意图；二是能够集中全国科技资源发挥整体优势办大事，如"两弹一星"等。但是，其自身也存在不可弥补的四个缺陷：一是研究机构只对给钱的上级负责，缺乏通向社会、为生产单位服务的畅通渠道，造成科研成果和需求脱节；二是缺乏激励机制，助长了科学研究中的平均主义；三是科研经费来源单一；四是重短期利益，轻视基础研究。①

第二节　改革开放后我国科技体制改革的历程

　　1978 年，我国开始了改革开放，科学体制和科研管理方式随之发生了变化，计划体制下的科研资助模式需要改革，政府应如何以一种符合科学研究活动特征和规律的方式支持科学事业发展是当时迫切需要解决的问题。同时，自 20 世纪 80 年代以来，以高技术为中心的技术革命浪潮引起了社会深刻变革，许多国家都将发展高技术作为国家战略的组成部分，美国的战略防御倡议、日本的振兴科技进步综合纲要、欧洲的"尤里卡"计划等相继出台。为了应对科技竞争，发展我国的科学事业，必须改变依靠行政隶属关系管理科学研究的做法，科技体制改革势在必行。② 此时期科技体制改革的重心是理顺各方面关系，激发科研机构活力，充分调动科研人员的积极性，破解科技与经济"两张皮"问题，让科学研究融入经济建设主战场，以科技进步加快

---

　　① 朱九田，周莹莹，杨国军. 我国科研资金投入体制的演化 [J]. 科技进步与对策，2005 (3)：77-79.

　　② 胡明晖，乔冬梅，曾国屏. 我国科学基金制的演变、评价与政策建议 [J]. 武汉理工大学学报（社会科学版），2006，19 (5)：691-696.

经济发展步伐。改革的内容主要包括科技组织结构、科技政策法规的调整和科技运行机制的转变。

从改革开放至今，我国科技体制改革的脚步从未停歇，一直努力探索解放和发展科技生产力的最优道路。无论是在宏观层面，还是在微观层面，科技体制改革都在不断深入和完善。

一、科技工作恢复和重建阶段（1978~1984 年）

1977 年，重新恢复国家科委，主要承担科技政策制定与规划协调职能；1982 年，国务院成立科技领导小组，负责重大科研项目的决策和统筹全国科技规划，这些机构的设立和调整为改革开放初期发展基础研究和高新技术产业奠定了组织保障。在科研项目规划和科技政策方面，全国科学大会通过的《1978-1985 年全国科学技术发展规划纲要》以及 1982 年的《"六五"国家科技攻关计划》，为当时一段时间内我国重大科研项目的主攻方向、基础研究的重点领域做出了系统性安排。[1]

二、推进科技与经济结合阶段（1985~1994 年）

改革开放前，在高度集中的科技体制下，科研任务由政府统一分配下达，科研经费由政府拨款，研究成果由政府接管并直接无偿给社会各单位和个人使用。这种科研工作的"大锅饭"不仅严重挫伤了科研工作者的积极性，还导致了科技与经济之间"两张皮"问题。1985 年 3 月，《中共中央关于科学技术体制改革的决定》发布，标志着我国科技体制改革进入到全面的、有组织的改革时期。确立了"经济建设必须依靠科学技术、科学技术工作必须面向经济建设"的战略方针。该决定指出了今后科技体制改革的三个核心内容：一是对科研管理体制和组织结构进行改革，如科研机构要政研分离、职责明晰，扩大科研机构自主权，实行所长负责制，允许集体或个人建立科学研究或技术服务机构等；二是对科研人员管理制度进行改革，如打破研究人

---

① 侯波. 改革开放以来我国科技工作的历史演进及启示［J］. 毛泽东邓小平理论研究，2018（10）：28-33.

员终身任用制，提高科研人员工资水平和积极性等；三是对拨款制度进行改革，开拓技术市场，充分发挥经济中商品与市场货币关系对科研成果转化为应用产品的作用。此后，在 1987 年和 1988 年分别出台了《国务院关于进一步推进科技体制改革的若干规定》和《国务院关于深化科技体制改革若干问题的决定》，前者侧重于推进多层次、多形式的科研生产横向结合，推动科技与经济的紧密结合，进一步放宽放活科技人员，激发科技人员科技创造力、活力；后者则侧重于科研机构内部引入竞争机制、推行承包经营责任制等。关于科研事业费的减拨问题，1990 年以前要基本解决，通过减少科研机构的科研经费，促使科研机构更主动地为经济建设服务，促进科技成果转化。[①]

以 1992 年邓小平发表南方谈话为标志，我国经济体制开始迈入社会主义市场经济新阶段，并将科技体制改革作为其中一部分，科技体制改革进入推进阶段。科技体制改革的重点逐步转为"稳住一头，放开一片"，分流科技人员，调整科研结构，推进科技经济一体化发展。[②] 改革的目的是放开各类直接为经济建设服务的研究机构，放开科技成果商品化和产业化活动，使之以市场为导向运行，如鼓励各类研究机构实行技工贸一体化，与企业合作经营，鼓励科研机构实行企业化管理。[③] 同时稳定发展基础性、公益性的科研机构。

这一阶段，科技体制建设的中心任务是通过宏观调控和资源分流着力解决科技与经济"两张皮"的问题。

三、深入推动市场化改革（1995~2005 年）

1995 年后，随着我国社会主义市场经济体制的确立，与之相适应，我国以市场为导向、市场机制为基础的科技体制改革目标逐步建立和完善。1995 年出台的《中共中央 国务院关于加速科学技术进步的决定》确立"科教兴

---

① 伍杨．改革开放初期我国科技体制改革研究 [D]．武汉：武汉大学，2021．
② 贾学东．我国科技管理体制改革研究 [D]．郑州：郑州大学，2004．
③ 曹慧，周俭初．简述建国后我国科技体制发展历程 [J]．内蒙古科技与经济，2006（2）：16-18．

国"战略，标志着我国科技体制进入了新阶段。1999 年《中共中央　国务院关于加强技术创新，发展高科技，实现产业化的决定》发布，提出"建立以企业为主体，产学研相结合的技术开发体系和以科研机构、高等学校为主的科学研究体系，以及社会化的科技服务体系"。这一时期的改革，一方面，从以国立科研机构改革为重点，转向构建社会化的、多元主体的研发组织体系，尤其突出了企业的创新主体地位。例如，1996 年全面实施企业研发费用加计扣除政策；1999 年设立科技型中小企业技术创新基金等。另一方面，国家科研体系出现重大调整，行业性科研机构转为企业。1999 年，国家经贸委 10 个国家局所属的 242 家科研院所转制为企业。① 进入 21 世纪，在《中华人民共和国国民经济和社会发展第十个五年计划纲要》中提出建设国家创新体系。2003 年，党的十六届三中全会通过的《中共中央关于完善社会主义市场经济体制若干问题的决定》是我国科技体制改革的第三个里程碑，在宏观调控、军民结合以及自然科学与社会科学的融合问题上实现了突破。②

四、以推进和完善国家创新体系为目标深化科技体制改革（2006~2012 年）

2006 年，《中共中央　国务院关于实施科技规划纲要　增强自主创新能力的决定》《国家中长期科学和技术发展规划纲要（2006—2020 年）》以及党的十七大都强调增强自主创新能力，建设创新型国家，明确深化科技体制改革的目标是推进和完善国家创新体系建设，从支持鼓励企业成为技术创新主体、建立现代科研院所制度、推进科技管理体制改革以及全面推进中国特色国家创新体系建设等方面全面推进科技体制改革。③ 改革的重点任务是建立以企业为主体、产学研结合的技术创新体系，从科技资源配置、税收激励、

---

① 马名杰，张鑫. 中国科技体制改革：历程、经验与展望［J］. 中国科技论坛，2019（6）：1-8.

② 曹慧，周俭初. 简述建国后我国科技体制发展历程［J］. 内蒙古科技与经济，2006（2）：16-18.

③ 陈宝明. 我国科技体制改革的历程与展望［J］. 科技中国，2022（12）：1-5.

人才队伍和教育等方面提出配套和优惠保障政策。①

五、在全面深化改革中推进科技体制改革（2013 年至今）

党的十八大以来，我国推出一系列科技体制改革重大举措，如《中共中央　国务院关于深化科技体制改革加快国家创新体系建设的意见》（2012年）、2013 年党的十八届三中全会通过的《中共中央关于全面深化改革若干重大问题的决定》、《中共中央　国务院关于深化体制机制改革加快实施创新驱动发展战略的若干意见》（2015 年）、《科技体制改革三年攻坚方案（2021-2023 年）》、党的二十届三中全会通过的《中共中央关于进一步全面深化改革　推进中国式现代化的决定》（2024 年）等。围绕科技体制的难点问题进一步深化改革，构建支持全面创新体制机制。

总结起来，我国科技体制改革始终坚持服务国家科技创新重大战略目标，以服务经济社会发展、建设世界科技强国为根本任务，以激发科技人员创新积极性创造性为改革重心。科技体制改革从关注微观运行向宏观管理机制体制演进，从广泛政策指导向内涵式、高质量制度和规则的建立演进。②

第三节　科技体制改革历程中科研组织
与资助方式的演变

改革开放以来，我国对科学研究的资助除了自然科学基金支持自由探索为主的基础研究外，科技部及其他行业部门则以科技计划的形式对科学研究进行资助。即从系列上来看，分为自然科学基金和国家科技计划两大部分。国家层面会定期出台未来几年的科技发展规划，在规范和统筹科研资助管理

---

① 陈宝明. 我国科技体制改革的历程与展望 [J]. 科技中国，2022（12）：1-5.
② 曹原，田中修，肖瑜，朱姝，韩鸿宾. 新中国成立以来科技体制演变的历程与启示 [J]. 中国科技论坛，2022（6）：1-10.

方面具有计划性。国家科技计划资助项目主要服务于国家整体的科技规划和
战略安排，目的是实现一定阶段内国家科技发展目标。

一、我国政府科技计划资助模式的发展历程

从 20 世纪 80 年代初开始，我国的科技管理从以科技规划为核心变为以
一系列中期和年度科技计划为主要内容，这些科技计划的陆续出台是为了适
应不断变化的经济和科技形势，抓住新出现的机会、应对面临的挑战。不同
时期的科技计划体系都有其特殊背景，不可避免地带有当时政治、经济、科
技状况的明显痕迹。

（一）我国科技计划体系的形成与发展

科学技术的规划最终要落实到具体的科研项目上，因此，国家通过重点
扶持、重点攻关的方式，相继推行了一系列的项目研究计划。国家科技攻关
计划开启了我国科技计划体系建设的历程。1978 年 3 月，在北京召开全国科
学大会，审议通过了《1978-1985 年全国科学技术发展规划纲要》，在此基础
上，1982 年，国家计委、国家科委联合筛选出最迫切和可能的 38 个项目，
编制为《"六五"国家科技攻关计划》。我国第一个纳入国民经济和社会发展
规划的国家科技计划由此诞生，标志着我国综合性科技计划从无到有，成为
我国科技计划体系发展的里程碑。此后，随着"863"计划、"973"计划等
重磅科技计划的出台，我国科技计划逐步形成面向基础研究、高技术产业及
为国民经济服务三个层次的体系。在这三个层次上，我国先后布局了星火计
划、火炬计划、高技术产业开发区、国家重大科学工程、国家重点实验室等
科技计划。至此，"3+2"即三个主体计划（国家科技攻关计划、"863"计
划、"973"计划）和两大类科研环境建设计划（研究开发条件建设计划、科
技产业化环境建设计划）的科技计划体系逐步形成。

2000 年前后，为适应进入世纪之交的社会需要，进一步提升自主创新能
力、扩大对外开放合作，科技型中小企业技术创新基金、农业科技成果转化
资金、国际科技合作专项等计划相继设立。之后，按照《国家中长期科学和
技术发展规划纲要（2006-2020 年）》的部署，国家科技计划体系进一步完

善并聚焦重点。国家科技支撑计划在原国家科技攻关计划的基础上，进一步加大对重大公益技术和产业共性技术研发的支持力度，上升为主体计划，于2006年正式启动实施。同期，国家科技重大专项适时出台，集中优势力量，系统攻关，进一步以技术创新带动产业发展。

到"十二五"时期，虽然我国科技计划历经调整，累计下来也有百余项，分别由40余个部门负责管理，但缺乏统一的协调部署，难以形成合力。党的十八大以来，科技资源配置的"碎片化"问题引起了党中央的高度重视。2014年12月，国务院印发《关于深化中央财政科技计划（专项、基金等）管理改革的方案》，构建新的科技计划（专项、基金等）体系框架和布局是改革的关键。在这次改革中，近百项国家科技计划被优化整合为国家自然科学基金、国家科技重大专项、国家重点研发计划、技术创新引导专项（基金）、基地和人才专项的新五类科技计划。新五类科技计划体系更加强化国家需求导向和问题导向，从基础前沿、重大共性关键技术到应用示范进行了全链条一体化设计。① 党的二十届二中全会通过的《党和国家机构改革方案》，重新组建了科技部，其不再参与具体科研项目的评审和管理，国家重点研发计划项目的各个管理部门均从科技部剥离，项目申请回归到相关部委。

（二）我国科技计划项目资助方式的发展

改革开放以来，在科技体制改革的进程中，我国科技计划组织管理逐步引入了专家管理、基金制、委托合同制、课题制、招投标制等制度，其共同导向是如何建立一种新的机制来更好地激发科研人员的创新潜能。

在国家科技攻关计划实行之初，国务院各有关部门分别主持了项目的研究工作，与主要研究单位签订了攻关专题合同，分别采取招标、有偿合同和无偿合同等多种形式。②

---

① 科技日报.科技体制改革回顾：从弱到强，科技计划体系应时而变［EB/OL］. https://mp. weixin. qq. com/s?＿＿biz=MzkyNjM4MTUxNw==&mid=2247549205&idx=3&sn=2d4ad723dbcc9b515 d49beec59d77072&chksm=c23a65b7f54deca1a6b01b1c67f04666e77d3d6fa9d37534bfefb6c0e04c72062b7434 7e1900&scene=27.

② 刘亭.国家科技攻关计划研究［D］.武汉：华中科技大学，2006.

　　"七五"时期,科技计划管理引入市场调节机制。对基础性研究计划和处在应用研究与开发阶段的计划,如"863"计划,由政府部门组织实施,其资金主要源于国家财政拨款;对处在成果应用及产业化阶段的计划,如"星火""火炬"等计划,采用以科技信贷为主、国家投资引导或贴息、税收激励、有关各方匹配投资、部分有偿使用的新型投资方式予以支持。此外,还开辟了技术市场,建立了科技成果转化的收益激励机制。

　　"八五"时期,科技计划管理引入市场机制,开辟了科技贷款渠道,进一步加强科技与经济结合。

　　"九五"时期,引入招标制度和评估制度,为促进公平竞争,优化科技资源配置,为科技评估活动的独立性、客观性、公正性提供了制度性保障。2000年,科技部出台了《国家科技计划管理暂行规定》《国家科技计划项目管理暂行办法》《科技评估管理暂行办法》等,为科技计划管理建立竞争、监督、制约机制提供了依据和规范。

　　"十五"时期,科技部颁布实施了一系列有关科技计划管理、评估和招标的制度,旨在推进计划管理和相关评审、评估、招投标工作规范化、制度化。在重大专项实施中引入了"业主制""工程监理制"等市场化运作机制,以保证项目的实施质量。此外,大力推进招投标制、课题制,引入信用制度。各类科技计划在启动实施前均制定或修订了具体管理办法,明确了计划实施的基本程序和管理要求,如"863"计划的组织管理,继续坚持专家负责制,同时全面实行课题制管理;攻关计划采用滚动立项机制,加强动态管理等。[①]

　　"十一五"时期,科技部发布了《关于印发〈关于国家科技计划管理改革的若干意〉见的通知》与《国务院办公厅转发财政部科技部关于改进和加强中央财政科技经费管理若干意见》,之后又陆续出台一系列配套政策。国家科技计划进一步落实分类管理的思想,重视区分不同科技计划对创新活动的不同支持,在支持方式和计划管理方式上更好地适应不同创新活动的需要。同时,在科技支撑计划、政策引导类计划等实施中,加大对政府科技资金多

---

　　① 赵捷.国家科技计划体系与管理改革回顾及相关问题分析[J].太原科技,2009(3):10-13.

种投入方式和管理方式的探索和实践。①

　　"十二五"时期，国家科技计划管理改革又有新动向。科技部根据"十一五"时期科技计划管理改革中出现的问题和困难，进一步深化改革，一方面针对专项管理修订了原有的管理办法，另一方面大力进行科研经费管理改革。2014年新五类计划建立后，国家重点研发计划是最核心、最重要的科技计划。在管理方式上国家重点研发计划实现三个方面的重大变革：一是从各部门自行管理改为整合后通过统一的国家科技管理平台决策。五类科技计划（专项、基金等）均纳入统一的国家科技管理平台管理，加强项目查重，避免重复申报和重复资助。中央财政加大对科技计划（专项、基金等）的支持力度，加强对中央级科研机构和高校自主开展科研活动的稳定支持。二是从按照研发阶段分计划部署改为全链条创新设计、一体化组织实施。国家重点研发计划根据国民经济和社会发展重大需求及科技发展优先领域，凝练形成若干目标明确、边界清晰的重点专项，从基础前沿、重大共性关键技术到应用示范进行全链条创新设计，一体化组织实施。三是从政府部门直接管理项目改为具体项目管理交由专业机构。国家科技计划项目管理专业机构（以下简称专业机构）由现有具备条件的科研管理类事业单位等改建而成，负责受理各方面提出的项目申请，组织项目评审、立项、过程管理和结题验收等，对实现任务目标负责。专业机构具备相关科技领域的项目管理能力，按照联席会议确定的任务，接受委托，开展工作。项目评审专家从国家科技项目评审专家库中选取。鼓励具备条件的社会化科技服务机构参与竞争，推进专业机构的市场化和社会化。

　　"十三五"期间，在国家重点研发计划重点专项中开始探索同时支持同一指南方向下不同技术路线的申报项目的组织方式，即赛马制。

　　根据国家机构改革方案科技部重新组建后，2024年3月，科技部、财政部重新修订印发了《国家重点研发计划管理暂行办法》。此次修订的关键是落实改革要求，重构责任体系、再造管理流程。重点专项的组织模式包括部

---

① 李丽亚，李莹. 国家科技计划体系及其管理的演变 [J]. 中国科技论坛，2008（8）：6-11.

门（机构）负责制、地方负责制、总承担单位负责制和业主单位负责制等。对于采取部门负责制的重点专项，应委托专业机构开展具体的项目管理。创新项目组织实施机制，主责单位可通过竞争择优、定向委托、分阶段滚动支持等多种遴选方式，在全国范围内择优确定项目承担单位。

（三）我国科技计划项目管理演变中的主要管理手段

改革开放以来，随着我国科技投入的不断增长，如何有效地管理国家财政科技资金成为科技管理部门必须解决的问题。原有的按国家行政划拨手段来分配科技资源的方式已经不适应发展的需要，亟须探索新的方式更好地实现科技资源的配置。结合国际上类似的竞争性的科技资源配置方式经验促使我国出台了课题制、招投标制等管理模式。

1. 课题制的发展及管理特点

我国从 20 世纪 90 年代末开始酝酿通过课题制的方式组织和管理科研项目。1998 年科技部、财政部颁布的《国家重点基础研究专项经费财务管理办法》提出专项经费实行课题制管理的要求，并在《国家重点基础研究发展规划项目》中率先试行。为保障课题制的顺利试行，财政部、科技部等有关部门先后出台了一系列法规性文件和政策，并多次下发通知，推动和规范课题制试点。在试点过程中，有关部门为贯彻落实课题制进行了积极探索。例如，在经费全成本核算方面，财政部门对财务管理制度进行了相应调整；在课题负责人制方面，强化了首席专家制等。1999 年 6 月科技部下发《关于加强"九五"后期科技攻关计划工作的若干意见》，明确提出有条件的部门或单位可以开展课题制试点，以充分调动科研人员的积极性。"九五"后期课题制试点工作，为"十五"期间全面实施课题制积累了经验，奠定了较好的基础。课题制试点和政策制定得到中央领导和有关部门的高度重视，1998 年 12 月 31 日召开的国家科教领导小组第三次会议，曾专门指出"要通过课题制和投招标等办法促进科研院所的改革"。1999 年《中共中央　国务院关于加强技术创新，发展高科技，实现产业化的决定》中明确提出"国家科技计划实行课题制"，首次在中央文件中明确了课题制成为我国研究开发活动的一项基本制度。① 在 2001 年 5 月发布的《国民经济和社会发展第十个五年计划科技教育发展专项规划（科技发展规划）》中将"全面实行课题制"作为完善科技计划管理的一项重要举措。

科技部在"十五"国家科技计划体系改革思路中将"全面实施课题制"作为一项重要举措。2001 年 12 月，科技部、财政部、国家计委、国家经贸委等部门联合制定了《关于国家科研计划实施课题制管理的规定》，其中将课题制定义为，按照公平竞争、择优支持的原则，确立科学研究课题，并以课题（或项目）为中心、以课题组为基本活动单位进行课题组织、管理和研究活动。其核心是课题负责人制和课题经费全成本核算。明确了课题负责人拥有自主的用人权、用财权、实验室等科研条件的优先使用权，同时也明确了课题负责人及课题组在整个课题研发过程中应尽的义务和所负的职责。课题制明确地把科研人员视为研发活动的主体，更有利于激发科研人员的积极性和创造性，更适应知识经济的兴起对创新和效率的更高要求。②

课题制有以下三个特点：一是"以人为本"的思想。贯彻"以人为本"是保障课题制的关键，是制定相关政策的重要依据，也是检验课题制实施成效的重要标准。课题制的关键是明确了科研人员在研发活动中的主体地位，明确了课题组和课题负责人的法律地位，进一步扩大了课题组的自主权，运用法律手段规范课题运行中各行为主体的责权利，从制度层面上保障了科研人员在研发活动中主体地位的落实；在课题制的实施中，要求科研院所科研管理制度、人事制度、财务制度等相关改革措施的出台都要从能否有利于激发科研人员的积极性和创造性出发。二是课题制强调人力、财力、物力的有机统一。人力、财力、物力统一是课题制的基本特征，其中人力资源配置是课题制的核心，财力资源配置是实施课题制的重点和突破口，物力资源配置是课题制有效运行的基本保障，这三方面缺一不可。三是课题制要求在科技资源配置过程中要遵循市场经济规律，尽可能避免过多的行政干预。例如，

---

① 常林朝. 我国科技计划实行课题制的问题与对策 [J]. 河南科技，2000（12）：8-9.
② 科技部发展计划司. 我国"十五"科技计划的管理创新 [J]. 中国科技产业，2002，153（3）：33-34.

由科研人员自主组成课题组；根据科研人员的学术水平和能力，而不是领导的好恶选择课题负责人；要按照价值规律使用公共资源等。①

课题制对于科研体制而言，强化了责权利，打破了"大锅饭"，改变了科研活动人力、财力、物力的"行政性安排""搭配性安排""指令性安排"的做法，为科研活动的用人、用工、用钱、用科研条件和分配制度改革创造了条件，为深化科研院所改革提供了保证。同时，通过签订合同，明确了科技人员在知识产权创新中的责、权、利，为形成科研成果的市场激励（以货币分配为价值体现）和政府奖励（以精神鼓励为主）相结合的体制奠定了基础。② 但是，课题制的最大弊端是组织不起来大课题。

2. 在课题制基础上实行科研课题招投标

科技招投标制是指招标人事先提出并通过媒体公布科研课题的目标、任务、条件和要求，邀请众多投标人参加投标，遵循"公开、公平、公正"和"竞争、择优"的原则，依法定程序和要求选择承担单位的一项科技研发活动的管理制度。早在 1985 年 3 月发布的《中共中央关于科学技术体制改革的决定》中规定，计划管理也要利用经济杠杆，尊重价值规律，逐步试行面向社会公开招标和签订承包合同的管理办法。1995 年 5 月发布的《中共中央 国务院关于加速科学技术进步的决定》中规定，国家及行业、地方的科研任务实行公平竞争，通过公开招标，择优选择承担单位。1996 年 6 月，国家科委发布了《"九五"国家科技攻关任务招标投标暂行管理办法》。③ 1996 年 9 月，《国务院关于"九五"期间深化科学技术体制改革的决定》中规定，要选择一批对国民经济发展有重大带动作用、拥有一定基础和优势、能增强我国综合国力的重大项目，采取竞争招标的方式，组织和推动科研机构、高等院校、企业，集中力量，联合攻关；科技计划项目主要实行招标制，面向社会公开招标，保证立项的科学性和竞标的公开、公正性。在《中共中央　国

---

① 刘东. R&D 课题制：理论、实践及政策 [J]. 石油科技论坛，2001（10）：4-10.

② 毛光烈. 课题制招投标制：科技体制的重大改革 [J]. 今日科技，2002（4）：10-13.

③ 黄春荣. 深化改革科技计划管理体制推行科技项目公开招投标 [J]. 计划与市场探索，2002（5）：11-12.

务院关于加速技术创新，发展高科技，实现产业化的决定》中进一步明确，大力推行项目招投标和中介评估制度。从实践层面看，1996 年 4 月，国家科委首次对国家重大科技产业工程项目"高清晰度电视功能样机研究开发工程项目"实行公开招标；1997 年 5 月又对另一国家重大科技产业项目"工厂化高效农业示范工程"中 16 项共性关键技术和有重大价值的研究开发课题向全国公开招标。2000 年 12 月，科技部颁布了《科技项目招标投标管理暂行办法》（以下简称《暂行办法》），明确地将招标投标制引入科技项目立项中来。从《暂行办法》颁布之后起，从国家科技计划项目到地方科技计划项目较大范围地开展了招标投标活动，如"十五"期间国家科技攻关计划项目和863 计划各个领域的项已开展招标工作。①

在课题制基础上实行科研课题招投标制，是适应市场经济要求的科技体制的重大改革。课题制和招投标制是密切相关的，课题制是招投标制的基础。为配合《关于国家科研计划实施课题制管理的规定》的实施，2002 年 5 月，国务院同意由四个部门联合发布《国家科研计划课题招标投标管理暂行办法》和《国家科研计划实施课题评估评审暂行办法》，作为配套文件。② 招投标制充分发挥了市场机制在企业、高校、科研机构、科研人才等要素配置中的基础性作用，从整体、宏观和微观结合上改变了科研力量与企业、市场结合不紧密的状况，促进了科技经济一体化，有利于提高科技创新的成功率。科技项目招投标还改变了以往立项单纯由政府决策相对封闭的做法，按照公开、公平、公正和择优的原则办理。③

二、我国政府科学基金制的建立

科学基金制从本质上区别于由行政拨款和行政决策管理的制度，是一种接近科学特性的管理方式，其为基础研究开辟了一条稳定、可靠的经费支持

① 杨孙琼. 我国科技项目招投标法律制度研究 [D]. 重庆：重庆大学，2008.
② 科技部发展计划司. 我国"十五"科技计划的管理创新 [J]. 中国科技产业，2002，153（3）：33-34.
③ 毛光烈. 课题制招投标制：科技体制的重大改革 [J]. 今日科技，2002（4）：10-13.

渠道，开始步入真正意义上的以科学共同体主导或参与的科研资助项目的轨道。

（一）中国科学院科学基金先行先试①

我国第一个真正意义上的科学基金是国家自然科学基金的前身——中国科学院科学基金，它开创了中国科学基金制的先河。作为中国科学基金制的试验田，中国科学院科学基金起到了重要的探索作用。1981年5月，中共中央、国务院根据89位中国科学院学部委员的建议，批准由国家拨专项经费设立面向全国的自然科学基金——中国科学院科学基金。1981年11月，中国科学院科学基金委员会成立并试运行，采用科学家自由申请和同行评议的机制支持科学研究，全国各部门、各单位的科技工作者均可按规定程序申请，不受部门、单位、地区的限制。

中国科学院科学基金管理组织和相应制度的制定参考了国外科学基金制的通行做法。1982年3月，中国科学院科学基金委员会召开了成立大会暨第一次会议，通过了《中国科学院科学基金试行条例实施办法》（以下简称《实施办法》）和《中国科学院科学基金委员会关于科学基金申请项目和课题的一些重点支持原则》。明确了科学基金的设立目的、组织机构、经费来源和使用、项目的申请和选择、评审程序、管理和监督等事项。规定中国科学院科学基金委员会作为最高评审机构，下设办公室作为主要执行机构，负责科学基金项目的申请、受理、评议、资助、检查等日常管理工作。组建了学科评审组，包括数学物理、化学、生物学、技术科学、地学、管理学等基金组，负责各学部所辖学科领域内申请项目的评审工作，组织同行评议和可行性研究与审查，并有权批准一定限额以内的资助项目。在开展评审时，各学部对所受理的项目申请首先请同行专家通信评议，其次综合同行评议意见，请主审专家提出评审意见，最后由学部基金组审批。这样评选出来的优秀科研项目由课题组组长聘请人员或者自由组合开展项目研究。对于限额以上的

---

① 王新，张藜，唐靖. 中国科学基金制的先行先试——中国科学院科学基金的历史考察［J］. 当代中国史研究，2018，25（5）：54-63.

项目提出评议意见，交由中国科学院科学基金委员会审批。

中国科学院科学基金的试行打破了自上而下的行政拨款制度，引入了自由申请、公平竞争、民主评议、择优支持等科学基金制理念，评审过程充分发扬学术民主，不受行政干预，这种严格的专家评审制度不仅提高了选题的学术水平，而且开辟了科学家参与科研管理的有效途径。经过中国科学院科学基金实践的同行评议制度逐渐得到科技界的关注，并被应用于其他科研活动的评审工作中，凸显科学共同体的自治和自我管理意识的增强。

（二）政府科学基金体系的建立

1. 建立过程及科学基金体系的形成

在中国科学院科学基金卓有成效试行的基础上，1985年3月，《中共中央关于科学技术体制改革的决定》做出了对基础研究和部分应用研究工作逐步实行科学基金制的决定，基金来源主要靠国家预算拨款，设立国家自然科学基金会和其他科学技术基金会，根据国家科学技术发展规划，面向社会，接受各方面申请，组织同行评议，择优支持。1986年2月，国务院发布《关于成立国家自然科学基金委员会的通知》，一个脱离了中国科学院领导的新的科研资助机构诞生，中国科学院科学基金完成了其历史使命，其经费和已批准资助的项目全部转入国家自然科学基金。国家自然科学基金委员会（以下简称基金委）的成立，标志着我国的基础科学研究和部分应用科学研究工作全面转入科学基金制的轨道，这是我国深化科技体制改革，推进科技经费从"计划分配"向"竞争择优"转变的重要标志，也是推进民主管理科学研究实践的重要里程碑。构建了政府支持科研活动的新渠道，重构了政府与科学的关系。

至此，确定了科学基金制在我国基础研究资助体系中的主渠道地位，其管理方式和理念迅速在我国科研资助领域渗透。在深化科技体制改革的推动下，科学基金制在我国迅速发展，国家科委、财政部通过改革科技拨款，鼓励国务院各有关部门设立面向全国的行业科学基金。国家各行业和各地区也相继成立了自然科学基金，已设立的科学基金及其组织，包含了国家、行业（或部门）、地方、基层、民间等多种类型，形成了以国家自然科学基金为主、地区和行业科学基金并存的科学基金体系。

2. 科学基金的运行机制

在科学基金的发展过程中，具体的管理机制和政策配套不断完善，资助模式不断演进。① 顺应基础研究厚积薄发的特点和规律，适时出台提高强度、延长周期、加强先期培育、拓展项目群、实行竞争中的稳定延续支持等举措，探索支持非共识创新的机制，推进资助工具不断优化。运用联合资助机制，充分发挥导向协调功能，探索促进协同创新、支持产学研结合、服务国家创新体系建设的有效途径。② 政府将部分权力让渡给科学共同体，科研经费拨款制度、科研组织模式的变革与同行评议制度的建立，促使政府与科学之间的关系由"指令—服从"向"委托—代理"转变，项目管理方式也从计划任务为主逐步转变为课题引导为主。③

科学基金逐渐成为我国基础研究经费的主要来源之一，是一种接近科学特性、趋于民主的资金管理方式。经过多年的发展形成了一套独具特色的管理制度和公正民主的运行机制，有力地支持和稳定了我国基础研究队伍，实现了基础研究资源的优化配置，加强了国际合作与交流。④

科学基金系统的运行机制是：政策导向、自由申请、同行评议、公平竞争、科学决策、择优支持、鼓励创新和人才培养等。这些机制相辅相成，共同保证科学基金系统的高效运行，其中最核心的机制是公平竞争机制，调控基础研究资源基本要素的优化配置，是对既往科研经费拨款制度的一个重要改革。⑤

———————————

① 宋旭璞. 中国国家科研资助制度研究——基于国家和学术关系的视角 [D]. 上海：华东师范大学，2012.

② 国家自然科学基金委员会政策局. 中国科学基金制：社会主义制度下的探索与实践 [J]. 中国科学基金，2017（2）：105-108.

③ 武晨箫，李正风. 政府支持科学的制度探索——NSF 与 NSFC 创立的比较研究 [J]. 科学学研究，2022，40（2）：193-202.

④ 朱九田，周莹莹，杨国军. 我国科研资金投入体制的演化 [J]. 科技进步与对策，2005（3）：77-79.

⑤ 陈建新，马强. 论科学基金制在我国创新体系中的地位和作用 [J]. 中国软科学，2001（8）：43-48.

3. 科学基金的管理机制

基金委根据我国的实际情况，同时借鉴发达国家科学基金管理模式和经验教训，制定了一整套科学基金管理办法，建立了以学科体系为框架、同行评议为手段、绩效评估为辅助的资源配置体系，健全了决策、咨询、执行、监督相互协调的管理系统。

基金委设有全委会、监委会和科学部专家咨询委员会。全委会负责对科学基金工作进行审议、监督和咨询，委员由来自高校、研究机构、政府部门和企业等方面的科学家、工程技术专家和管理专家担任。监委会负责独立开展科学基金监督工作，委员由有关科学家和管理专家组成。科学部专家咨询委员会负责对科学部的优先领域和资助格局、重大研究计划和重大项目立项、学科发展战略等具有战略性的资助决策与管理工作提供咨询建议和指导性意见，主任由科学部主任兼任，委员由相关领域的战略科学家组成。全委会下设职能部门和学术管理部门（共有 8 个科学部，包括数学物理、化学、生命、地球、工程与材料、信息、管理和医学等科学部）。科学基金始终遵循"依靠专家、发扬民主、择优支持、公正合理"的 16 字评审原则。

目前，基本建立了遵循规律、公正为先、管理规范、运行有序的项目资助管理机制。基金委以《国家自然科学基金条例》为根本遵循，建立了规范的科学基金项目资助管理流程，出版了《国家自然科学基金规章制度汇编》，从组织管理、程序管理、资金管理和监督保障四个方面制定了内容科学、程序严密、配套完备的科学基金规章制度体系，为项目资助管理提供了制度坐标。建设了全球规模最大的评审专家库，通信评审专家 18 万多名，会议评审专家 6000 多名。开发了国内首个评审专家计算机辅助指派系统，通过"智能指派"和"痕迹管理"，既缓解了基金委人力不足的压力，又提高了项目评审的公信力。在资金管理方面，基金委第一时间响应国家关于项目资金管理改革的要求，2015 年与财政部联合修订了《国家自然科学基金资助项目资金管理办法》。在绩效评估方面，基金委建立了常态化绩效评估机制，委托科技部评估中心作为第三方开展绩效评估，提高了资金使用效益。高度重视科学基金科研诚信工作，对科研不端行为"零容忍"，近年来不断加大监督和查处力度，稳步推进教育、制度、监督和惩治并重的科学基金科研诚信体系建设。①

4. 国家自然科学基金资助格局的发展

基金委成立之初，设立了自由申请项目、重大项目、青年科学基金项目、高技术新概念新构思探索项目、国际合作交流项目等项目类型，后来又设立了地区科学基金、重大研究计划等。1991 年后，随着国家科技政策方针的调整，基金委在管理体制、机构设置、资助格局和资助政策上均进行了一系列的探索，积极争取经费提高项目资助强度，并逐步形成了相对完善的项目管理、人才资助体系。1994 年设立了国家杰出青年科学基金项目。此后，又陆续设立了创新研究群体项目、优秀青年科学基金项目等。在 20 世纪的第一个 10 年，通过立法工作，基金委在国家行政体制中的地位与职能得到了法律保障，科学基金制的发展得以进一步规范和法治化。相应地，财政拨款也快速增长，年均增长率达 20% 以上。这一阶段，基金委确立了新的战略定位，进一步调整资助结构，完善管理办法，提高资助效益，不断推进科学基金管理的规范化和法治化，基本形成布局合理的学科结构，并逐步形成了研究项目、人才项目和环境条件项目三个系列的资助格局，实现了对基础研究资助的全面布局。此外，基金委还探索与地方和企业开展联合资助的新途径。2006 年国家自然科学基金委员会——广东省人民政府联合基金设立，这是全国首个联合基金；建立并完善了与企业联合资助的模式，与宝钢、神华、中石油等企业设立联合基金，引导科学家面向相关领域开展基础研究，推动了企业技术创新能力的提升。2013 年，科学基金资助格局进行了较大调整，取消了国家基础科学人才培养基金项目、科普项目、重点学术期刊专项基金项目等，将 30 多个项目类型压缩至 17 个。进入"十三五"时期，基金委开始试点实施基础科学中心项目，再次调整为"探索、人才、工具、融合"四大系列，使资助格局更加符合自然科学基金的定位。形成了由青年科学基金项目、优秀青年科学基金项目、国家杰出青年科学基金项目和创新研究群体项目等构

① 李静海. 国家自然科学基金支持我国基础研究的回顾与展望 [J]. 中国科学院院刊，2018，33（4）：390-395.

成的较为完整的人才资助体系。[①]

第四节　本章小结

新中国成立后，我国逐步建立并实行以行政管理为主导的计划式科学管理体系。在计划经济体制的背景下，科研人员作为国家干部，所有科研经费全部纳入国家财政预算，实行全额拨款保障。[②] 改革开放后，我国开始了经济体制改革，科学研究体制和科研管理方式也发生了变化。国家自然科学基金委员会的成立，标志着我国的基础科学研究和部分应用科学研究工作全面转入科学基金制的轨道。科学基金制的管理方式和理念迅速在我国科研资助领域渗透，被各个科研资助机构所采用。1995 年之后，我国逐步形成了国家自然科学基金资助、国家社会科学基金资助、国家科技计划资助、国家教育研究资助为主，其他部门和地方科研资助为辅的多元资助系统。项目经费由单一的部门管理发展为管理形式的多样化，各类科研资助根据不同学科的特点，采取了不同的管理形式，有部门管理、专家管理，也有基金制管理，还有的是几种管理形式相结合，其间还探索实施了课题制、招投标制等管理手段。行政资助管理按照项目合同制或项目任务制，由政府管理部门与项目承担单位签订合同或任务书加以规范约束。

---

① 王新，张藜，唐靖．追求卓越三十年——国家自然科学基金委员会发展历程回顾［J］．中国科学基金，2016（5）：386-394.

② 李言玲．科研领域行政资助法律规制研究［D］．重庆：西南政法大学，2011.

第三章　"揭榜挂帅"组织管理模式

党的十八大以来，习近平总书记曾多次强调"可以探索搞'揭榜挂帅'"。"揭榜挂帅"作为科技计划项目组织管理的一种补充方式，最初在我国部分地方探索实施，随后由地方层面的探索变成国家层面的制度支持，再走向普遍推行，从中央到地方，各地区各部门甚至很多中央企业、国家科研机构都在积极推行"揭榜挂帅"，取得了积极成效。各地各部门在实践中不断摸索，出台相关政策文件，"揭榜挂帅"体制机制不断完善。

第一节　"揭榜挂帅"实施的背景

一、国际科技竞争新形势下迫切需要提升关键核心技术攻关能力

当前，新一轮科技革命和产业变革呈现以人工智能为主导，与量子科技和生命科学等领域交叉融合、多点突破的发展态势，大国对科技制高点的战略竞争日趋激烈。美国砌筑"小院高墙"，扩大对我国高技术出口管制范围，甚至切断与我国的科技合作和科技交流，联合盟国对我国进行降维式打击。2017年8月，美国总统指示美国贸易代表办公室（USTR）根据"301条款"对我国"不公平"的贸易行为发起调查。自此，中美之间的竞争摩擦不断加剧，并且将持续很长时期。当前已经从关键技术与产品交易、重点领域的高校和科研机构、国际学生留学与学术交流等多个环节对我国进行限制。

在这种形势下，关键核心技术是要不来、买不来、讨不来的。只有把关键核心技术掌握在自己手中，才能从根本上保障国家经济安全、国防安全和其他安全。要增强"四个自信"，以关键共性技术、前沿引领技术、现代工程技术、颠覆性技术创新为突破口，敢于走前人没走过的路，努力实现关键核心技术自主可控，把创新主动权、发展主动权牢牢掌握在自己手中。同时，可以探索搞"揭榜挂帅"，把需要的关键核心技术项目张出榜来，英雄不论出处，谁有本事谁就揭榜。

二、进一步深化科技项目管理机制改革的现实需要

随着经济社会的发展以及当前国际科技竞争的新形势，常规科研资助模式已不能完全适应发展的需要。诸多问题集中表现在：课题申请设门槛，将资历尚浅的研究者排除在外；同行评议制度，"真理只站在多数人一边"，可能埋没一些具有创新性的项目；科研课题严进宽出，使竞争前移到入口端；科学研究的不确定性，难以避免资助经费存在的风险；经费使用不规范，致使国有资产受侵蚀等。实践表明，单一的传统常规科研资助体系已不利于鼓励自由探索，也不利于高效率地遴选出敢于啃"硬骨头"、闯"无人区""挑战不可能"的人才与队伍，一定程度上抑制了创新活动，有必要探索建立新的科研资助方式作为补充。①

党的十八大以来，党和国家着力系统性、整体性、协同性改革，面对新一轮科技和产业革命，国家实施创新驱动发展战略，对国家科技计划项目、科技创新基地等进行全方位改革，可以说已经建立了一套新的科技攻关机制。科技发展的紧迫感、使命感，促使新机制、新理念运用到科技创新中，以寻求关键领域、重点环节的科技突破。2019 年，党的十九届四中全会提出"构建社会主义市场经济条件下关键核心技术攻关新型举国体制"；2020 年 10 月，党的十九届五中全会决议再次强调"健全社会主义市场经济条件下新型举国体制，打好关键核心技术攻坚战"。在新型举国体制下，我国关键核心

---

① 杨学明. 揭榜挂帅：科研资助形式的新探索 [J]. 科技创业月刊, 2021（11）：88-92.

技术攻关的组织更加注重发挥市场需求牵引的作用，更加注重科研投入的实际产出绩效。"十三五"期间，我国已经开始探索新的科技计划组织管理模式，如委托国家实验室实施、业主单位负责、帅才科学家领衔、"赛马制"等。例如，国家重点研发计划中部分专项尝试实施"赛马制"，允许在同一指南方向上同时设立两个不同技术路线的项目，再根据阶段性研发进展决定后续支持力度。① 2020年以来，科技部开始在重大科研项目中探索建立识别—遴选—资助新机制，遴选行业领军企业和有望获得颠覆性技术突破的创新团队，发挥企业的创新主体作用，如在电子信息和生物技术领域采取定向委托方式启动颠覆性技术项目试点。这些举措旨在创新项目攻关组织方式，提高资助效率。2021年，在率先推出的"十四五"国家重点研发计划首批重点专项中，科技部研究制定了"揭榜挂帅"榜单模板并随指南发布。这意味着我国重大科研任务的"揭榜挂帅"组织模式正式开始实施，深化科研项目管理机制改革迈出新步伐。② 2024年3月，《国家重点研发计划管理暂行办法》印发实施，提出采取"揭榜挂帅""赛马制""链主制"、青年科学家项目、长周期项目等组织模式。

三、亟须突破传统体制机制束缚激发人才创新潜能

在以往的科技项目申请中，许多重大、重点课题只能由领军人才、正高职称的科研人员担任，青年人才、体制外科研人员有时无缘申报国家课题，"唯论文、唯职称、唯学历、唯奖项"倾向明显。亟须打破固有模式，不拘一格用人才，给能者提供在科研第一线建功立业的平台，让他们到科研实践主战场"挂帅"；赋予"卡脖子"技术领军人才更大人、财、物支配权，要建立以信任为基础的领军人才使用机制，给领军人才更大技术路线决定权、经费支配权、资源调度权，营造鼓励成功、宽容失败的良好氛围。

---

① 刘蔚，屈宝强，梁冰，孙晓郁. 国外科技悬赏制与我国"揭榜挂帅"制［J］. 中国科技资源导刊，2021，53（6）：42-48.
② 刘丽萍. 百年来中国共产党领导科技攻关的组织模式演化及其制度逻辑［J］. 经济与管理研究，2021，10（42）：3-16.

第二节 "揭榜挂帅"的概念和内涵

目前，关于"揭榜挂帅"国内还没有一个统一的概念和内涵，政府发布的文件中没有提及概念和内涵，业界部分学者对其进行了一些解读。本节在对国家政策文件和国家领导人讲话中关于"揭榜挂帅"的表述以及学者的相关研究进行梳理的基础上，提出本书课题组对"揭榜挂帅"的概念和内涵的理解。

一、政府文件中"揭榜挂帅"的相关提法

自 2016 年以来，瞄准关键核心技术攻关的"揭榜挂帅"制度经历了"尝试探索—有序落实—推广实践"的历程，从"会议主题"上升到"国家层面的顶层设计"，重要会议或政府文件中关于"揭榜挂帅"的表述如表3-1所示。2016 年 4 月 19 日，习近平总书记在网络安全和信息化工作座谈会上提出，可以探索搞"揭榜挂帅"，把需要的关键核心技术项目张出榜来，英雄不论出处，谁有本事谁就揭榜。2020 年的《政府工作报告》明确提出，实行重点项目攻关"揭榜挂帅"，谁能干就让谁干。2021 年的《政府工作报告》提出，改革科技重大专项实施方式，推广"揭榜挂帅"等机制。同期发布的《中华人民共和国国民经济和社会发展第十四个五年规划和 2035 年远景目标纲要》中提出，改革重大科技项目立项和组织管理方式，实行"揭榜挂帅""赛马"等制度。2021 年 5 月，习近平总书记在"科技三会"上强调，创新不问出身，英雄不论出处。要改革重大科技项目立项和组织管理方式，实行"揭榜挂帅""赛马"等制度。要研究真问题，形成真榜、实榜。2024 年的《政府工作报告》提出，深化科技评价、科技奖励、科研项目和经费管理制度改革，健全"揭榜挂帅"机制。可以说，"十四五"期间，"揭榜挂帅"是科技计划项目管理改革的重中之重，聚焦提高国家科技计划攻坚能力

和实战性这条主线,在重大研发任务中将"揭榜挂帅"作为重要组织手段,不设门槛、充分赋权、压实责任、限时攻关,通过改革大幅度提高国家科技计划整体创新绩效。[①]

表 3-1　重要会议或政府文件中关于"揭榜挂帅"的表述

时间	会议或文件名称	有关"揭榜挂帅"的表述
2016 年 4 月	网络安全和信息化工作座谈会	可以探索搞"揭榜挂帅",把需要的关键核心技术项目张出榜来,英雄不论出处,谁有本事谁就揭榜
2020 年 5 月	《政府工作报告》	实行重点项目攻关"揭榜挂帅",谁能干就让谁干
2020 年 11 月	《中共中央关于制定国民经济和社会发展第十四个五年规划和二〇三五年远景目标的建议》	在科技创新领域,提出了"改进科技项目组织管理方式,实行'揭榜挂帅'等制度"
2020 年 12 月	中央经济工作会议	要完善激励机制和科技评价机制,落实好攻关任务"揭榜挂帅"等机制
2021 年 1 月	关于变局中开新局,科技要下好"先手棋"——专访科技部党组书记、部长王志刚	科技部对此项工作高度重视,将"揭榜挂帅"作为深化科研管理改革的重大举措,以提升重大科技成果的"实战性"为目标,以最终用户深度参与项目形成和组织实施全过程为抓手
2021 年 1 月	全国科技工作会议	开展基于信任的科学家负责制、"揭榜挂帅"、经费使用"包干制"等科研项目管理改革试点
2021 年 1 月	省部级主要领导干部学习贯彻党的十九届五中全会精神专题研讨班开班式	有力有序推进创新攻关的"揭榜挂帅"体制机制,加强创新链和产业链对接

[①]　李海丽,陈海燕,李玲.国内典型省市"揭榜挂帅"机制实践与发展思考 [J].科技智囊,2022 (7):54-61.

续表

时间	会议或文件名称	有关"揭榜挂帅"的表述
2021 年 2 月	国务院新闻办公室举行新闻发布会,科技部部长王志刚答记者问	在具体改革举措方面,"揭榜挂帅"是"十四五"科技计划项目改革的重中之重
2021 年 3 月	《政府工作报告》	改革科技重大专项实施方式,推广"揭榜挂帅"等机制
2021 年 3 月	《中华人民共和国国民经济和社会发展第十四个五年规划和 2035 年远景目标纲要》	改革重大科技项目立项和组织管理方式……实行"揭榜挂帅""赛马"等制度
2021 年 5 月	中国科学院第二十次院士大会、中国工程院第十五次院士大会、中国科协第十次全国代表大会	创新不问出身,英雄不论出处。要改革重大科技项目立项和组织管理方式,实行"揭榜挂帅""赛马"等制度。要研究真问题,形成真榜、实榜
2021 年 9 月	中央人才工作会议	完善科研任务"揭榜挂帅""赛马"制度,实行目标导向的"军令状"制度,鼓励科技领军人才挂帅出征
2021 年 11 月	国家科学技术奖励大会	要实施好关键核心技术攻关工程,继续推进一批重大科技项目,改革项目实施方式,推广"揭榜挂帅"等机制
2022 年 12 月	全国科技工作会议	实行"揭榜挂帅""赛马"等项目管理制度,推进以信任和绩效为核心的科研经费管理改革
2024 年 3 月	《政府工作报告》	加快形成支持全面创新的基础制度,深化科技评价、科技奖励、科研项目和经费管理制度改革,健全"揭榜挂帅"机制

资料来源:根据公开信息整理。

二、"揭榜挂帅"的起源

"揭榜挂帅",从字义来看:"榜",今义解释为张贴出来的文告或名单。

《说文解字注》中说"榜,所以辅弓弩,从木,旁声。"《段注订补》中又说:"弓弩或有枉戾,缚木辅其旁,矫之令直,谓之榜。""矫之令直"可谓对"榜"的精准解读,也是后人将"榜"发展成告示公文的一大功用。隋唐时期出现了"立榜""散榜""揭榜"等字样。① "揭榜"也写成"揭牓",即在集镇闹市、城门隘口、水陆交通要道等地张贴的文告、告示,是官方榜文的一种。古时官府常将求招能人的榜文贴于闹市,如有人有意应征,就将榜文揭下,故得名"揭榜"。② 即悬赏招募之意,这也是"揭榜挂帅"应有之义。国外没有"揭榜挂帅"的说法,与此类似的"科技悬赏奖",科技悬赏奖历史悠久,最早可以追溯到第一次工业革命时期,如英国1714年设立用于精确测定船只经度的经度奖(Longitude Prize)法国政府1795年设立食物储存奖以及瑞典政府设立的消防技术奖等。整个19世纪的欧洲,科技悬赏成为政府资助并引导个人科研的主要方式。20世纪90年代以来,因著名安萨里奖的设立以及美国政府将科技悬赏奖作为创新政策工具应用于政府部门等原因,科技悬赏奖在国际范围内得到广泛使用。③ 当今,还有科研众包与"揭榜挂帅"有些相似,科研众包是通过众包来组织和开展科研活动,是一种新型的科研项目组织方式,通过互联网和IT技术聚集公众科研人员的智慧,协作进行知识分享和科学研究,共同解决科研难题。例如,Kaggle科研众包平台,会聚全球近80万的数据科学家共同参与大数据众包竞赛,通过推进知识孵化、知识共享、知识整合、知识创新、知识转移和知识商业化等模块,构建了完整的知识型科研众包生态。④

三、"揭榜挂帅"的概念和内涵

目前,国内对"揭榜挂帅"还没有统一的概念,从古代来源来理解,官

---

① 刘璐. 明代洪武朝榜文研究 [D]. 上海:华东政法大学,2019.

② 殷三,李果,赵红,李浩. 揭榜对占城稻推广的促进作用及现代传播学解析 [J]. 安徽农业大学学报(社会科学版),2020,29(1):126-132.

③ 李堂军,杨帆,邵宇宾,张巧显. "揭榜挂帅"制在重点研发计划项目中的实践分析——以冬奥会手持火炬项目为例 [J]. 中国科技资源导刊,2023,55(3):26-32.

④ 王国浩. 知识流动视角下科研众包博弈分析与激励机制研究 [D]. 上海:上海大学,2022.

府贴榜求招能人, 如皇帝得了疑难杂症等, 向社会征召名医贴出皇榜。揭皇榜就是有人看到皇榜后觉得自己能达到皇榜要求而将其揭下。揭皇榜需要有十足的把握, 顺利完成皇榜要求会得到重赏或重用; 一旦不能达到预期效果, 就可能获罪甚至掉脑袋。从这个意义来理解 "揭榜挂帅", 难以解决的问题才能上榜; 揭榜的人要有十足的把握, 手握 "金刚钻", 方敢去揽 "瓷器活"。不论揭榜人的其他条件, 只要能完成榜单要求, 便依据最终结果确定是重奖还是重罚。由此可见, "揭榜挂帅" 具有四大特质: 解决现实的技术难题、不论揭榜人出处、唯结果兑现、重奖重罚。①

国内学者对 "揭榜挂帅" 的内涵大致有以下四种观点: ① "揭榜挂帅" 被称为 "科技悬赏制", 是一种以科研成果兑现科研经费的投入体制, 一般是为了解决特定领域的技术难题, 由政府组织面向全社会开放的、专门征集科技创新成果的一种非周期性科研资助安排。②针对目标明确的科技难题和关键核心技术攻关, 设立项目或奖金向社会公开张榜征集创新性科技成果的一种制度安排, 注重任务导向和结果导向, 也可以称为 "科技悬赏制"。③ "揭榜挂帅" 就是瞄准关键核心技术开展重点攻关, 建立一套选贤任能的机制。④ "揭榜挂帅" 是实现用户创新和开放创新的主流机制。"榜" 就是企业或社会的客观需求, "帅" 就是组织内外能够解决问题或者突破核心技术的关键人才, 体现了新的选才思想。第一、第二种观点认为 "揭榜挂帅" 就是 "科技悬赏制", 第三、第四种观点体现了选拔人才的思想, 四种观点都认为 "揭榜挂帅" 要瞄准解决关键科技难题。②

综合 "揭榜挂帅" 起源及学者观点, 课题组认为 "揭榜挂帅" 就是把需要解决的关键核心技术问题张榜出来, 谁有本事谁揭榜, 不论资质、不设门槛、选贤举能、唯求实效。这一机制体现了创新人才的开放性、创新环境的竞争性和创新需求的真实性。开放性是指, 参与 "揭榜挂帅" 的可以是任何人、任何组织或者一切能够完成任务的主体, 只要有兴趣、有能力、有本领, 不问出处, 皆可参与; 竞争性是指, 科研人才同台竞技、擂台比武, 能者上、

①② 李海丽, 陈海燕, 李玲. 国内典型省市 "揭榜挂帅" 机制实践与发展思考 [J]. 科技智囊, 2022 (7): 54-61.

庸者下；真实性是指，在科研攻关上更加突出问题导向和目标需求，瞄准的是现实需求痛点，以解决重大问题成效为衡量标准，寻求最优解决方案。①

第三节 "揭榜挂帅"组织实施

从国家重要会议或政府文件中关于"揭榜挂帅"的表述，以及对"揭榜挂帅"起源、概念和内涵的理解，纯粹的"揭榜挂帅"应该是常规科技管理方式解决不了的重大问题，就是必须够得上"重大"。但是，从国家及地方层面的实践来看，"揭榜挂帅"被各级政府部门普遍采用，解决的问题很多够不上"重大"，可以说实际的执行都不是纯粹的"揭榜挂帅"。作为科技项目管理方式的补充，不可能国家和地方的科技计划全采用"揭榜挂帅"来组织，对于什么样的问题可以上榜，各级政府部门的认识存在差别，但是不影响"揭榜挂帅"组织方式发挥其作用，与传统科技计划项目组织方式一起混合使用，形成多元结构、多种管理方式并存的局面。

一、纯粹的"揭榜挂帅"机制的组织管理

（一）组织实施要点

1. 采取"揭榜挂帅"组织方式的目的

首先，为了提高国家科技计划创新绩效。由于高校院所专家编写的指南与实际应用环境对标不够，实施中缺乏严格有力的奖惩约束机制，缺乏切实有效的成果考核机制，造成重大创新成果存在实战性不强的问题。其次，为了转变我国关键核心技术受制于人的局面。我国重大原创性成果缺乏，底层基础技术、基础工艺能力不足，关键核心技术受制于人，需要解决其他项目

① 张堂云. "揭榜挂帅"制度的价值内涵、实现路径与推广策略 [J]. 中国招标，2021，4（6）：45-48.

组织方式无法解决的一些重大问题、重大需求。

2. 榜单应分层分类且要发挥用户和专家作用

首先，榜单必须够得上"重大"，比照古代那就是皇榜级别的，且是已知范围内的人如御医，解决不了的事才能上榜。对于国家层面的榜单，可以分为两类：一类是针对基础科学问题如哥德巴赫猜想之类，可向全社会公开长期张榜，直到问题解决；另一类是解决国家紧迫急需的、有明确目标和用户需求的，体现目标导向和问题导向。对于地方层面的榜单，应是解决制约地方经济社会发展中的重大问题的，不应是所有科技计划项目都实施"揭榜挂帅"。其次，关于榜单形成的过程。对于国家重要战略需求的如类似于两弹一星的，需求主体是国家，由中央科技委从国家战略层面提出；对于有明确用户的，在需求凝练和榜单编制过程中充分发挥用户的主导作用。最后，关于榜单的内容与发布。针对不同类型的榜单可设计不同的内容，必须有要解决的问题和考核指标；考核指标应与现有计划项目不同，应将实际应用作为重要的衡量指标。对于非保密的项目，建议向全社会甚至全球范围内公开张榜。

3. 揭榜团队遴选采取竞争性评审

首先是揭榜团队门槛。打破年龄、学历、职称、国际等各类壁垒，不设这方面的门槛，重点对揭榜者是否具有突破性创新能力、是否能够完成榜单任务、是否有足够的时间和精力高质量完成任务进行评判甄别。其次是揭榜团队遴选。破除科技计划项目管理以往固化和利益圈子，揭榜过程要完全开放，接受社会和公众监督，同时要规避"同行评议""项目评测""专家投票"等方式潜藏的主观性、人情关系和利益捆绑等风险，可采取竞争性评审，所有揭榜者及用户代表都参与评审，评审过程和结果向全社会公开，体现互相监督和全社会监督。

4. 赋予"帅"充分自主权，采取竞争性考核和验收

首先，攻关过程中赋予"帅"充分的自主权。给予其人、财、物调度使用的自主权，只要不踩红线底线就没有大问题；在经费预算和支出上实行包干制度，不设支出科目比例和范围限制，允许团队自主使用；这些体制机制的突破需要财政、科技、纪检、审计等多部门协同推进。其次，攻关阶段性成果采取竞争性考核。在不涉密的情况下，引入参加揭榜的未获政府支持的揭榜者参与过程关键节点的监管，在项目里程碑节点配合项目专员及用户代表共同评估其完成效果。再次，最终攻关成果强化结果考核。采用竞争性验收的方式，在不涉密的情况下，引入参与揭榜的未获政府支持的揭榜者参与验收。可采取验收会的形式，由用户作为裁判员，判断最终成果是否可用。最后，公开攻关过程，接受公众监督。对于"揭榜挂帅"项目过程管理和验收，除涉密项目外，向全社会公开，接受业内专家和公众监督。

5. 建立奖惩机制，以奖为主适度处罚

关于奖的方面有三个：①建立白名单制度；②"帅"优先纳入科技人才计划；③给予"帅"及团队现金奖励，对于政府主导类项目（政府选帅）可给予经费额度10%的现金奖励，对于企业主导类项目（企业选帅）由企业和帅自行确定奖励办法。

关于罚的方面有两个：①客观原因导致攻关失败，不予以处罚；②主观原因导致攻关失败也要分情况，政府主导类项目可以没收经费、纳入诚信档案等，企业主导类项目由企业和帅自行确定惩罚办法。

6. 兼顾监督与放权的平衡

首先，"揭榜挂帅"项目监管应本着自律和监管相结合的原则。一方面，可借鉴美国国防高级研究计划局（DARPA）成熟法律体系的监管机制，将监管认为不该做的事情，以法律条款形式在军令状中明确各自履约责任，既降低监管成本，又能让科学家踏实做科研。另一方面，对于全部由政府支持的"揭榜挂帅"项目，也必须严格监管。其次，进一步发挥大数据、人工智能等信息化手段在监管中的作用，从外围动态监测项目进展，既保证及时发现问题，及时纠偏，又可避免对科研人员造成干扰。

（二）纯粹的"揭榜挂帅"案例——新冠疫苗研发

我国在新冠疫苗研发项目中，实行了"揭榜挂帅"模式，"榜"就是临床任务批件，拿到批件科技部就分阶段给予支持，调动了社会各方面的研发力量。其实施具有纯粹"揭榜挂帅"的特征。首先，新冠疫苗研制是我国在疫情背景下的重大战略，也是在应急情境下解决国家重大需求的典型案例，凸显"重大"与"应急"的特点。一方面，需要在短时间内掌握客观理论事实，因此难度更大，时间更加紧迫，可以说是与未知病毒进行时间赛跑，压缩常规的研发周期。另一方面，需要将科技研究成果及时转化并大力推广应用，边研究、边应用、边转化，难以通过传统科研组织模式解决。其次，新冠疫苗的研发过程中，总体部署灭活疫苗、核酸疫苗、重组蛋白疫苗、腺病毒载体疫苗、减毒流感病毒载体疫苗5条疫苗研制技术路线，每条技术路线有若干团队进行"揭榜"攻关。再次，疫苗研制过程中有力凝聚了科研机构、医疗机构、企业优势力量和要素，实现实验室研发及动物实验、中试生产、临床试验等联动；不同创新主体优势互补，实现疫苗研制的多主体联合攻关，使新冠疫苗研发突破产业化"最后一公里"瓶颈，形成了政府引导、国家战略科技力量为主体、企业主动靠前无缝衔接的联合攻关模式。最后，新冠疫苗的行政审批与研制并行推进，各环节、各阶段工作由串联改为并联式推进。监管部门早期介入，实现审批审评方式的创新，新模式下研审联动，政、研、审、产各方协同，大大提高了疫苗研制的效率与产出率。疫苗研发的科研管理模式与科技项目"揭榜挂帅"机制的底层逻辑深度契合，充分体现"揭榜挂帅"适应重大应急情境下的技术攻关组织模式。①

二、"揭榜挂帅"实施的一般流程

从国内"揭榜挂帅"实施情况来看，一般流程包括榜单编制与发布、揭榜立项、挂帅攻关和验收奖惩四步。

（一）榜单编制与发布

此阶段包括需求凝练、榜单编制和榜单发布三个环节。需求凝练，"揭榜挂帅"项目组织实施单位会同发榜单位（最终用户）梳理相关领域的薄弱环节和短板，聚焦重点突破方向，共同凝练关键核心技术实际研发需求。榜

---

① 方炜，刘佳. 揭榜挂帅赋能重大应急科技攻关项目的增效机制与实践逻辑——以新冠疫苗研发为例 [J]. 科技管理学报，2023，25（6）：1-12.

单编制,"揭榜挂帅"项目组织实施单位会同发榜单位(最终用户),在需求凝练的基础上细化形成榜单,包括需求目标、时间节点、考核要求以及奖惩措施等。榜单发布,榜单经过适合级别审定后,通过公开统一平台、个性化渠道等方式发布。

（二）揭榜立项

此阶段包括遴选揭榜团队和签订军令状两个环节。遴选揭榜团队,"揭榜挂帅"项目组织实施单位会同发榜单位(最终用户)商议形成遴选方案,并组织评审论证,最终用户拥有"一票否决"权。签订军令状,"揭榜挂帅"项目组织实施单位会同发榜单位(最终用户)与揭榜团队签署军令状(任务书)。

（三）挂帅攻关

此阶段包括挂帅攻关和里程碑考核两个环节。挂帅攻关,在充分赋权的前提下,揭榜团队和所在单位集中优势资源,全力开展攻关,并及时报告重大事项;里程碑考核,"揭榜挂帅"项目组织实施单位会同发榜单位(最终用户)开展"里程碑"节点考核,分阶段拨付经费。

（四）验收奖惩

此阶段包括组织验收和奖优罚劣两个环节。"揭榜挂帅"项目组织实施单位会同发榜单位(最终用户)采取现场验收、用户和第三方测评等方式开展验收,最终用户意见作为形成验收结论的主要考量。奖优罚劣,揭榜成功的,按照约定标准兑现奖励,将揭榜团队纳入攻关"白名单",并设计个性化奖励机制;揭榜失败的,视情况进行通报,并依法依规追究相关责任。

三、"揭榜挂帅"与传统科技项目管理的对比

"揭榜挂帅"项目管理流程与传统科技项目管理流程的对比如表 3-2 所示。首先,确定上榜的项目是管理者面临的首要问题。在国家层面,有两类项目适合"揭榜挂帅":一是国家战略任务;二是重大灾害和公共突发事件等紧迫性突出的研发任务。在地方层面,聚焦制约地方经济社会发展的重大

问题，特别是现有科技计划不能很好地解决的问题。其次，榜单的内容不同于现有指南相对固定的模板范式，要突出最终用户的需求，可以进行个性化定制。再次，对揭榜者不论资历、不设门槛，谁有本事谁就揭榜，公开竞争。最后，项目管理充分体现用户参与，包括榜单形成、"帅"的遴选和赋权、过程管理和验收奖惩等。

表 3-2　"揭榜挂帅"项目管理流程与传统科技项目管理流程的对比

对比项	传统科技项目管理流程	"揭榜挂帅"项目管理流程
指南（榜单）来源及编制	组建指南编制工作组和专家组，广泛征求科研单位、企业等的意见	在国家层面：国家战略任务；紧迫性突出的研发任务 在地方层面：制约地方经济社会发展的重大问题
指南（榜单）内容	有固定模板范式	突出最终用户需求，可个性化定制
申报门槛	牵头申报和参与单位有注册时间、信用等要求，负责人有年龄、学历和职称等要求	不设门槛，牵头申报和参与单位无注册时间要求，负责人无年龄、学历和职称要求
团队遴选	专家评议确定承担单位	最终用户确定揭榜团队
立项	签订任务书（突出绩效管理，明确考核目标、考核指标、考核方式方法等）	签订"军令状"（对"里程碑"考核要求、经费拨付方式、成果归属和转化、奖惩措施等进行具体约定）
过程管理	中期检查、年度报告	"里程碑"节点考核，最终用户意见作为重要考量
经费管理	按科目编制预算	简化预算编制，实行"负面清单"管理
验收	主要采取专家评议方式验收	注重实际应用场景验收，最终用户意见作为形成验收结论的主要考量
奖惩措施	没有奖惩措施，只有信用管理，严重不良信用者记入"黑名单"	按榜单约定进行奖惩

资料来源：李海丽，陈海燕，李玲. 国内典型省市"揭榜挂帅"机制实践与发展思考 [J]. 科技智囊，2022（7）：54-61.

第四节 本章小结

近年来，面对国内外经济环境、社会环境以及国际形势发生深刻变化的形势下，我国要尽快在关键核心技术领域取得突破，深化科技计划项目组织实施方式改革势在必行，涌现出了以"揭榜挂帅"为代表的一些新型科研组织模式。从历史的维度来看，我国科技管理体制改革一直在进行中，中华人民共和国成立时，我国继承了苏联的科技发展体系，以计划的形式推动科技项目开展。在这种体制下取得了许多科技成就，但随着国际形势和国家发展战略的变化，这一体制的局限日益显现，如科技与经济"两张皮"问题。1985年后，我国科技体制改革从多方面不断推进，尤其体现在自"七五"计划（1986~1990年）以来的历次五年计划（规划）的论述中。在科技体制改革早期，主要强调科技与经济的关系，创新主体方面进一步强调科研机构、高等院校和企业之间的合作交流以及不断突出企业作为创新主体的作用。随着改革的推进，"十四五"规划明确提出实行"揭榜挂帅""赛马"等制度。改革的变化反映了决策层对问题认识的深化与动态调整过程，也为"揭榜挂帅"制度的提出奠定了基础。一方面，在科研评价机制、项目形成机制、经费管理机制等科技管理体制的重要内容都在向更科学、更合理、更公平的方向改进；另一方面，对科技与经济紧密结合的强调，对科技与国家战略紧密结合的强调，对科技自立自强的强调，对企业创新作用的强调，都需要一个纳入企业、面向产业、体现竞争的政府科研资助方式。因此，"揭榜挂帅"可以说是我国应对新一轮科技革命、改革科技体制、提升科技自立自强能力的必然制度选择。① "揭榜挂帅"是对我国传统科研资助体系的补充和完善。从对"揭榜挂帅"起源、概念和内涵的理解，纯粹"揭榜挂帅"还是少数，

---

① 曾婧婧，黄桂花. 科技项目"揭榜挂帅"制度：历史维度、应用维度与价值维度 [J]. 科学管理研究，2023，6（3）：63-72.

各地实际执行中可能与纯粹意义上的"揭榜挂帅"还有些距离，但是不影响"揭榜挂帅"这种新型组织方式的推广应用，因为其本身就是在整个科技计划管理的前提下引入的，实际执行中与传统科技计划项目管理结合的方式和解决的问题可能会有所不同。下文将分区域对我国"揭榜挂帅"的实践情况进行详细介绍。

第四章 我国国家层面
"揭榜挂帅"实践分析

2016年"揭榜挂帅"提出后,国内开始零星探索,如贵州、广东、工业和信息化部(以下简称工信部)等。2020年之后,"揭榜挂帅"在国内遍地开花,科学技术部(以下简称科技部)、工信部、国家发展和改革委员会(以下简称国家发展改革委)以及各省、自治区和直辖市开展了"揭榜挂帅"实践。同时,国有企业在发挥战略科技力量作用、提升企业在科技创新中的主体地位的要求下,也在积极探索新的项目组织模式,以"揭榜挂帅"组织企业项目。

第一节 科技部"揭榜挂帅"实践分析

国家科技计划体系自"十三五"布局调整以来,根据《国务院印发关于深化中央财政科技计划(专项、基金等)管理改革方案的通知》,国家科技计划体系包括五类科技计划(专项、基金等),分别是国家自然科学基金、国家科技重大专项(科技创新2030—重大项目)、国家重点研发计划、技术创新引导专项(基金)以及基地和人才专项。在国家科技重大专项(科技创新2030—重大项目)和国家重点研发计划部分重点专项中,科技部部分试行了"揭榜挂帅"制度。在国家科技计划体系中,"揭榜挂帅"项目主要聚焦国家战略需求、应用导向比较鲜明、最终用户明确的任务。

一、总体实施概况

2020 年的《政府工作报告》明确提出，实行重点项目攻关"揭榜挂帅"，谁能干就让谁干，并在分工意见中明确科技部为主责部门推进落实。2020 年 11 月底，科技部制定形成《在国家重大研发任务中试点"揭榜挂帅"的组织管理工作流程》，在此基础上最终形成《"揭榜挂帅"组织管理工作流程》，指导各专业司及项目管理专业机构具体组织实施。

2021 年 5 月，"十四五"国家重点研发计划重点专项陆续启动，在多个专项中发布了"揭榜挂帅"榜单任务，涉及数学和应用研究、信息光子技术、氢能技术、基础科研条件与重大科学仪器设备研发、重大自然灾害防控与公共安全、诊疗装备与生物医用材料、农业生物重要性状形成与环境适应性基础研究等领域。

科技部在开始实施"揭榜挂帅"之初，即做了完备的研究工作，随着各领域申报指南的公布，科技部随之公布了"揭榜挂帅"榜单模板，对申报说明、攻关和考核要求等都有明确的规定。

据公开信息查询，科技部这一探索在 2024 年仍在实施。例如，2024 年 5 月，科技部"揭榜挂帅"重点项目《骨衰老发生机制及治疗策略研究》启动，此项目下设 5 个课题，揭榜团队包括北京大学人民医院、深圳大学、苏州大学附属第一医院、中国科学院深圳先进技术研究院等十余家单位在内的庞大的研究团队。

二、项目组织管理特点

科技部主管的科技计划项目主要委托各项目管理专业机构（以下简称专业机构）进行事务性管理，包括项目申报、评审、立项、过程管理，并对项目实施的目标负责。通过调研了解在"揭榜挂帅"项目管理的过程中，面向"揭榜挂帅"的独特性而采取以下七项主要组织管理措施：

（1）申报不设门槛，对负责人没有年龄、学历的要求。

（2）没有经费的上限，申请时只填任务，不填经费。

（3）项目申请没有流标的情况，即使只有一家单位申报，也可以进入评审程序。

（4）管理上设定项目专员，专业司局和最终用户全程参与。当前，项目专员即专项的项目主管，并没有面向具体的"揭榜挂帅"项目单独聘任项目专员。

（5）采用清单式管理，由项目专员负责项目的实施管理，包括重大事项及时向专项办进行报备，存在问题及时提出措施建议等。其中，对"里程碑"节点做重点关注。

（6）验收在真实场景下进行，负责人不能随意离职。

（7）经费由科技部提供，拨款为一项一策。

三、项目评审重点机制

以某专业机构所管理的"揭榜挂帅"项目为例，参照重点研发计划重点专项传统项目管理采用两轮评审制度。一般而言，"揭榜挂帅"项目由科技部专业司局会同相关部委提出技术需求，所以专业机构与专业司局会密切配合。

预评审与一般的重点研发计划项目一样为网络评审，申报单位不需答辩。专业机构从专家库抽选奇数位专家，通过网络评审打分，申报单位以4∶1的比例进入正式申报。不过，不同专业机构在此阶段操作上存在不同，有的专业机构在申报单位超过5家（不包括5家）时才启动网络评审，通过网络评审筛选到5家；如果申报单位不超过5家，那么直接进入视频评审（答辩评审）。

视频评审（答辩评审）阶段，专业机构组建由奇数位专家构成的专家组，并保证专家涵盖技术专家和财务专家。同时，专家组一半专家由专业司局、榜单提出单位提供，一半由专业机构从科技部专家库中抽取。为了保障专家评审的公平公正，加强专家信息保密，专家名单在评审结束后公布。

在答辩评审流程方面，在揭榜单位汇报、接受质询之后，每个项目都需要专家组现场讨论形成决议，即专家只投票不打分，根据票数统计专家组是否同意立项，以及对项目的建议等形成统一的综合意见。在此，评审采用组长合议制，专家组长有权力与大家讨论最终中标单位，所以申报单位排序会在现场公开。此外，评审时专家还可以建议去现场查看，专业机构负责安排现场评估，评估后结合会议评审再出具最终意见。

在专家评议指标方面，重点包括以下五个方面：①揭榜内容与榜单是否一致；②目标设置与技术路线是否可行；③任务分解和"里程碑"节点考核是否合理；④揭榜团队能力考评及工作基础；⑤预期成果与用户目标的一致性等。

除以上一般性"揭榜挂帅"项目的评审方式外，还有另一类称作竞争性论证，即两个以上的单位竞争揭榜时同时出席评审会议。在评审会议上，除专家可以对揭榜单位提问外，竞争对手之间也可以互相提问。

评审通过之后，专业机构报送科技部做合规性审查，通过之后签订任务书。任务书由专业机构和承担单位（揭榜方）签署，在任务书中会细化"里程碑"节点、考核方式、考核要求，以及交付物、奖惩措施、成果归属等。此外，专业机构、揭榜单位、用户单位、专业司局要签订"军令状"，关于这些主体相关的特殊约定都要在"军令状"中明确。

第二节　工信部"揭榜挂帅"实践分析

一、"揭榜挂帅"实施的总体概况

工信部是较早即开始"揭榜挂帅"探索的国家部委。自 2018 年 11 月印发了《新一代人工智能产业创新重点任务揭榜工作方案》，截至 2023 年底，已面向人工智能、人工智能医疗器械、中小企业、未来产业、智能制造、生物医用材料等领域发榜、揭榜。据工信部网站总结，在"十三五"期间的人工智能重点任务"揭榜挂帅"工作中，建立了智能网联汽车、智能医疗等赛道,遴选出 137 家揭榜单位和 66 家潜力单位着力攻克人工智能相关技术和产品问题①。

工信部所设立的项目往往与应用更为接近,将"揭榜挂帅"应用到多种场景。除面向具体产业领域采用"揭榜挂帅"模式组织项目之外,工信部把此模式推广到其主办的赛事、行业大会上。例如,2023 年举办的"开源和信息消费大赛"上,不同赛道均以"揭榜挂帅"方式深度挖掘研发需求、消费需求,拉近产品研发到市场应用的距离,命题方向突出市场导向、应用牵引。在此大赛的开源赛道,由龙头企业和科研院所出题;信息消费赛道,由信息消费平台企业和公共服务单位出题。

根据领域特点,工信部还会联合其他机构共同组织"揭榜挂帅"项目。近年来,工信部牵头会同国家药品监督管理局、国家卫生健康委员会、国家市场监督管理总局等部门共同开展特定领域的"揭榜挂帅"项目,如工信部办公厅、国家药品监督管理局综合和规划财务司在 2021 年发布了《关于组织开展人工智能医疗器械创新任务揭榜工作的通知》,面向智能产品和支撑环境两个方向,设置了聚焦智能辅助诊断产品、智能辅助治疗产品、医学人工智能数据库等八类揭榜任务;工信部办公厅、国家市场监督管理总局办公厅在 2023 年发布了《关于开展 2023 年度智能制造系统解决方案揭榜挂帅项目申报工作的通知》,面向重点行业领域智能工厂和智慧供应链建设需求,聚焦 21 个智能制造系统解决方案攻关方向进行发榜,最终 162 个项目公示立项。

此外,工信部还开创了以"揭榜"对象为核心的"揭榜挂帅"模式。工信部发布的《关于组织开展 2023 年度中小企业"揭榜"工作的通知》中提到,经省级中小企业主管部门和工信部机关相关司局推荐、专家论证筛选等程序,形成了 409 项大企业技术创新需求榜单,其中 230 项需求同意公开,把这些可公开的需求面向全国的中小企业进行"发榜"。由此推进大企业与

---

① 科技司工信微报. 回眸"十三五":工业和信息化科技创新突破再攀登 [EB/OL]. (2020-10-20)[2024-05-28]. https://www.miit.gov.cn/ztzl/rdzt/sswgyhxxhfzhm/xyzl/art/2020/art_ eea27ae 41758439687e26fd8e47db616. html.

中小企业的融通创新。

二、组织管理特点

工信部组织开展的"揭榜挂帅"项目较多，对于不同类型的项目在组织流程上会存在差异，在此梳理了一般项目"揭榜挂帅"的流程和《2023年度中小企业"揭榜"工作》的组织流程特点。

（一）一般项目"揭榜挂帅"组织流程

以人工智能领域的"揭榜挂帅"项目为例。《新一代人工智能产业创新重点任务揭榜工作方案》在17个方向及细分领域，开展集中攻关，重点突破一批创新性强、应用效果好的人工智能标志性技术、产品和服务，具体操作流程如下：

1. 凝练指标

工信部依据《促进新一代人工智能产业发展三年行动计划（2018-2020年）》，共包括17个方向。邀请人工智能领域龙头企业凝练指标，工信部部属科研院所支撑企业一起凝练。

2. 地方推荐

工信部对申报企业没有门槛要求，地方工信部门向工信部推荐"揭榜"团队。

3. 专家评审确定入围单位

对于攻关的17个方向，每个方向7~8家入围，一共入围了将近200家。工信部对入围单位没有经费支持，发通知告知单位已经入围以及任务完成截止时间。

4. 确定成功"揭榜"团队

达到任务完成时间节点要求以后，入围单位将成果提交到工信部，工信部组织第三方机构测评，筛选出前3名或5名，确定成功"揭榜"团队，并颁发证书。

5. 成果推荐

将成果推荐给医院等需求单位进行应用转化。一般的"揭榜挂帅"项目，"揭榜"团队由地方工信部门推荐，不给予经费支持，揭榜成功后颁发证书，研发成果向有关单位推荐。

（二）《2023年度中小企业"揭榜"工作》组织流程及特点

2023年8月，工信部发布《关于组织开展2023年度中小企业"揭榜"工作的通知》，将230项大企业需求向中小企业公开。

1. 采用自下而上的主管部门组织方式

省级中小企业主管部门组织有意愿且符合《中小企业划型标准规定》的中小企业，通过网上平台填写信息申报，如图4-1所示，同时需报送纸质版申报材料。中小企业将纸质版申报材料报送至省级中小企业主管部门。

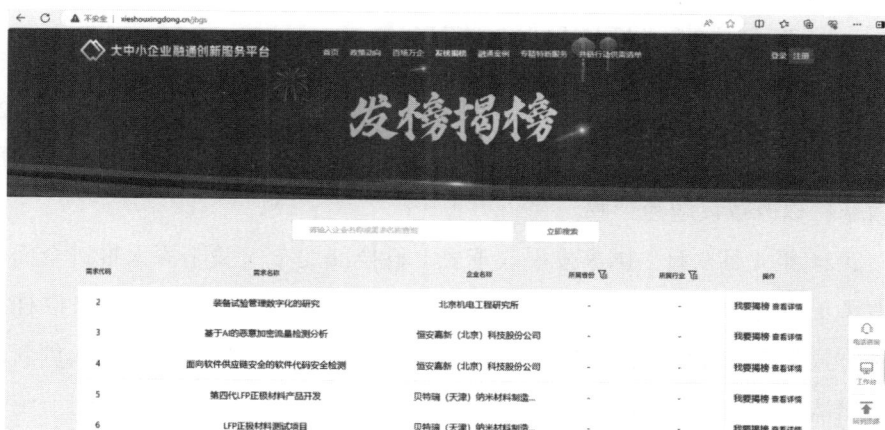

图4-1　大中小企业融通创新服务平台发榜揭榜板块

2. "发榜"大企业具有较高自主权

在筛选"揭榜"企业的环节，中小企业的申报材料最终汇总推送给"发榜"的大企业，大企业的每项需求对应选择1~3家"揭榜"企业，并且大企业与中小企业自主确立合作关系。在结题验收环节，"发榜"大企业自主验收。

3. 政府部门提供一定的资金支持

与工信部"揭榜挂帅"一般项目不同，如果是专精特新中小企业成功

"揭榜"，则要求不同层级的政府部门给予财政资金支持。即对国家级专精特新"小巨人"企业，在中央财政资金支持专精特新中小企业高质量发展工作中予以倾斜；省级专精特新中小企业、创新型中小企业，各级中小企业主管部门结合当地实际，充分发挥中小企业发展专项资金作用，采取适当方式予以支持。

第三节　国家发展改革委"揭榜挂帅"实践分析

一、任务式型"揭榜挂帅"项目

国家发展改革委组织实施的"揭榜挂帅"项目，代表性的即全面创新改革任务，即"揭榜挂帅"项目面对的领域与科技、产业类项目不同，它是面向改革，以改革议题为"榜"。

2021年4月9日，国家发展改革委、科技部发布《关于深入推进全面创新改革工作的通知》，要求全面创新改革借鉴"揭榜挂帅"机制，采取任务清单方式推进。接着，国家发展改革委、科技部及时公布《年度全面创新改革举措清单》，组织各地发展改革委、科技厅（委、局）揭榜，原则上每个地方年度揭榜改革任务不少于3项。2021年8月，国家发展改革委和科技部印发《2021年全面创新改革任务清单》，全国共批准82项全面创新改革任务，包括新型研发机构科教融合培养产业创新人才、科研机构技术转移人才评价和职称评定制度、横向科研项目结余经费出资科技成果转化、知识产权保护"一件事"集成服务等。经公开信息查询可知，四川获批10项、安徽获批11项、江苏获批8项等。

二、以政策鼓励"揭榜挂帅"模式探索

国家发展改革委不同于科技部、工信部对于具体项目进行资助，在"揭

榜挂帅"机制的探索上更多的是在政策文件中涉及科技创新的部分鼓励以"揭榜挂帅"方式组织科技攻关，涵盖节水、数据算力、绿色技术、垃圾焚烧、绿色低碳转型、新型储能等领域，如表4-1所示。在政策引导下，实际的"揭榜挂帅"实践由科技主管部门、工信部门开展。

表4-1 国家发展改革委牵头出台的涉及"揭榜挂帅"的政策文件

文件名	文件号	"揭榜挂帅"相关规定
关于加快发展节水产业的指导意见	发改环资〔2024〕898号	强化企业技术创新主体地位，鼓励企业"揭榜挂帅"，支持企业牵头承担节水国家科技计划项目
关于深入实施"东数西算"工程加快构建全国一体化算力网的实施意见	发改数据〔2023〕1779号	积极开展分布式算力并行调度、异构算力调度等关键技术"揭榜挂帅"，培育算力产业生态
关于进一步完善市场导向的绿色技术创新体系实施方案（2023—2025年）	发改环资〔2022〕1885号	在强化绿色技术创新引领方面，要求在若干重点领域定期向各地区、行业协会、重点企业等征集共性技术难点和技术需求，采用"揭榜挂帅""赛马"等机制，引导各类主体参与绿色技术创新，同时组织实施重点专项技术攻关
关于加强县级地区生活垃圾焚烧处理设施建设的指导意见	发改环资〔2022〕1746号	针对小型生活垃圾焚烧装备存在的烟气处理不达标、运行不稳定等技术瓶颈，形成亟须研发攻关的小型焚烧技术装备清单，组织国内骨干企业和科研院所通过"揭榜挂帅"等方式开展研发攻关，重点突破适用于不同区域、不同类型垃圾焚烧需求的100吨级、200吨级小型垃圾焚烧装备，降低建设运维成本
关于完善能源绿色低碳转型体制机制和政策措施的意见	发改能源〔2022〕206号	采取"揭榜挂帅"等方式组织重大关键技术攻关，完善支持首台（套）先进重大能源技术装备示范应用的政策，推动能源领域重大技术装备推广应用

文件名	文件号	"揭榜挂帅"相关规定
关于加快推动新型储能发展的指导意见	发改能源规〔2021〕1051号	以"揭榜挂帅"方式加强关键技术装备研发,推动储能技术进步和成本下降 开展前瞻性、系统性、战略性储能关键技术研发,以"揭榜挂帅"方式调动企业、高校及科研院所等各方面力量,推动储能理论和关键材料、单元、模块、系统中短板技术攻关,加快实现核心技术自主化,强化电化学储能安全技术研究 按照"揭榜挂帅"等方式要求,推进国家储能技术产教融合创新平台建设,逐步实现产业技术由跟跑向并跑领跑转变

资料来源:根据公开信息整理。

第四节　中央企业"揭榜挂帅"实践分析

中央企业作为一种生产经营组织形式,同时具有商业类和公益类的特点,其商业性体现为追求国有资产的保值和增值,其公益性体现为中央企业的设立通常是为了实现国家调节经济的目标,起着调和国民经济各个方面发展的作用。在国家提出探索实施"揭榜挂帅"进行关键核心技术攻关、国有企业改革三年行动的背景下,许多中央企业在内部实施"揭榜挂帅"项目,取得了一系列重要科技成果。例如,兵器装备集团于2021年面向"卡脖子"技术等32个重点项目,组织开展企业内部"揭榜挂帅"攻关;中海油将"揭榜挂帅"和"赛马"都引入到其项目管理系统;国家电网从最初的探索已发展到多层级推进;等等。以下以中海油和国家电网为例,对其"揭榜挂帅"项目组织实施情况进行分析。

一、中海油以项目长负责制为核心的"揭榜挂帅"制

中海油研究总院有限公司（以下简称中海油总院）在 2021 年即制定了"揭榜挂帅"工作实施方案、项目长负责制及项目考核管理办法等；2022 年启动"赛马制"项目。中海油将"揭榜挂帅"和"赛马制"进行了区分，但同时认为"揭榜挂帅"体现在"赛马制"整个过程中。而在一般的项目组织模式研究中认为，"赛马制"是"揭榜挂帅"模式中选帅、资助环节的一种可选机制。

（一）"揭榜挂帅"项目组织实施特点

中海油总院针对生产实际中面临的问题，从专业领域酝酿项目题目，领域自下而上和自上而下相结合，由重点攻关方向来酝酿题目，形成榜单，不针对人，只针对事。项目包括重大科研攻关类、生产性研究类、基础性研究类，具体包括"卡脖子"技术攻关研究项目及其涉及的关键问题、元器件、设备、材料等；制约增储上产稳产的瓶颈方向涉及项目及其面临的技术难题、核心难点；重大疑难生产研究项目及其难题；重点研究成果转化应用、产品化、产业化推动；其他重点、难点研究。

对于揭榜申报主体，任何研究人员均可报名揭榜，不受职务、职级、职称、资历等限制。揭榜方提交申请、进行现场答辩，经专家委员会评审打分，得分高者揭榜成功，"挂帅"成为项目长。

项目长被赋予较高的自主权。一是选人用人权。项目长可根据工作需要，通过双向选择方式自主选配研究人员、组建研究团队。二是绩效考核权。项目长对项目成员绩效考核权重占 35%。三是研究自主权。项目长自主设计实施方案，并享有子课题分配、人员结构调整等重大事项决策的权利。四是经费执行权。即签字权，各院、中心可以根据中海油总院批复的项目预算，授权项目长在预算范围内自主执行项目经费，签字报销。

设置"里程碑"，到关键节点调查项目运行状态，经专家评估认为达不到要求的及时停止，对项目跟踪检查，要求要符合质量管理体系。

为了提高项目团队的积极性，制定了奖惩制度。一是奖励激励机制。分

三个层次：①对个人实施"职级分离、评聘分开"。设置"项目长岗位奖"，"首席科学家""责任专家"可获得专家积分奖励。②对项目实施分类激励。对不同类别的项目设置专项奖励。③对团队实施精准激励。根据项目的权重工时对应分配项目奖金，另外设置"加分项"激励。二是容错机制。①对于基础性、前瞻性研究和因不可抗力等因素造成创新失败的项目，由发榜单位组织专家进行评估，宽容探索性失误。②对于惩罚，没有明确规定，如果项目评估完成不好，项目长的分配量值会减少。

（二）将"赛马制"纳入科研创新体系

在中海油出台的《中国海油科技创新强基工程（2021—2030 年）行动方案》中明确"针对急难险重或可以采取不同技术路线开展研究的攻关需求，鼓励进行'赛马'，由两组或多组科研团队同步攻关，项目前期平行资助，过程中分阶段考核淘汰。"2022 年 8 月，中海油研究总院启动了科研攻关"赛马制"，首批启动了三项课题。同时，针对"赛马制"制定了管理办法和细则。

"赛马制"研究的选题聚焦四性，即基础性、紧迫性、前沿性、颠覆性。① 从中海油发展需求来看，研究选题包括"卡脖子"技术、装备、零部件攻关；核心专业软件开发；科研生产中面临的关键难题、核心难点；智能化发展、新能源转型的关键攻关任务、研究难点；关系技术发展和产业发展的关键基础性问题；可带来产业变革性发展的前瞻性、颠覆性研究；其他重要且急需解决的攻关研究。

"赛马制"研究分为三类：一是项目赛马；二是专项赛马；三是单项研究赛马。"赛马制"利用"揭榜挂帅"中的选帅机制筛选研究团队，重点在于实现择优。不同之处在于，"赛马制"下多个团队同时攻关，由此过程管理较为重要，在实施过程中会分段考核，根据实施结果进行淘汰。

---

① 中国石油石化企业信息技术大会．重磅改革！中国海油启动"赛马制"科研攻关制度［EB/OL］．（2022-08-09）［2024-06-28］. https：//mp. weixin. qq. com/s？＿＿biz＝MzI2OTk3Nzg5NA＝＝&mid＝2247521331&idx＝3&sn＝11199bf8f5893a6d924f9ae077b64865&chksm＝eadac47addad4d6c91ed0ae299443f952f645c45b94c65c62cf37203358434d40ad5db081565&scene＝27.

二、国家电网有限公司多层级"揭榜挂帅"实践

国家电网有限公司(以下简称国家电网)是中央直接管理的国有独资公司,以投资建设运营电网为核心业务,是关系国家能源安全和国民经济命脉的特大型国有重点骨干企业,是一家拥有总部、分部、省公司、直属单位的大型集团公司。其经营范围覆盖我国 26 个省(自治区、直辖市),并具有较强的创新能力。2023 年,63 项科研成果获电力科学技术奖、34 项科研成果获中国电工技术学会科技进步奖。国家电网于 2020 年开始启动"揭榜挂帅"工作,一直延续至今,已在公司总部、省公司、直属单位全面推广。

(一)公司总部面向基础前瞻的"揭榜挂帅"项目

在国家电网有限公司 2020 年科技创新大会上,首批设立了 5 个项目,主要为基础性、前瞻性科研项目,揭榜者在大会上获颁了"揭榜书",项目列表示在表 4-2 中。2021 年,国家电网 260 个项目中,21 个采用"揭榜挂帅"的方式,每个预算额度大概在 400 万~1000 万元,项目周期为 3 年。

表 4-2 2020 年国家电网有限公司首批"揭榜挂帅"项目

揭榜方向/项目	揭榜单位
电网仿真建模与稳定特性研究	中国电力科学研究院
(高比例新能源电力系统)系统平衡支撑与运行控制研究	中国电力科学研究院国家电网仿真中心
—	全球能源互联网研究院有限公司电力传感技术研究所
微型电磁场传感技术与核心器件制备	全球能源互联网研究院有限公司电力传感技术研究所光学传感技术研究室
传感器低功耗安全连接技术	江苏电力科学研究院输变电技术中心

资料来源:根据公开信息整理。

从项目组织管理上来看,国家电网总部的"揭榜挂帅"项目具有以下四个特点:

（1）在内部通过公开竞争遴选牵头单位和项目负责人。

（2）牵头单位和项目负责人，自行选择技术路线、制定研究方案，并对团队组建、经费使用、考核分配等具有自主权。

（3）牵头单位具有较大的决策权，同时需承担项目法人责任。牵头单位对公司总部应提交承诺书，优化人事、薪酬、项目等方面管理，确保项目负责人应享受的各项权利落到实处。牵头单位应与项目负责人签订协议，明确责权利、量质期，合理设定项目负责人岗位工资、绩效工资的额度和分配比例，将项目负责人工作成效与薪酬水平挂钩，充分激发项目负责人工作的积极性。

（4）公司总部科技管理部门开展项目督导。对项目进行评估，内容包括项目实施情况及牵头单位、项目负责人工作成效等。评估结论会影响后续决策事宜，对于成效突出的单位、项目负责人，在其申报公司其他总部科技项目立项评审时给予加分支持；对于成效不佳并整改不力的单位、项目负责人，对其申报承担公司其他总部科技项目给予减分甚至取消资格等处罚。此外，项目攻关成效作为重要参考依据在牵头单位企业负责人业绩考评中予以体现；对各单位承诺落实情况进行记录，并将其纳入信用管理，作为后续总部项目立项评审时的奖惩依据。

（二）省公司面向具体问题的"揭榜挂帅"项目

国家电网下属各个省公司在自身发展过程中会遇到具体的技术难题、工程问题等。以这些具体问题为"榜单"开展公开竞争"挂帅"，对于公司提升管理效率是非常有效的一种途径。

例如，国网白银供电公司围绕企业科技创新技术难题，实施重大项目"揭榜制"，并且鼓励党员牵头"挂帅"。在 2023 年设立有"配网不停电作业低压旁路系统综合平台研发"等"揭榜挂帅"重大科技项目，每个项目由一个揭榜团队承担。

又如，国网邢台供电公司以基建工程项目为标的进行"揭榜挂帅"。2023 年，围绕基建建设任务开展"揭榜挂帅"，组织开展了柏乡内部输变电工程业主项目经理竞选活动，面向项目管理中心及建设部全体职工开放。为此,国网邢台供电公司成立了评审委员会,公司副总经理任组长、资深管理人员任成员。评审委员会经过筛选,选定 3 名候选人进入面试答辩,经过答辩最终评选 1 人任邢台柏乡内部 110 千伏输变电工程业主项目经理。作为项目经理,需要签署军令状,压实责任。在基建项目落实过程中,评审委员会一直存续,承担"监榜结项"的职责,包括实时监督管控项目建设进度,提出建设性指导意见和考核激励建议,在项目投产后进行结项评价。

(三)直属科研单位面向社会开放的"揭榜挂帅"项目

国家电网直属机构中国电力科学研究院作为电力系统的科研机构,拥有全国重点实验室、国家野外科学观测研究站、省级重点实验室/工程技术研究中心等平台。基于《国家重点实验室建设与运行管理办法》规定,通过开放课题等方式,吸引国内外高水平研究人员来实验室开展合作研究。虽然国家重点实验室体系在不断改革,但设立开放课题的方式在许多机构中得到了延续。中国电力科学研究院依托这些平台设立了实验室开放基金"揭榜挂帅"项目。

2024 年,《中国电力科学研究院实验室开放基金申报指南》包括 9 家平台(3 个全国重点实验室,1 个国家野外科学观测研究站,3 个北京市重点实验室,2 个直辖市/省级工程技术研究中心)提出的 29 个研究方向的榜单。例如,北京市电动汽车充换电工程技术研究中心提出的榜单研究方向包括充换电设施仿真与规划技术、充换电设施运营及管理技术、充换电设备试验与检测技术,每个研究方向下设重点支持方向。一般情况下,每个项目资助经费不超过 20 万元,执行期为 12~24 个月。

不过,中国电力科学研究院所设的"揭榜挂帅"项目并未在榜单中明确项目需求,而是以支持方向代之,具体研究题目和内容都由揭榜方设计。在管理上,揭榜方要签订《××实验室 2024 年度实验室开放基金项目技术开发(委托)合同》,合同中对项目"里程碑"考核要求、经费拨付方式、奖惩措施等进行具体约定(见图 4-2)。

目　录

图 4-2　2024 年度中国电力科学研究院实验室开放基金项目
技术开发（委托）合同目录样例

第五节　本章小结

"揭榜挂帅"作为一种项目组织模式，从国家部委和中央企业的"揭榜挂帅"实践来看，可适用于多种项目类型，但它并不是普适性的。因此，通过本章的实践分析可以看出经过近几年的发展，既有成功经验也凸显出一定的问题。

在适用性方面。科技部、工信部主要是在原有的项目体系中，选出部分适用项目采用"揭榜挂帅"模式。科技部主管的国家重点研发计划的重点专项下的项目一般体量较大，项目内部往往涉及不同创新阶段的目标要求，所以在一定程度上难以确立量化、细致的考核指标，同时项目最终成果的用户多数情况并不明确，因此难以与传统的竞争性项目形成本质差异。工信部的项目多面向产业和企业，榜单的目标多为产品类，如"脱盐乳清产品供给能力提升任务"揭榜成功的技术路线包括生鲜牛乳生产干酪及脱盐乳清产品、牛甜乳清生产脱盐乳清产品、生鲜牛乳分离酪蛋白等产品后生产脱盐乳清产品等，项目的考核指标为具体产品，同时也意味着有相应明确的市场。同时，工信部所组织的面向中小企业的"揭榜"工作，对于中小企业进入大型企业的供应链具有积极的意义。

对于中央企业来说，组织开展的"揭榜挂帅"项目更为丰富，既有面向基础研究、"卡脖子"技术的科研项目，更有面向基建工程的任务性项目。从企业生产中面临的问题、自身发展需求出发所提出的"榜单"，目标明确并可考核，同时多数由企业内部人员"揭榜"，本身受企业管理，可以通过奖惩机制很好地调研科研人员的积极性。

在项目组织管理方面。"揭榜挂帅"项目评审一般赋予提出"榜单"的单位较高的自主权，可以不采纳专家组评审出的揭榜单位。但这可能造成"揭榜挂帅"项目更像定向指南，难以避免提出榜单的单位与"揭榜"单位之间早前即存在联系。在中央企业内部的"揭榜挂帅"项目，部分项目呈现出较明显的领导担任负责人的倾向，并不能体现"揭榜挂帅"项目不设门槛、鼓励能者上的特点，这对于"揭榜挂帅"项目的组织管理制度提出了更高的要求。

第五章　京津冀区域"揭榜挂帅"实践分析

第一节　京津冀区域实施"揭榜挂帅"整体情况

京津冀三地虽然尚未联合组织实施"揭榜挂帅"项目，但是通过"揭榜挂帅"模式开展了一些合作。

（1）河北、天津通过"揭榜挂帅"机制，吸引了北京的科技资源。例如，保定在河北省率先采用"揭榜挂帅"项目组织管理方式，聚焦该市"7+18+N"产业，将急需的关键技术项目张榜公布，面向社会征集揭榜方，中国科学院、北京航空航天大学、京津的科技企业均成功揭榜了保定的项目。又如，天津的细胞生态海河实验室通过"揭榜挂帅"方式，吸引清华、北大等学校团队承担其项目。

（2）三地通过共同揭榜，整合三地资源联合攻关。例如，京雄高速（河北）开放自动驾驶测试示范项目，采用了面向全社会公开"揭榜挂帅"方式展开，最终由河北清华发展研究院牵头，清华大学专家团队、卡尔动力（北京）科技有限公司、北京星云互联科技有限公司、石家庄市博大交通公路工程设施有限公司组成的联合体成功揭榜。河北清华发展研究院作为河北省新型研发机构，立足河北交通发展所需，具备由国家自然科学基金获得者领衔的高水平创新团队,负责项目的整体统筹和组织管理。北京星云互联科技有限公司负责路侧支撑需求分析和关键技术实测验证。卡尔动力(北京)科技有限公司主要负责关键技术的实测验证、车辆上路测试和展示工作。石家庄市博大交通公路工程设施有限公司负责对自动驾驶测试道路安全设施进行完善,保障测试安全①。

第二节 北京市"揭榜挂帅"实践

一、北京市"揭榜挂帅"总体情况

(一)政策制定

北京市高度重视"揭榜挂帅"组织方式的改革探索,如表5-1所示,2020年底,中关村科技园区管理委员会(以下简称中关村管委会)印发《中关村国家自主创新示范区高精尖产业强链工程实施方案(2020—2025年)》(以下简称强链工程),提出以"揭榜挂帅"机制实施强链工程,最早在北京市实施"揭榜挂帅"组织模式。2022年,北京市科学技术委员会(以下简称市科委)、中关村科技园区管理委员会联合北京市发展和改革委员会、北京市教育委员会、北京市经济和信息化局等10部门②发布《北京市关键核心技术攻关项目"揭榜挂帅"实施方案》。

---

① 京雄高速(河北)测试示范项目启动高速公路车路协同蓄势发力 [EB/OL]. (2021-06-11) [2024-07-09]. https://baijiahao.baidu.com/s? id=1801556303943180586&wfr=spider&for=pc.

② 10部门分别是:北京市科学技术委员会、中关村科技园区管理委员会、北京市发展和改革委员会、北京市教育委员会、北京市经济和信息化局、中共北京市委网络安全和信息化委员会办公室、北京市海淀区人民政府、北京市顺义区人民政府、北京市昌平区人民政府、北京市怀柔区人民政府、北京经济技术开发区管理委员会。

表 5-1　北京市"揭榜挂帅"政策文件

发文时间	发文部门	政策文件名称
2020 年	中关村管委会	中关村国家自主创新示范区高精尖产业强链工程实施方案（2020—2025 年）
2022 年	市科委、中关村管委会等 10 部门	《北京市关键核心技术攻关项目"揭榜挂帅"实施方案》

资料来源：根据公开信息整理。

（二）实践情况

2020 年底，在强链工程印发之时，中关村管委会就发布了面向新一代信息技术、生物医药方向的 10 个榜单。之后，市科委、中关村管委会陆续在边缘计算节点（MEC）设备研制、电动自行车火灾风险防控、车规级芯片自主可控等领域采用"揭榜挂帅"方式组织项目。2022 年，随着《北京市关键核心技术攻关项目"揭榜挂帅"实施方案》的发布，为推动"智慧城市 2.0"建设，北京市发布了 10 个智慧应用场景"揭榜挂帅"榜单，① 分别由北京市经济和信息化局、北京市民政局、北京市商务局、北京市农业农村局、北京市住房和城乡建设委员会、北京经济技术开发区管委会等单位组织。北京市经济和信息化局的"高精尖产业筑基工程"、北京市商务局的"智慧商圈数字孪生底座"、北京市文化和旅游局的"北京城市图书馆智慧场景——元宇宙图书馆智荐平台"也是采用"揭榜挂帅"模式组织。

北京的"揭榜挂帅"按照主导主体可以分为两类：一类是领军企业主导型。典型代表是科技领军企业主导、政府搭台的强链工程。在高精尖产业强链工程中，技术需求由中关村领军企业提出，组织遴选揭榜单位，并牵头组建创新联合体进行攻关，同时提供必要的研发测试环境，攻关成功后成果直接进入领军企业产业链供应链体系。另一类是政府主导型。这一类由政府主导、通过多部门协同或政企协同推动。政府围绕重大攻关任务，主动与相关

---

① 推动"智慧城市 2.0"建设北京发布 10 个智慧应用场景"揭榜挂帅"榜单！［EB/OL］.（2022-09-16）［2024-07-09］. https：//www. beijing. gov. cn/fuwu/lqfw/ztzl/2022schdz/zxdt/202209/t20220916_ 2816831. html。

行业部门协同联动，共同凝练榜单、共同组织实施、共同与最终用户开展考核的"重点任务攻关"模式。如边缘计算节点（MEC）设备研制"揭榜挂帅"项目。

二、领军企业主导型"揭榜挂帅"

2020 年 12 月，中关村管委会发布《中关村国家自主创新示范区高精尖产业强链工程实施方案（2020—2025 年）》，聚焦新一代信息技术和生物医药两大产业领域，公开发布了 10 项榜单，面向全国遴选揭榜单位，研发成功后成果直接进入发榜单位供应链体系，推动领军企业进一步成体系构建自主可控的产业生态。强链工程是企业主导型"揭榜挂帅"的典型案例。

因为强链工程是领军企业主导的"揭榜挂帅"，不同于一般政府组织的"揭榜挂帅"，对其管理流程做一简单介绍。

（一）管理流程

（1）专利分析。科技部门组织开展人工智能、集成电路等 11 个重点产业知识产权的全球战略布局研究。通过专利分析研究，一方面研究提出了中关村重点产业链供应链现状和"卡脖子"技术清单；另一方面梳理形成了各关键技术领域领军企业清单，从而建立了发榜企业信息库，包括世界 500 强企业、上市企业、领航企业、独角兽企业及单项冠军、专特精新等企业，包含企业所属产业领域、主打产品等信息。

（2）赴领军企业上门摸排。科技部门赴中关村领军企业逐一座谈，了解企业的产业链和供应链布局考虑以及技术需求，体现"谁被卡谁出题"。重点遴选技术实力强、可代表中关村参与全球产业竞争的领军企业作为发榜企业，需向揭榜单位提供合作研发经费和必要条件，并开放其供应链和应用场景等资源。形成技术需求清单，包括技术需求名称、需求单位、需求内容、对标国家和企业、目标揭榜单位、"卡脖子"指数、研发周期、预计投资等要素。

（3）行业顶尖科学家论证榜单。由行业顶尖科学家对企业技术需求进行评估论证，根据需求的急迫性、挑战性和创新性，同时兼顾经济成本和时间周期，确定技术需求榜单。榜单面向的是各细分领域的共性痛点、难点，是补齐产业链供应链短板的关键环节，特别是投入大、耗时长、回报慢，单纯依靠某一家企业难以解决的技术需求，将优先纳入榜单。专家论证后形成建议优先发布、建议延后发布、建议不发布三类结论。

（4）公开+定向结合的方式发布榜单。强链工程首批公开发布10项榜单，定向发布2项榜单。首先，以能力论英雄。项目申报不设门槛、不设限制，对揭榜单位无注册时间要求，对揭榜团队负责人无年龄、学历和职称要求，只要有能力解决榜单任务的主体都可申报。其次，面向全国征集揭榜单位。打破地域限制，面向全国范围内的高校、科研院所、企业、新型研发机构等各类创新主体公开征集揭榜团队及技术解决方案。

（5）领军企业遴选挂帅单位。领军企业组织行业专家对揭榜单位进行遴选，遴选标准和遴选方式都由发榜企业提出。首先，对揭榜团队逐一进行材料查阅、线上沟通、现场考察，了解其研发能力、生产能力。其次，组织专家评审会，主要评审揭榜团队研发能力和项目技术路线的可行性，项目目标、实施进度的科学性和合理性，每位专家各自独立形成意见。最后，结合实地考察、专家意见、双方沟通情况，领军企业决定最终合作的意向单位。

（6）签订创新联合体协议采用多种模式合作。强链工程发挥中关村领军企业龙头带动作用，围绕产业链供应链联合上下游企业协同创新，组建创新联合体，签署创新联合体协议，明确各方的权利和义务，包括研发团队负责人、双方资源投入、任务分工、验收标准和方式、知识产权归属以及采购计划等。可以采用多种合作模式：一是委托研发模式，领军企业委托揭榜团队开展研发，支付全部的研发费用，获得完整的知识产权，提供适配环境，这种模式使得领军企业完全掌握了技术的主导权。二是定向采购模式，由领军企业提出参数需求，并提供研发环境支持和验证测试条件，揭榜团队负责产品的主体研发，并拥有知识产权，政府资金支持揭榜团队产品到领军企业适配的费用，助推中关村中小企业进入领军企业供应链体系。三是约定合作模式，领军企业和揭榜团队按约定比例共同承担费用，知识产权、产品采购等按约定执行。

（7）政府支持。确定揭榜团队后，领军企业与其组成创新联合体、签署创新联合体协议后，政府择优提供经费支持，按照不超过设备及材料购置、生产线建设、人员费用、房屋租赁、合作研发、试验外协、贷款利息等总投资额30%的比例。

（8）过程管理。在项目执行过程中实行"里程碑"节点管理，一定程度上能保证研发目标按期保质保量完成。领军企业与揭榜团队约定"里程碑"日期及考核标准。在每个"里程碑"日期前，揭榜团队向领军企业交付项目阶段性成果及证明材料，如果领军企业认为达到了"里程碑"考核标准，那么拨付下一阶段经费；如果领军企业认为未达到"里程碑"考核标准，需向揭榜团队说明详细理由，揭榜团队需及时采取行动完善项目阶段性成果，并再次提交给领军企业。如果揭榜团队在一定期限（如"里程碑"日期之后60天）后，仍未达到"里程碑"考核标准，那么领军企业可终止与揭榜团队的合作。

（9）验收及成果应用。区别于以往技术成果研发出来后进不到产业链、供应链，强链工程项目从一开始就做了产业化安排，在协议签订阶段约定采购计划。例如，某强链工程项目协议规定，领军企业在首年进行几十台的小批量采购，第二、第三年逐年扩大采购量。这种项目方式将项目研究成果直接推入领军企业的做法，一方面切实补齐、强化了领军企业产业链供应链，另一方面从"挂帅"团队视角，保障了研发成果的市场预期和回报。同时，中关村还通过中关村论坛等平台，助力成果推广应用。

（二）特色做法

（1）精准识别的榜单凝练机制。一是开展重点产业知识产权战略布局研究。研究分析出了中关村重点产业链供应链现状和"卡脖子"技术清单100余项，形成了《中关村示范区亟待攻关的关键核心技术清单》，做到有预判。二是建立强链工程发榜企业信息库。梳理建立了包含近400家企业的发榜企业信息库，主要包含世界500强企业、上市企业、领航企业、独角兽企业及单项冠军、专特精新等企业，包含企业所属产业领域、主打产品等信息。三是定向对接识别领军企业技术需求。采取主动上门摸排、组织座谈等方式定向对接小米、利亚德等领军企业，了解企业的产业链和供应链布局考虑以及技术需求，体现"谁被卡谁出题"。重点遴选技术实力强、可代表中关村参与全球产业竞争的领军企业作为发榜企业，并需向揭榜单位提供合作研发经费和必要条件，并开放其供应链和应用场景等资源。四是组织行业顶尖专家论证形成榜单。由行业顶尖科学家对企业技术需求进行评估论证，根据需求的急迫性、挑战性和创新性，同时兼顾经济成本和时间周期，确定技术需求榜单。榜单面向的是各细分领域的共性痛点、难点，是补齐产业链供应链短板的关键环节，特别是投入大、耗时长、回报慢，单纯依靠某一个企业难以解决的技术需求，将优先纳入榜单。

（2）企业主导的揭榜遴选机制。一是面向全国征集揭榜单位。打破地域限制，面向全国范围内的高校、科研院所、企业、新型研发机构等各类创新主体公开征集揭榜团队及技术解决方案。二是以能力论英雄。项目申报不设门槛、不设限制，对揭榜单位无注册时间要求，对揭榜团队负责人无年龄、学历和职称要求，只要有能力解决榜单任务的主体都可申报，体现"谁能干谁来干"。三是发榜企业遴选确定揭榜单位。由发榜企业组织行业专家对揭榜单位进行遴选，遴选标准和遴选方式都由发榜企业提出，如"多自由度力控医用机械臂"项目采取了现场答辩、现场演示、实地考察等方式进行遴选，最终由发榜企业确定揭榜单位。在遴选过程中政府提供专家资源、协调沟通等方面的服务。

（3）灵活多样的投入机制。进一步发挥企业在技术创新中的主体作用，资金投入以企业出资为主，政府根据企业实际研发投入情况，给予一定的经费支持，体现"谁出题谁出资"。一是由发榜企业出资，政府资金支持到发榜企业。由发榜企业主导，以委托研发的方式与揭榜单位合作，研发经费由发榜企业承担，知识产权归发榜企业，如"5G高集成度有源天线关键射频器件"项目，能够支持领军企业进一步夯实技术和市场主导权。二是揭榜单位出资，政府资金支持发榜企业适配费用。由发榜企业提出参数需求，并提供研发环境支持和验证测试条件，揭榜单位负责产品的主体研发，并拥有知识产权，政府资金支持揭榜单位产品到发榜企业适配的费用，助推中关村中小企业进入领军企业供应链体系。三是双方联合出资，政府资金按比例给予支持。发榜企业和揭榜单位联合出资，双方在合同中约定知识产权归属，政府资金按双方研发投入的相关比例给予支持，如"面向存储器版图的浏览编辑及 IP 集成工具"项目、"IPC 加密授权芯片解决方案"项目，帮助领军企业形成安全稳定的供应链体系。

（4）组建创新联合体的协同攻关机制。一是多种模式开展创新联合体合作。强链工程发挥中关村领军企业龙头带动作用，围绕产业链供应链联合上下游企业协同创新。揭榜单位与发榜企业可采取委托研发、联合研发+定向采购（如"IPC 加密授权芯片"项目）等多种合作模式。二是明确创新联合体各方职责权限。揭榜单位与发榜企业达成意向后组建创新联合体，签署创新联合体协议，明确各方的权利和义务，如"通用流程模拟系统"项目联合体协议内容包括联合研发团队负责人、任务分工、双方资源投入、验收标准、知识产权归属和采购计划等。三是联合开展攻关。建立"首席技术官负责+技术带头人执行+项目专员护航"的实施机制，投入研发资源开展联合攻关。首席技术官负责统筹、监督和管理技术研发进程，把握技术研发路径，分配实施经费和资源；技术带头人优选项目团队，突破细分专项技术；项目专员定期对项目实施进度、成果成效等情况进行跟踪指导服务。

（5）成果直接进入产业链供应链的应用机制。体现"谁牵头谁采购"，区别于以往技术成果研发出来后进不到产业链、供应链，强链工程实施要求发榜企业在发榜时承诺意向采购，项目研发成功后，揭榜单位形成的技术和产品要直接进入发榜企业的供应链，切实补齐产业链供应链的短板。在创新联合体协议中约定了采购计划和产业化安排，如"CT 滑环"项目，在项目成功后，发榜企业将在首年进行 30~50 台的小批量采购，此后逐年扩大采购量。针对联合发榜的技术需求项目，通过"带量发榜"的方式，也就是带着采购合同或意向发榜，从而进一步扩大研发成果的市场预期和研发回报，形成需求牵引创新、市场反哺创新的闭环。从而推动在领军企业牵引下，进一步形成自主可控的产业生态。

（三）遇到问题

（1）发榜企业撤销榜单情形较多。强链工程首批榜单的发布包括实地征集需求、专家集中评审、遴选发布榜单 3 个关键环节，可以说每个项目都经历了严格的审查、层层把关，但是首批 12 个项目中就有 4 个项目未达成合作，未达成合作的主要原因是发榜方不想继续支持项目。其中，有企业相关负责人反馈，企业共提出 3 项技术需求榜单，迫切的技术需求没能发榜，而不太迫切的技术需求反而发榜了，单位不愿意支持研发，虽然也有企业自身的问题，但是从企业反馈的情况可以看出，就哪个技术需求适合发榜的问题，发榜企业与评审专家意见存在差异。

（2）合作主体比较单一。首批强链工程成功揭榜单位全部都是在京企业，没有高校院所成功揭榜，也没有京外单位成功揭榜。调研中关村管委会、发榜企业等主体，归纳原因有以下四个：一是发榜期限较短且宣传力度不足，造成高校院所、京外单位揭榜的项目少。二是京外揭榜单位相对京内单位竞争力稍弱。例如，旷视科技的"IPC 加密授权芯片"项目在第一轮初步评审中就淘汰了全部的外地单位。三是高校院所产业化能力薄弱，发榜企业与其合作意愿不强。发榜企业需要找的是具有一定产业化基础、能迅速弥补其供应链不足的合作方。而高校院所的成果以样机为主，离产品还有一定的距离，因此，企业遴选揭榜方时易淘汰高校院所，选择有产业化基础的企业来合作。四是即使是研发产业化实力较强的高校院所，由于其与企业在合作模式、出资方式等方面存在较大分歧，也未能实现合作。

以高性能医用涡轮项目为例。调研发榜企业了解到，虽然清华大学揭榜团队技术路线存在风险，产业化能力也不占优势，但是其采取的是新的技术路线，发榜企业的合作意愿比较强，双方最终未能成功合作，双方主要分歧如下：首先，双方在合作模式上存在分歧，发榜企业希望采取联合研发或者定向采购的模式，而清华大学倾向选择委托研发的模式。其次，双方对在不同阶段的出资方式存在分歧，1700 万元的研发经费总额，发榜企业认为 200 万元可以研发出一台样机，原理样机和工程化产品还有很大差距，需要做各种检测，并保证产品的稳定一致，因此大部分经费要花费在样机到产品的阶段；而清华揭榜团队认为 200 万元只能出一个设计方案，大部分经费要花费在研发样机阶段。

（3）政府管理职责有待加强。与一般科技计划项目管理不同，强链工程的项目发布、团队遴选、过程管理和验收都由发榜企业决策主导，专家只是提供意见，政府只是提供服务和支持。强链工程的项目组织管理模式，下放了很大的管理权限，而与之配套的监督机制则略显不足。例如，存在关联关系又给予资金支持的项目如何加强管理，避免财政资金被套用。

三、政府主导型"揭榜挂帅"

自 2022 年以来，北京市科委、中关村管委会在新一代信息通信技术、车规级芯片、智能制造与机器人等领域开展了"揭榜挂帅"实践。2023 年初，北京市科委、中关村管委会制定《市科委、中关村管委会"揭榜挂帅"项目组织实施工作指引》，对"揭榜挂帅"管理模式进行了规范，管理流程包括征集榜单、榜单论证、榜单发布、"选帅"、签订军令状、过程管理及验收等环节。2023 年底，对"揭榜挂帅"项目实施情况进行了跟踪评估。

（一）特色做法

（1）强调将"揭榜挂帅"与科技招商结合。一是积极吸引外地单位参与揭榜，外地揭榜单位需承诺在揭榜成功后 6 个月内在北京市完成实体注册和实际入驻。二是积极推动风投机构在榜单制定、"选帅"、验收等环节参与"揭榜挂帅"管理中，鼓励风险资本投入。

（2）强调最终用户权利义务。最终用户由相关产业链主或领军企业担任，作为联合发榜方，为项目实施提供必要的资金、研发平台、应用场景、带量采购、成果使用推广等支持；与揭榜方联合实施攻关及产业化，且必须作为项目成果使用的第一用户。同时，对于最终用户将获得的知识产权、收益等需要在军令状中明确。

（3）探索建立动态调整机制。实施过程中建立动态调整机制，根据实际情况对项目目标、实施周期、经费等进行适时调整。对于实施不达预期的项目可以调整、终止。

（4）具化了"赛马制"机制。对于存在多家优势单位、多种技术路线可能的，可启动"赛马"竞争，对两个及以上的项目同时立项，启动时给予平行资助；实施过程中开展阶段性考核，按考核情况择最优者推进，并给予后续资助。

（二）遇到问题

本书课题组对北京市科委、中关村管委会立项支持的 52 项"揭榜挂帅"项目承担单位进行了全样本问卷调查，反映出以下四个问题：

（1）"揭榜挂帅"项目出资问题有争议。根据对 52 个项目的统计，经费都是由北京市科委、中关村管委会和揭榜方出资，出资比例为 1 ∶ 1 或者 1 ∶ 2，没有发榜方（最终用户）、联合发榜方出资，而工作指引中明确提出"联合发榜单位各方均需提供经费支持"。分析原因有以下两个：一是有些项目尚无明确的最终用户；二是国有企业、医院等提出出资困难，据信息处反映，覆盖多个模拟及通信子领域的工业芯片项目，原计划通过国家电网子公司下属子公司——北京智芯微电子科技有限公司作为最终用户发榜，然而，由于北京智芯当年年初未向国家电网申请该笔预算，无法出资。此外，最终用户在项目组织管理中的参与度也需加强，如社发处"选帅"评审中作为最终用户代表的北京市应急局、市城市管理委、市水务局、市消防救援总队均旁听参会。

（2）榜单周期设置较短不足以支撑研发成果直接应用。研发成果直接应用、进入产业链是"揭榜挂帅"项目区别于传统科技计划项目最明显的特征。调查中有 8 家揭榜单位反映榜单周期设置短，占 36 个在研项目的 22.2%，其中 4 个项目进度滞后，因为榜单聚焦产业链的堵点、痛点，即使周期为 3 年的项目，除去研发、取证等各项环节，产品应用的时间不足。例如，"全面保护的低边驱动器芯片研制"项目反映，电路需采用的纵向集成 VDMOS 工艺设计，在国内目前尚处于起步阶段，只能基于 BCD 工艺设计，对电路结构及版图进行迭代优化，影响项目进度。根据被调查的 52 个项目的统计，3 年期榜单 7 个，2.5 年期榜单 2 个，2 年期榜单 16 个，1.5 年期榜单 13 个，1 年期榜单 14 个。超过半数的榜单周期在 1.5 年之内，要实现研发成果直接投入使用，并形成客观的评估结论存在一定困难。

（3）揭榜单位与最终用户沟通有待加强。根据调查，部分项目最终用户不明确，比较模糊，如有的承担单位最终用户选项填答"医院""车厂""居民充电用户和骑手换电用户""社区、电动自行车维修点"等。另外，揭榜单位同最终用户的沟通情况如下：9个项目每月多次不定期沟通，31个项目每月沟通1次，1个项目2月沟通1次，9个项目半年沟通1次。76.9%的项目能够做到每个月沟通1次，但据1家揭榜单位反映，虽然其与最终用户每个月都进行多次沟通，但沟通内容还是不够精准和充分，很难使最终用户成为项目成果的α用户（第一个用户）。此外，"可配置的多通道高/低边芯片研制"项目承担单位希望除最终用户外，有机会接触其他配套商；"一种通用的高安全等级车规MCU芯片研制"项目承担单位希望引入更多的车厂参与产品的定制与试用，提高芯片上车的可能性，同时能够让芯片公司与整车厂有尽可能多的交流机会。

（4）风投机构参与不足。风投机构掌握风险资本，对行业发展方向具有敏锐的洞察力。在"揭榜挂帅"项目实施中，风投机构对于"榜"立不立得住、"帅"选得合不合适、未来成果应用前景等都能够提出独到的意见和建议。而从本次调查情况来看，风投机构参与明显不足。在"选帅"环节，52个榜单中只有4个榜单评审中有风投机构参与，参与度不足2%；在验收环节，15个已验收项目，验收评审全部没有风投机构参与。

（三）案例——边缘计算节点（MEC）设备研制

以边缘计算节点（MEC）设备研制"揭榜挂帅"项目为例。

（1）深入一线了解真问题，探索了一套基于现实需求的选题机制。北京市科委、中关村管委会经与市自驾办、车网公司沟通，并经专家评估，了解到北京市高级别自动驾驶示范区（以下简称示范区）单个路口的MEC设备约23万元，目前在示范区2.0阶段，示范区路口需要实现对约300个交通参与者的实时监测，需要MEC的算力达到250TOPS（每秒万亿次计算），在该算力条件下，目前行业普遍采用英伟达等进口设备，并通过供应商的软硬件一体化方案解决。未来在示范区3.0阶段，拟规模化复制2.0阶段的路口方案向其他区（重点为通州）拓展，预计布设 1500~2000 个路口。经与示范区 MEC 设备的运营单位北京车网科技有限公司沟通，示范区对 MEC 设备的成本降低、自主可控、软硬件解耦等方面存在迫切需求。

（2）从科技指标、工程指标、成本指标三个方面对 MEC 设备进行描述，设置了针对问题的评价指标体系。结合北京市高级别自动驾驶示范区 MEC 规模化应用需求，市科委、中关村管委会会同北京市自动驾驶工作办公室（市自驾办）组织企业、专家开展数十轮研讨，凝练出涵盖科技攻关的指标、工程产品的指标、成本约束的指标的榜单，其中科技指标如，在应用全国产硬件的前提下，3D 目标检测与跟踪的准确率、召回率从 95% 提升到 97%，支持视频信号接入从 12 路提升至 20 路等；成本指标要求产品价格不高于 8 万元，降幅高达 60%。

（3）在真实场景下验收项目成果，实现了成果与转化应用的无缝衔接。MEC 项目攻关周期与示范区 3.0 建设时间维度匹配，因此可以实地部署实验，在项目执行期内，50 台 MEC 设备将在北京高级别自动驾驶示范区 30 个路口进行工程化部署，经历寒冬及酷暑的环境测试，成为支撑示范区 3.0 建设和运行的关键。从节约成本角度来讲，单个路口节省 15 万元，规模化部署 1000 个路口即可节省 1.5 亿元。

第三节　天津市"揭榜挂帅"实践

一、天津市"揭榜挂帅"总体情况

（一）政策制定

天津市市级层面尚未发布"揭榜挂帅"相关管理办法。区级层面以下，2021 年 7 月，海河教育园区管委会（以下简称海教园管委会）制定出台《天津海河教育园区揭榜制工作实施办法（试行）》，成为天津市首个推出"揭榜挂帅"制度先行先试区。2022 年 4 月，天津市津南区科学技术局联合海教园管委会出台《津南区"揭榜挂帅"科技计划项目组织实施方案（试行）》，在项目形成机制、项目组织方式改革方面进行了一系列改革探索（见表 5-2）。

表 5-2　津南区、海河教育园区"揭榜挂帅"政策

发文时间	发文部门	政策文件名称
2021 年	海河教育园区管委会	《天津海河教育园区揭榜制工作实施办法（试行）》
2022 年	津南区科技局、海河教育园区委员会	《津南区"揭榜挂帅"科技计划项目组织实施方案（试行）》

资料来源：根据公开信息整理。

（二）实践情况

实践层面，天津市的市科技局、津南区科技局、海教园管委会、海河实验室等探索实践了"揭榜挂帅"组织模式。其中，市科技局于 2021 年和 2022 年，在新一代人工智能、生物医药、碳达峰碳中和等重大专项中探索"揭榜挂帅"模式，并发布榜单，涉及 10 个榜单，总经费 1.7 亿元。实施年限一般在 3 年左右，实行"里程碑"关键节点管理，根据"里程碑"关键指标绩效评价情况，市科技局会同天津市财政局办理财政资金拨付手续。津南区科技局和海教园管委会从 2021 年开始探索"揭榜挂帅"模式，2022 年发布 20 个榜单，总经费 1 亿元；2023 年发布 18 个榜单，总经费 0.606 亿元。细胞生态海河实验室在 2022 年、2023 年完成 53 个榜单的立项，总经费 1 亿元，清华大学、北京大学等 19 所顶尖院校团队承担项目。此外，市社会科学界联合会、市大数据管理中心、北方大数据交易中心、市委网信办也开始探索实施"揭榜挂帅"（见表 5-3）。

表 5-3 天津"揭榜挂帅"实践情况

牵头部门	出台文件	开始时间	数量（项）	实施周期	总经费（万元）	财政经费（万元）
市科技局	天津市科学技术局关于发布 2021 年天津市新一代人工智能科技重大专项"揭榜挂帅"榜单的通知	2021 年 8 月	3	3 年	15115	2050
市科技局	市科技局关于征集 2021 年天津市生物医药科技重大专项项目的通知	2021 年 11 月	5	2 年或 3 年	大于等于 1200	大于等于 600
市科技局	天津市科技局关于发布 2021 年天津市碳达峰碳中和科技重大专项"揭榜挂帅"榜单的通知	2021 年 11 月	2	3 年	800	400
市科技局	市科技局关于发布进口冷链全流程消毒技术开发及应用示范重大项目"揭榜挂帅"榜单的通知	2022 年 5 月	1	1 年	350	50
海教园管委会、海尔集团	—	2022 年 5 月	25	—	—	—
津南区科技局、海教园管委会	2022 年津南区"揭榜挂帅"科技计划项目重大技术需求榜单发布暨揭榜征集通知	2022 年 8 月	20	1 年或 2 年	10026	不超过经费总额 25%，且不超过 200 万元
津南区科技局、海教园管委会	2023 年津南区"揭榜挂帅"科技计划项目 第一批重大技术需求榜单揭榜征集通知	2023 年 5 月	13	1 年或 18 个月或 2 年	3360	
津南区科技局、海教园管委会	2023 年津南区"揭榜挂帅"科技计划项目第二批重大技术需求榜单揭榜征集通知	2023 年 7 月	5	18 个月	2700	

牵头部门	出台文件	开始时间	数量（项）	实施周期	总经费（万元）	财政经费（万元）
细胞生态海河实验室	—	2022～2023 年	53	—	10000	7000
现代中医药海河实验室	—	2022～2023 年	10	—	—	—
市社会科学界联合会	2022 年天津市社科联重点合作应用课题"揭榜挂帅"公告	2022 年6 月	6	6 个月	120	120
市大数据管理中心、北方大数据交易中心	关于发布"落实'十项行动'释放公共数据价值"揭榜挂帅活动的公告	2023 年5 月	10	—	—	—

资料来源：根据公开信息整理。

二、津南区科技计划项目"揭榜挂帅"

2021 年，海教园管委会开始探索实施"揭榜挂帅"模式，同年 11 月，发布《天津海河教育园区揭榜制工作实施办法（试行）》，之后海教园管委会、海尔集团聚焦智能科技、碳达峰碳中和两大领域联合发布首批揭榜挂帅榜单，共 25 项。收到来自天津大学、南开大学、河北工业大学、深圳大学、上海第二工业大学等 23 家单位的 50 余项揭榜方案，随后成功举办了技术对接会。

2022 年 4 月，在前期工作的基础上，海教园管委会联合津南区科技局，共同发布《津南区"揭榜挂帅"科技计划项目组织实施方案（试行）》，同年在征集科技领军（培育）企业、龙头企业、"瞪羚"企业等企业技术需求后，共有 25 项榜单进入评审会，经专家论证发布 20 项榜单，涉及总经费 1 亿元，最终立项 7 项。

2023 年，依据《津南区"揭榜挂帅"科技计划项目组织实施方案（试行）》，征集企业需求 21 项，分别于 5 月发布 13 个榜单、7 月发布 5 个榜单，涉及总经费 0.606 亿元，最终立项 6 项。

（一）特色做法

津南区"揭榜挂帅"的目的是攻克关键核心技术，增强智能科技、高端装备、新材料、碳达峰碳中和等领域自主创新能力，引领支撑重点产业链高质量发展。"揭榜挂帅"打破由政府部门确定攻关方向和重点的传统模式，充分发挥企业市场主体作用。

（1）提供配套金融服务产品"揭榜险"和"揭榜贷"。海教园管委会为"揭榜挂帅"优质项目搭建资智对接平台，推动人保财险、民生银行分别开发"揭榜险"和"揭榜贷"，解决"揭榜挂帅"技术攻关过程中研发风险高、研发投入大等问题，解除技术供需双方后顾之忧。"揭榜险"除了对揭榜单位经营困难、研发人员伤亡、关键设备故障、知识产权纠纷等情形予以保障外，还特别将由于技术等原因无法按时完成项目的其他情形纳入保障范围，赔付发榜企业的研发沉没成本，解决了企业的后顾之忧，充分体现了"揭榜挂帅"制度鼓励创新、宽容失败的导向。"揭榜贷"针对发榜企业进行专属增信，推出"抵/质押类"和"信用类"2 类共 6 款服务产品。"抵/质押类"包括知识产权质押贷、超级抵押贷和厂房抵押贷，"信用类"包括揭榜信用贷、揭榜纳税贷和科创星火贷。与市场上同类金融产品相比，"揭榜贷"具有审批快、额度高、利率低、授信期长、可提前还款等相对优势，满足发榜企业多样化的资金需求。

（2）奖励技术经纪人。榜单质量是"揭榜挂帅"实施最核心要素，天津市鼓励技术经纪人参与到技术需求挖掘环节，并给予奖励。①技术经纪人挖掘的技术需求经专家评审公开发布的，给予每条需求 1000 元奖励；②成功对接的，海教园管委会颁发"年度优秀技术经纪人"证书；③发榜方与技术经纪人所在单位签订技术经纪服务合同，在项目获得"揭榜挂帅"科技计划项目立项后，发榜方需按照不超过项目合同金额的 3%、最高 10 万元的标准支付服务费。

（3）发榜方与专家意见吻合才支持。遴选揭榜团队时，发榜方与专家意见一致时，津南区才择优予以发榜方最高 200 万元财政资金支持，并推荐项目纳入天津市科技计划项目。意见不一致，则津南区不再提供后续支持，避免出现揭榜方与挂帅单位架空政府的局面。

（二）遇到问题

津南区遇到的主要问题是，发榜企业在项目进行过程中被起诉，导致企业实验设备、资金等被冻结，项目无法继续开展。

第四节　河北省"揭榜挂帅"实践

一、河北省"揭榜挂帅"总体情况

（一）政策制定

河北省科技厅、石家庄市、保定市都制定了"揭榜挂帅"相关管理办法。2022 年 4 月，河北省科技厅发布《河北省科技计划项目"揭榜挂帅"组织实施工作指引》，用于指导省级科技计划项目"揭榜挂帅"组织开展。《河北省科技计划项目"揭榜挂帅"组织实施工作指引》将"揭榜挂帅"项目分为技术攻关类项目和成果转化类项目，技术攻关类项目的补助资金，原则上不超过揭榜协议约定的技术攻关实际支付金额的 40%，单个项目各级财政联合补助最高不超过 1000 万元；成果转化类项目的补助资金原则上不超过揭榜协议约定的成果转化实际支付金额的 30%，单个项目各级财政联合补助最高不超过 500 万元。2021 年 12 月 31 日，石家庄市政府办公室印发《石家庄市揭榜挂帅制科技项目实施方案（试行）》，2022 年 3 月，依据上述方案，石家庄科技局印发《石家庄市揭榜挂帅制科技项目管理办法》，项目分类、资助方式与河北省科技厅类似。2022 年 2 月，保定市印发《保定市科技项目"揭榜挂帅"工作指引（试行）》，不一定对所有项目进行财政资金支持，质量越高、影响越大的项目，支持额度越高（见表 5-4）。

表 5-4　河北省"揭榜挂帅"政策

发文时间	发文部门	政策文件名称
2022 年	省科技厅	河北省科技计划项目"揭榜挂帅"组织实施工作指引
2021 年	石家庄市人民政府办公室	石家庄市揭榜挂帅制科技项目实施方案（试行）
	保定市人民政府	保定市科技项目"揭榜挂帅"工作指引（试行）

（二）实践情况

在实践层面，河北省的科技厅、保定市人民政府、石家庄市科技局、唐山市科技局、张家口市科技局等均探索实践了"揭榜挂帅"组织模式。2018年5月，河北省科技厅发布《关于发布河北省科技厅民生领域系统技术集成专项技术榜单的通知》，围绕雄安新区、科技冬奥等国家战略部署和省委省政府"双创双服"活动 20 项民心工程，研究提出民生领域系统技术集成专项技术榜单。这是河北省首次探索"揭榜挂帅"模式。之后，河北省科技厅企业创新和重点产业发展发布技术攻关类和成果转化类两类榜单。

二、保定市"揭榜挂帅"

2021 年 11 月 26 日，保定市人民政府发布《保定市科技项目"揭榜挂帅"工作指引（试行）》。2021~2023 年，保定市政府先后发布 7 批次 199个"揭榜挂帅"项目，涵盖先进制造、新能源、新一代信息技术、新材料等多个行业，成功揭榜的项目累计达 75 个。揭榜方既有中国科学院、北京航空航天大学、西安交通大学、哈尔滨工业大学等著名高校和科研院所，也有北京、天津、深圳、合肥、西安等创新资源丰富的城市的科技企业。其中，北京、天津团队揭榜 28 个，占省外合作项目的 64%。其中，58 个项目得到2965 万元财政专项资金支持，撬动企业研发投入 3.13 亿元，财政专项资金的拉动作用超过 1∶10。

（一）特色做法

（1）由保定市政府牵头组织。从国家和各地的"揭榜挂帅"实践来看，

"揭榜挂帅"的主管部门一般是科技部门、工信部门、农业部门等，保定由市政府牵头，重视程度较高。

（2）与京津相比，保定的"揭榜挂帅"涵盖了技术攻关和成果转化两类。从发榜方来看，技术创新类项目的发榜方，即提出技术需求的单位，是保定市范围内注册，具有独立法人资格的科技型企业；成果转化类项目的发榜方，是在"卡脖子"技术和关键、核心技术攻关中已取得重大突破的高校、科研院所或科技型企业等。从揭榜方来看，技术攻关类项目的揭榜方，为国内外有研究开发能力的高校、科研院所、科技型企业或其组成的联合体（与发榜方不能为同一单位或其下属子公司）；成果转化类项目的揭榜方，为保定市范围内注册，具有独立法人资格的企业（与发榜方不能为同一单位或其下属子公司）。

（3）有奖励机制。"揭榜挂帅"合作成功的项目列入市级科技计划项目管理体系，市科技局与技术创新类项目的发榜方、成果转化类项目的揭榜方签订科技计划项目任务书，并给予一定额度的资金支持（技术攻关类项目一般最高不超过200万元，成果转化类项目一般最高不超过50万元）。

（二）典型案例——基于人源诱导多能干细胞心肌细胞关键技术项目

以基于人源诱导多能干细胞心肌细胞关键技术项目为例。2023年12月22日，作为保定市首批科技"揭榜挂帅"的6个项目之一，河北三臧生物科技有限公司（以下简称三臧生物）发布了"基于人源诱导多能干细胞分化为心肌细胞（以下简称IPSC诱导心肌细胞）的关键技术"榜单。

三臧生物的科技项目张榜后，杭州白帆生物医药有限公司前来揭榜，为三臧生物引来科技部"干细胞及转化研究重点专项"专家组组长、国内著名生物医药专家裴端卿，助其在IPSC诱导心肌细胞方面取得技术突破。裴端卿教授是公司的首席科学家，通过"揭榜挂帅"，实现了中小企业和顶尖人才的对接。

2024年1月，项目率先通过专家组验收。依托该项目，三臧生物建设了一个占地面积为1.6万平方米的产业园区。2024年建成投产后，公司将打造国内首个IPSC诱导心肌细胞产业化创新中心，实现IPSC诱导心肌细胞的标准化、产业化、规模化生产。

第五节 本章小结

京津冀三地在"揭榜挂帅"模式探索方面均做出了较多实践探索。北京针对关键核心技术攻关,在领军企业主导、政府主导两个方面探索"揭榜挂帅"模式;天津海教园管委会挖掘园区内企业技术需求发布榜单,在"揭榜险"和"揭榜贷"、奖励技术经理人等方面展开探索;河北保定由市政府牵头,针对技术攻关、成果转化两类榜单展开探索,一方面解决本市企业的技术需求;另一方面将国内高校、科研院所或科技型企业取得重大突破的"卡脖子"技术和关键、核心技术成果拿来为保定所用。虽然遇到了各类问题,但未来仍值得期待。

第六章 长三角区域
"揭榜挂帅" 实践分析

从科技创新协同角度，长三角区域一般指浙江省、江苏省、安徽省、上海市三省一市，区域内大学、科研院所、人才等创新资源集聚度高，经济总量占全国近1/4，是我国经济最活跃、开放程度最高、创新能力最强的区域之一。近年来，长三角区域协同创新发展不断加强，三省一市科技创新与产业协同进一步提速。2024年1月，上海市科学学研究所、江苏省科技情报研究所、浙江省科技信息研究院、安徽省科技情报研究所共同发布的《长三角区域协同创新指数2023》显示，截至2023年9月，长三角地区的上市企业在三省一市之间的跨区域投资企业数达到5389家。大量链主企业围绕三省一市发展实际开展合作分工和强链协同，探索实施"揭榜挂帅"项目组织管理机制，长三角资金可以跨区域流动，区域内开展了丰富的"揭榜挂帅"实践。

第一节 长三角区域实施
"揭榜挂帅" 整体情况

长三角区域积极探索"揭榜挂帅"，三省一市都开展了丰富的"揭榜挂帅"实践。在长三角协同创新发展的大背景下，长三角区域整体布局"揭榜挂帅"，科技部门通过设立联合攻关计划，三省一市联合发榜，探索

企业 "出题"、政府 "选题"、联合 "答题" 的 "揭榜挂帅" 组织实施路径，形成了跨区域揭榜挂帅的有效模式。自 2022 年推进联合攻关计划以来，三省一市共发布 48 家长三角科技型骨干提出的重点揭榜任务，全国参与揭榜单位的数量超过 380 家，长三角占比 85%，揭榜任务企业研发投入超过 10 亿元。①

长三角通过实施联合攻关计划探索跨区域 "揭榜挂帅" 的做法有以下三个：

（1）三省一市联合出台制度文件。2022 年 8 月，科技部与三省一市的人民政府联合印发《长三角科技创新共同体联合攻关合作机制》，2023 年 4 月，三省一市科技部门联合发布《长三角科技创新共同体联合攻关计划实施办法（试行）》。

（2）三省一市联合发布揭榜任务并组织实施。2022 年 8 月，上海市科学技术委员会、江苏省科学技术厅、浙江省科学技术厅、安徽省科学技术厅联合试点开展 2022 年度长三角科技创新共同体联合攻关重点任务揭榜工作，② 发布了 2022 年长三角科技创新共同体联合攻关首批揭榜任务清单，这些任务主要来自长三角区域集成电路、人工智能产业领域骨干企业的创新需求，共计 20 项。并提出由三省一市科技厅（委）根据长三角科技创新共同体联合攻关合作机制相关要求，组织后续项目申报。例如，2023 年三省一市科技厅（委）联合对外发布并启动了 2023 年度长三角科技创新共同体联合攻关重大创新项目申报工作，面向集成电路、人工智能、生物医药三大领域，共同布局三大先导产业领域的 8 个方向。同时，根据《长三角科技创新共同体联合攻关计划实施办法（试行）》，三省一市明确了其职责，规定三省一市科技厅（委）负责落实本省（市）内联合攻关需求征集、评估、对接、项目实施等全过程组织工作；共同成立联合攻关专题推进组（以下简称推进组），负

---

① 跨省 "揭榜挂帅" 攻关 "真需求" [EB/OL]. https：//stcsm. sh. gov. cn/xwzx/mtjj/20240320/0f8efb0f58c34c3aaa6c97ae9791d676. html.

② 关于试点开展长三角科技创新共同体联合攻关重点任务揭榜工作的通知 [EB/OL]. https：//stcsm. sh. gov. cn/zwgk/tzgs/zhtz/20220831/3edea30874a441aca1eb767e8c6801c1. html.

责联合攻关计划跨区域协调、综合管理。

（3）通过管理平台统一管理。《长三角科技创新共同体联合攻关计划实施办法（试行）》中提出，充分发挥国家科技管理信息系统公共服务平台（以下简称国科管平台）的作用，为长三角联合攻关立项项目管理提供支撑。长三角一体化科创云平台（以下简称云平台）提供长三角联合攻关项目需求发布、协同管理等功能支撑，加强与国科管平台、各省市相关平台的数据共享。例如，在2022年关于试点开展长三角科技创新共同体联合攻关重点任务揭榜工作的通知中，揭榜流程中要求揭榜方登录"长三角一体化科创云平台"（http：//www.csj-stcloud.com）的云服务，点击"方案提交"进入提交页面。管理平台自需求发布起，在入库截止时间之前，每10个工作日，将收到的解决方案汇总至需求方。管理平台配合需求方做好沟通衔接、专家推荐、路演组织等服务保障工作。

以长三角跨区域"揭榜挂帅"为例。长三角三省一市科技部门发出2023年度长三角科技创新共同体联合攻关需求征集通知。按照通知要求，上海复宏汉霖生物技术股份有限公司在"长三角一体化科创云平台"上发布了"抗体药物的国产制造关键技术开发与产业化"需求。经过专家评估，该需求纳入了长三角联合攻关重点揭榜任务，采用"揭榜挂帅"机制实施，由华东理工大学和江苏百林科共同揭榜。供需对接成功后，复宏汉霖牵头申报了长三角科创共同体联合攻关计划项目，上海复宏汉霖生物技术股份有限公司携手华东理工大学、江苏百林科生物科技有限公司，开启了长三角科技创新共同体联合攻关计划"抗体药物的国产制造关键技术开发和产业化"项目。复宏汉霖在研究的候选新药已进入华东理工大学生物反应器工程国家重点实验室，由高校科研团队开发抗体的新型高效表达体系。这些候选新药都属于抗体药物，有望治疗多种癌症。

第二节　浙江省"揭榜挂帅"实践

一、浙江省"揭榜挂帅"整体情况

浙江省"揭榜挂帅"的实践始于 2020 年，首先由组织部门牵头，围绕企业榜单进行探索，经历了起步、改进到成熟的过程，到 2021 年 6 月，浙江省已呈遍地开花的势头。同时，浙江省科技厅于 2021 年发布《浙江省"尖兵""领雁"研发攻关计划管理办法（试行）》，改革项目管理机制，明确推行"揭榜挂帅""赛马制"，对制约产业发展、企业自身难以解决的"卡脖子"战略性产品或产业关键技术，试行"链主"企业联合出资挂榜制，由创新链、供应链、产业链"链主"企业和政府共同出资，企业发榜、全球挂榜、企业选帅、企业验榜、企业应用，具体按照"链主"企业联合出资挂榜制实施方案执行。

2023 年，中共浙江省委组织部、浙江省科学技术厅、浙江省发展和改革委员会、浙江省经济和信息化厅、浙江省教育厅、浙江省人力资源和社会保障厅等九部门印发《关于强化企业科技创新主体地位加快科技企业高质量发展的实施意见（2023-2027 年）》，明确提出完善企业参与攻关需求征集与榜单编制机制，实行"链主企业联合出资挂榜"制度。

经过近几年的发展，浙江省"揭榜挂帅"实践遍布全省，省、市、县均有开展，以组织部门和科技部门开展的最为典型，形成了特色鲜明做法和经验。

二、浙江省组织部门"揭榜挂帅"组织特点

2020 年 4 月，浙江省委组织部出台实施"助企八条"，明确把"揭榜挂帅"作为重点任务来抓，取得良好效果。浙江省首先围绕企业榜单进行探

索,组织部门牵头组织,形成了省、市、县三级"揭榜挂帅"模式。其"揭榜挂帅"经历了起步、改进到成熟的过程,全省呈现遍地开花势头。自2020年开始,省、市、县三级共发布3100个技术难题,总榜金129.4亿元,已经对接的揭榜项目1300个,其中383个已攻克,兑现榜金14.78亿元。

除省级之外,如宁波市、金华市等,都在本市范围内开展"揭榜挂帅"实践,并根据本市特点,建立起自己的流程、机制。

(一)省级层面"揭榜挂帅"

1. 榜单的形成机制,通过深入开展企业技术需求专项摸排形成省、市、县三级企业"卡脖子"难题榜单

浙江省围绕企业的技术和人才需求,省、市、县三级共选派了7.7万名驻企干部深入49.3万家企业,常态化开展上门服务、需求征集、政策对接等。在此基础上,各地综合产业方向、科技含量、投资意愿等,邀请科技评估机构、行业专家等进行"把脉问诊",共梳理出行业共性技术需求和难题2600多项。之后,聚焦"互联网+"、生命健康、新材料三大科创高地建设,重点围绕影响产业链自主安全的"卡脖子"技术,首批省、市、县三级在2600多个技术难题中共筛选确定1919个技术难题。按照"急用先行、务实可行、精准有效、安全稳妥"的原则,筛选确定135个省级榜单。总体上看,企业投资决心和力度较大,张榜难题在同行业内具有较强的代表性。

2. 榜单的发布机制,将引才活动与"揭榜挂帅"同步开展

充分依托全球33个海外引才工作站、200多家海外人才社团等资源渠道,广发"英雄帖"。精准对接与产业契合度较大、科研实力较强的"关键小国",如材料科学较强的乌克兰、制造业发达的捷克、通信产业领先的芬兰等。在省人才服务平台开辟"揭榜挂帅"专区,便于企业动态发布、专家实时对接,如乌克兰国家科学院德米特罗院士通过技术入股的方式,与浙江圣力邦漆业公司在有机低VOCs耐高温涂料项目上达成合作。

3. 经费投入机制

对不可抗力导致项目失败的给予双方一定的经费补偿,对于攻榜成功的项目予以奖励支持。

4. 建立"揭榜挂帅"产研融合平台,推进人才项目精准对接

2021年,浙江省人才办省、人社厅和浙江大学在杭州举办了"揭榜挂帅"产研融合平台启动仪式暨项目路演活动。该平台联动浙江大学"找教授"平台与省人才市场"揭榜挂帅"平台,通过对企业技术需求与专家教授的精准匹配,实行项目研发合作全流程监管,针对"揭榜挂帅"项目对接中存在的对接匹配不精准、后续服务不落地、项目监管不到位等痛点问题,试行项目研发合作全流程管理,促进创新链和产业链深度融合,促进人才资源、科技创新与经济发展高质量协同,实现企业技术需求与专家教授的精准匹配①。在路演活动现场,浙江诺尔康神经电子科技股份有限公司、道明光学股份有限公司等6家企业上台介绍发榜项目和技术需求,榜金近亿元,浙江大学有关专家现场揭榜,提供解决方案。浙江衡玖医疗器械有限责任公司、浙江新化化工股份有限公司,与专家达成初步合作意向,涉及金额3800万元。

总体上看,浙江省构建了"企业出题、政府立题、人才破题"的协同机制。引导企业积极发榜,鼓励人才踊跃揭榜。针对揭榜合作存在的诚信、科研、法律等风险,指导企业与人才明晰知识产权归属及收益分配。浙江省坚持以"榜单"为媒、以"揭榜"为线,积极推动揭榜人才与张榜企业由短期项目合作转向长期技术合作。例如,浙江银轮智能装备有限公司通过"揭榜挂帅",进一步深化了与南方科技大学的合作,建立了常态、长效的合作机制。

(二)市级层面"揭榜挂帅"

以宁波市为例。宁波市的主要做法是依托宁波市"科技创新2025",将"揭榜挂帅"作为重大科研项目立项的一种主要形式。自2018年以来,已累计吸引800多个团队"揭榜"破题,财政投入共20亿元,撬动全社会研发投入超100亿元,有110个项目取得了阶段性成效。

---

① 浙江"揭榜挂帅"产研融合平台上线 [EB/OL]. (2021-04-09). https://www.chem17.com/news/detail/133279.html.

宁波市形成了四个步骤的工作流程，即多维度寻榜、广角度发榜、高精准揭榜、政府支持榜。其最有特色的是形成了四类榜单，每类榜单的组织方式、经费投入机制都不尽相同。

（1）第一类：政府征集企业需求并进行发榜。针对宁波市七大产业链，通过问卷调查、企业座谈、专家论证等方式，实时征集关键核心技术"三色图"（绿色类为已实现国产化替代的适用技术、黄色类为正在研发有望实现进口替代的技术、红色类为国内尚无能力替代的"卡脖子"技术）。榜单与宁波产业契合度高，既有全市制造业企业的共性技术难题，也有被国外长期把控的关键核心技术，包含产业化示范、技术攻关、前沿探索三个类别。执行期限一般为3年，面向全国发榜。政府资金支持占经费总额的20%，分期拨付，首付支持经费的40%。

（2）第二类：企业提出技术需求，借政府平台以"挑战赛"形式开展。聚焦宁波市"246"万千亿级产业集群，由企业提出技术需求，政府采取"挑战赛"的形式宣传组织。大赛分"初评、复赛、决赛"三个阶段进行，初评筛选出符合宁波产业发展方向、有创新性、成熟度、有应用价值的项目进入复赛。复赛采用短视频解说的方式，评选出入围决赛的名单。决赛采用选手现场答辩、实物/模型展示、专家综合评审的方式进行评选。决赛环节邀请科技企业、风投机构、科研院所、科技园等单位代表参与观摩和对接，最后由企业决定揭榜团队。大部分资金由企业自筹，政府仅资助一小部分。

（3）第三类：龙头企业牵头，以创新联合体形式开展。围绕宁波市重点打造的10条标志性产业链，选准龙头企业，由其牵头联合全市该产业链上下游企业，组建企业创新联合体，重点解决产业链"卡脖子"问题。科研自主权全部下放给龙头企业，政府给予经费支持，每年1000万元，连续支持三年，对于龙头企业参与其他项目不限项。

（4）第四类：针对中小企业技术需求，依托科技大市场开展。中小企业的技术需求和专家的专利等技术供给都会放在宁波科技大市场上，供需双方自由对接。政府会不定期组织线下对接会，促进双方对接交流。

（三）县级层面"揭榜挂帅"

以金华市为例。

金华市首推"揭榜挂帅"全球引才机制，制定出台了《关于实施"揭榜挂帅"全球引才的10条举措》，以制约当地重点产业发展的关键技术难题为牵引，持续推动金华籍人才智力和资本回归，以人才先行、项目牵引、创新赋能，吸引超百家高校院所科研团队"揭榜"攻坚，为产业转型升级助力赋能。[①] 截至2021年7月，全市累计发布企业技术难题和专家成果榜单1640项，吸引117家高校院所的245个高层次人才团队"揭榜"，揭榜成功项目138个，攻克"卡脖子"难题105项。[②] 形成了"寻榜、评榜、发榜、揭榜、奖榜、保榜"六步工作法。

（1）第一步，寻榜。金华市90%的企业为中小企业。2020年新冠疫情期间，由市委书记带头、市县四套班子领导带队走访了4000多家中小企业，收集技术需求，形成痛点清单，进而聚焦共性需求，形成技术"榜单"。

（2）第二步，评榜。与省科技评估和成果转化中心等专业机构合作，开展技术难题第三方评价筛选，对技术榜单进行评价，选出具有代表性、适合发榜的项目，形成正式榜单。

（3）第三步，发榜。企业需求端、高校团队供给端和政府服务端"三端发力"，形成三类榜单：第一类为企业自身急需解决的技术难题，榜单金额相对不高；第二类为企业共性难题榜单，难度较大，包括企业自己发布的、通过行业协会发布的和通过政府发布的；第三类为高校科研机构团队提供的技术成果榜单。

（4）第四步，揭榜。最初是线下模式，在长三角、珠三角滚动推出市级"揭榜挂帅"专场活动，以市场化手段推进"揭榜"。后来转为利用"揭榜挂帅"云平台实现揭榜。

---

① 浙江金华探路"揭榜挂帅"牵引百所高校院所焕新动能 [EB/OL]．（2021-01-22）．https：//baijiahao．baidu．com/s？id=1689567802273435288&wfr=spider&for=pc.
② 金华"揭榜挂帅"助企攻克技术难题 人才团队领走"榜金"3687万元 [EB/OL]．（2021-07-20）．http：//news．cnhubei．com/content/2021-07/20/content_13946346.html.

（5）第五步，奖榜。榜单兑现后，政府按照相关规定，对符合条件的企业给予最高 50 万元的奖励。

（6）第六步，保榜。积极探索"揭榜险"，在省科技厅（省科技成果转化中心）、中国人保公司的支持下，运用市场化力量，对企业研发投入成本和揭榜专家个人成本给予一定补偿，保障智力转化过程中的不确定风险。如金华某装备制造业企业与中国人保签订全国首份"揭榜险"保单，保额 50 万元、保费 1.5 万元。企业负责人表示"有保险保障，产学研合作就少了后顾之忧。"

以浙江省金华市"揭榜险"为例。浙江省金华市在全国率先试点推出了"揭榜险"。"揭榜挂帅"过程中，研发可能成功，也可能失败，如何降低风险？浙江省金华市在全国率先试点推出了"揭榜险"。截至 2020 年末，金华市已面向全球发布榜单 475 项，榜额超 18 亿元，吸引超 100 个高校院所专家团队洽谈对接。攻克难题 23 项，兑现榜额 6330 万元；完成揭榜 120 项，榜额超 3 亿元。但研发毕竟有风险，于是金华市与保险公司合作推出新型险种"揭榜险"：因不可抗力导致"揭榜挂帅"项目失败的，由保险公司按照项目投入分别给予发榜人和揭榜人补偿。政府给予投保费用 50% 的支持。2020 年 6 月，金华市首份"揭榜险"保单诞生，投保方是浙江派尼尔科技股份有限公司。

综上可见，金华市"揭榜挂帅"实践具有以下特点：一是榜单的形成机制，经过寻访需求及评审形成榜单；二是榜单的发布机制，企业自身需求榜单、企业共性技术榜单、技术成果榜单这三类榜单通过多渠道发布；三是揭榜机制，有举办专场活动的线下模式转为通过"揭榜挂帅"云平台的线上模式；四是经费投入机制。如金华市采用"奖榜"方式，政府对揭榜企业给予奖励。同时探索试行了"揭榜险"，为"揭榜方"提供了进一步的保障。以此消除揭榜之后，项目实施中的不确定风险。

三、浙江省科技部门"揭榜挂帅"组织特点

自 2021 年习近平总书记提出"要改革重大科技项目立项和组织管理方

式，实行'揭榜挂帅''赛马'等制度"。浙江省科技厅的省级重大研发任务均采用了"揭榜挂帅"方式组织实施，具体做法如下：

（一）进一步探索"揭榜挂帅"制度创新

2022年3月16日，浙江省科技厅改革"尖兵""领雁"等重大科技计划项目的立项和组织管理方式，将"揭榜挂帅"与产业链结合，公开征求《关于推动创新链产业链融合发展的若干意见（征求意见稿）》的意见，① 提出在挂榜揭榜有效分离的基础上，提升企业在重大科技项目中的决策和话语权。

1. 实行"最终用户委员会"制度

在国内率先以制度形式强化最终用户在"揭榜挂帅"中的突出作用，组建由行业主管部门、行业协会、龙头企业、风投机构等参加的最终用户委员会，会同技术专家，全程参与重大科技项目需求征集、榜单凝练、立项评审和绩效评价。例如，浙江省关键核心技术攻关榜单编制方面，首先，要用户企业提需求，从产品标准、技术标准和产业标准三方面对标国内外水平，如技术能达到的参数水平，对标的技术和产品是国际先进还是国际领先，最终应用的产业链等。其次，在遴选团队的过程中跟以往的评审也有很大的不同，邀请最终应用单位来参与评价，甚至还引入了投资主体、风投机构等参加，最终用户委员会制度会增强最终用户的决策权。

2. 实行"链主企业联合出资挂榜"制度

链主企业和政府共同出资，聚焦突破产业共性关键技术，面向全球挂榜，省市县联动支持，其中省财政按规定给予单个项目最高不超过1000万元支持，链主企业出资不低于财政资金总出资额的两倍，由链主企业出题、选帅、评价和应用推广。2022年开始启动年度"链主"企业联合制项目申报，对拟支持的入榜项目，经公示通过后纳入"尖兵""领雁"攻关计划管理，联合发榜企业、揭榜单位、省科技厅签署项目任务书（军令状）。2023年度"尖兵""领雁"研发攻关计划项目榜单包含工业领域60个，农业领域41个、

---

① 关于公开征求《关于推动创新链产业链融合发展的若干意见（征求意见稿）》意见的通知 [EB/OL]. http://kjt.zj.gov.cn/art/2022/3/17/art_ 1229225203_ 4897193. html.

社发领域 59 个。另外对于共性技术榜单，政府领衔发布，如金华市 2022 年 5 月开展的千榜进百校云揭榜活动中，梳理同行业共性难题榜单，在活动现场由政府领衔发布，重点推出 10 个产业的 100 个关键核心技术难题，榜金总额超 10 亿元。

3. 支持龙头企业牵头组建创新联合体

联合体围绕关键核心技术、战略性储备性技术组织"项目群"攻关。联合体存续期内，主动向联合体交办"卡脖子"攻关任务，定向委托联合体凝练"尖兵""领雁"项目攻关榜单，形成真榜、实榜。联合体承担主要投入责任，联合体相关技术攻关如纳入省级重点研发攻关计划项目，省财政按规定给予单个项目最高不超过 1000 万元支持。目前，有 10 个榜单任务要求组建创新联合体才能揭榜，与以往产学研合作相比，创新联合体的组织体系更紧密，组建方案需经地方科技主管部门审核通过后才能推荐到省科技厅。

（二）构建功能完备的"揭榜挂帅"云平台

2021 年，浙江省在全国率先启动数字化改革，省科技创新数字化改革持续迭代升级，构建"揭榜挂帅"云平台，用全球大脑解浙江"卡脖子"难题。以金华市为例，金华"揭榜挂帅"云平台被列入全省科技创新"揭榜挂帅"应用场景建设先行试点项目，由浙江省科技厅向全省推广。按照浙江省统一部署，金华"揭榜挂帅"云平台为"浙里关键核心技术攻关应用"做好企业技术需求公共平台协同工作，主要提供企业技术需求的"寻榜""发榜""揭榜"等服务。目前，形成企业类和政府类两种发榜模式，并可使用"码上分享""码上揭榜"等功能加快推进发榜，有效提升平台体验感和用户获得感。

截至 2021 年底，金华"揭榜挂帅"云平台共发布企业榜单 2744 项，榜单总金额 31.9 亿元，吸引 1.21 万人才上线对接榜单，促成 119 所高校院所、254 个科研团队揭榜，揭榜项目 528 个，揭榜金额 6.1 亿元，攻克难题 296 项，兑现榜金 3.5 亿元，帮助企业降本增效 18.3 亿元。

"揭榜挂帅"云平台以科技治理现代化、创新服务智能化为目标，以

"科技大脑"建设为基础，在构建科技创新集成应用方面取得突破。

1. 重塑产学研合作的业务流程，实现"揭榜挂帅"全流程一网通办

"揭榜挂帅"云平台重塑产学研合作的业务流程，在需求来源、联合挂榜、资源配置、验榜推广等环节，打造跨行业、跨部门、跨领域的多应用场景，利用云计算和大数据技术，在企业需求端、政府服务端和创新资源供给端架起实时、精准、常态化的对接桥梁，实现全流程一网通办。主要服务流程有以下五个：① ①完善信息。政府榜单用户绑定单位信息后具备发榜资质，科研院所、新型研发机构、团队、个人及合作机构需上传相关资质材料后具备揭榜资质。②榜单评估。企业填写政府榜单，平台对榜单信息进行可行性评估，评估通过后政府榜单在平台展示并精准推送。③资源寻访。企业、政府榜单发布后，平台新闻资讯了解榜单信息对口主动揭榜，"揭榜挂帅"服务中心及技术转移中心定向寻访揭榜团队、科研院所及合作机构。④对接洽谈。线上信息精准推送、线下平台主动服务，发榜与揭榜双方深入洽谈，签订攻关协议、攻克技术难题。⑤全程跟踪。平台对发榜与揭榜双方的合作过程全程跟踪服务，为其提供配套政策解读及奖榜政策申报等服务。

2. 建立业务集成界面，纾解技术信息不对称难题

从线下对接会到"揭榜挂帅"云平台，极大地纾解了技术信息不对称、缺乏监管和服务等难点，为数字化改革浪潮下的产学研合作注入新动能。同时，在平台上建立业务集成界面，贯通省、市、县三级，协同市委组织部、发展改革委等11个相关部门在各项环节中实现数据归集共享、互联互通。通过整合资源，将组织部人才库、人社局技能人才库、外国专家人才库、高校院所人才库、第三方人才库等人才资源纳入云平台，实现人才资源一体化。截至2022年3月，平台已登记各行业专家12000余名。

3. 精准匹配创新资源供给端，足不出户实现精准对接

2022年3月，浙江尖峰药业通过"揭榜挂帅"云平台，发布总额为500

---

① 服务流程，金华揭榜挂帅云平台［EB/OL］.［2022-06］. https：//jbgs. kjj. jinhua. gov. cn/pc/indexJHJpage4.

万元的"鬼臼毒素的提取工艺和全合成工艺的开发"榜单，并精准对接西安交通大学药学院曾爱国博士团队。精准匹配创新资源供给端，正是该平台的一大优势，能将榜单实时通知到相对应的专家团队，发榜方从"找团队"到"选团队"，足不出户，有效缩短对接时间，降低企业成本。同时，为对接精准，金华重新组建"揭榜挂帅"服务中心，由15人组成市场化专业服务团队，全流程做好"揭榜挂帅"云平台的线下跟踪和对接服务工作。目前，已组织协调专家团队线上线下对接1000余次。

（三）进一步探索资助方式和保障揭榜模式

1. 选取部分项目探索"悬赏制"

2021年，浙江省科技厅在"揭榜挂帅"科技攻关项目中，对突发紧急、失败风险高、行业竞争充分且优势单位不突出的攻关任务，采取"悬赏制"方式组织实施，揭榜单位直接备案，事前不给予研发经费支持，先期探索三个榜单，到2022年9～10月榜单任务到期，会组织评审悬赏的任务完成情况。

2. 多要素多模式保障揭榜

浙江省金华市为保障揭榜打出一套"组合拳"，主要有四个方面：①政策扶持鼓励揭榜。在"揭榜挂帅"云平台配置大型科研仪器等创新资源服务，科技企业可用"创新券"抵扣实际支付费用的50%。②信用评价完善揭榜。建立用户信用评价体系，对发榜方和揭榜方进行信用评价，营造诚信的发榜揭榜环境。③科技金融保障揭榜。以"揭榜挂帅"榜单为标的，与保险公司试点推出"揭榜险"，运用市场化力量对企业和揭榜专家给予保障，已在生物医药、先进制造、节能环保三个领域的龙头企业推出"揭榜险"。④发放科技贷款。鼓励银行对资金有困难的发榜企业提供科技贷款，做到产融保相融合，截至2021年8月，已向33家企业发放科技贷款8000余万元。

第三节 上海市"揭榜挂帅"实践

一、上海市"揭榜挂帅"整体情况

上海市对"揭榜挂帅"机制较早即有探索，自 2020 年开始在项目申报中应用，并不断扩大适用范围。从组织部门来看，上海科学技术委员会、上海经济和信息化委员会、市住房城乡建设管理委等都组织实施了"揭榜挂帅"项目。

在各部门实践方面，上海市科学技术委员会（以下简称上海市科委）试点"悬赏揭榜制"，根据快速检测、疫苗和药物、临床诊治、关键产品研发的技术需求，向全球招募揭榜者，对完成目标、取得实效的胜出者给予奖励。2021 年，上海市发布三个针对高端制造、信息技术等领域科技攻关的"揭榜挂帅"项目指南，面向全国征集揭榜方。之后，上海市科委不断扩大试点"揭榜挂帅"，进一步激发各类创新主体的活力和动力。上海市经济信息化委在 2022 年发布《关于开展上海市五个新城数字化转型 首批榜单任务"揭榜挂帅"的通知》，榜单领域涉及数字设施、数字家园、公共空间、未来产业四大方面。2023 年，上海市经济信息化委在元宇宙重大应用场景、大企业"发榜"中小企业"揭榜"工作、城市数字化转型重点场景示范任务（生活领域）等方面开展了"揭榜挂帅"探索，2024 年印发的《关于组织开展2024 年度上海市未来产业试验场"揭榜挂帅"工作的通知》，对接各区和未来产业先导区相关政策，以应用场景为牵引，重点聚焦核心基础、重点产品、公共支撑、示范应用等任务发布榜单，鼓励企业、科研院所、高校、园区等各类企事业单位以联合体方式申报。上海市住房城乡建设管理委在绿色建筑关键技术、建筑碳中和关键技术、行业数字化转型等方面发布了"揭榜挂帅"项目。

经过几年的发展，"揭榜挂帅" 制已经是上海市探索科研任务和项目组织实施的重要创新模式，体制机制不断完善，制度体系日趋成熟。

二、上海市科委 "揭榜挂帅" 组织特点

上海市的 "揭榜挂帅" 制度已扩展至产业领域的科技攻关。在上海市的组织模式下，上海市科委的责任较为重要，承担着凝练榜单、发榜，以及组织开展受理、评审、立项、验收等项目管理的职能。对于面向疫情的应急攻关项目，采用事后资助的形式；对于常态化的科研攻关项目，采用一般项目的管理方式，要求在申报时提交预算。

（一）"揭榜挂帅" 制度

在制度体系方面，2021 年出台的《关于加快推动基础研究高质量发展的若干意见》中提到，加快构建关键核心技术攻关新型举国体制，对重点攻关项目实行 "揭榜挂帅"。上海浦东新区科技与经济委员会在 2022 年出台了《上海市浦东新区优化揭榜挂帅机制促进新型研发机构发展若干规定》（以下简称《若干规定》），这是全国首部支持新型研发机构发展 "揭榜挂帅" 机制的地方法规，由上海市第十五届人民代表大会常务委员会第四十五次会议于 2022 年 10 月 28 日通过，于 2022 年 12 月 1 日起正式施行。2024 年，上海科学技术委员会出台了《上海科技计划 "揭榜挂帅" 项目管理办法（试行）》（以下简称《上海管理办法》），规范了上海市科学技术委员会对 "揭榜挂帅" 项目的组织实施。

"揭榜挂帅" 是深化科技体制改革、强化创新攻关组织，解决在产业技术攻关组织过程中出现的科研攻关与成果应用脱节问题的科研组织新模式。《上海管理办法》对完善行业企业出题机制，优化科技攻关组织机制，进一步推广 "揭榜挂帅" 攻关模式，起着重要作用，其规定具有借鉴意义。

《上海管理办法》对上海市科技攻关 "揭榜挂帅" 项目的组织管理、实

施流程、监管管理等进行了五项规定[①]。

（1）明确了"揭榜挂帅"项目的适用范围。适用于由上海市科委组织实施，由财政资金、技术需求方自有资金资助的"揭榜挂帅"项目的管理。"揭榜挂帅"项目分为行业共性技术攻关项目和企业出题项目两类，分别面向支撑行业发展的共性技术和企业急需的"卡脖子"技术。

（2）明确了各方管理职责。明确上海市科委作为科技计划"揭榜挂帅"项目的主管部门，主要负责研究制定"揭榜挂帅"制度规范，遴选技术需求和编制榜单，组织实施等工作。技术需求方主要负责提出技术需求，参与立项评审、过程管理与验收，应用与转化项目成果等。项目管理机构、项目承担单位分别承担"揭榜挂帅"项目组织管理和实施职责。

（3）明确了榜单编制要求。明确项目选题体现需求导向，发挥企业"出题人"作用，以形成实际产品和产业实际应用为目的，重点面向制约产业和企业发展的共性技术、关键技术、零部件、材料、工艺等科技攻关需求，任务内容清晰，技术指标明确具体、可考核。市科委组织专家论证榜单内容，并以项目指南形式公开发布，征集揭榜者。

（4）明确了全过程管理的要求。明确项目实施专员管理和"里程碑"式管理等要求。项目专员深度参与项目过程管理，及时了解项目进展，可根据项目进展情况，提出项目终止、变更攻关团队或技术路线等重大调整意见。项目立项时需明确里程碑考核节点，"里程碑"考核结论作为项目存续的重要依据。

（5）明确了用户评审评价。明确要发挥终端用户的作用。在评审环节，需邀请技术需求方专家参与评审遴选揭榜团队。评审前，技术需求方可采取现场考察等形式，对揭榜团队开展评估；在验收环节，强化对技术目标完成情况的考核，严格按照考核指标对项目实施情况开展考核，由技术需求方、最终用户对项目完成情况开展评价。技术需求方应在验收前出具用户技术评价报告，作为项目综合绩效评价结果的重要参考。

---

① 《上海市科技计划"揭榜挂帅"项目管理办法（试行）》部门解读［EB/OL］．（2024-06-19）．https：//www.shanghai.gov.cn/wzjd/20240619/a6f0b029b37e452786353543a444e303.html.

（二）项目组织流程

上海市在近四年实施"揭榜挂帅"的历程中针对不同的项目需求，在组织流程上也存在一定的差异。主要体现在以下五个方面：

（1）榜单的形成机制。在面向疫情防控的紧急攻关需要时，通过征集获得项目需求，通过专家论证确立榜单。在面向产业发展时，由市科委凝练相关科技攻关任务，形成榜单。

（2）榜单的发布机制。从当前上海市开展的实践来看，榜单由上海市科委在官方网站向社会发布。

（3）揭榜机制。上海市不同类型的项目揭榜范围存在差异，疫情期间的应急专项，面向全球；上海市的科技攻关项目的揭榜单位要求是国内法人单位；EDA 的"揭榜挂帅"项目揭榜单位要求是上海市的法人或非法人组织。

（4）项目管理方式。上海的"揭榜挂帅"项目管理更加接近传统方式。应急专项较为不同，采取自上而下、一事一议的决策机制，快速响应、快速筹备、快速启动项目。同时，采用"项目专员制"，指派专人跟踪应急专项进展，负责督促、协调等工作，确保人员物资调配、临床试验、审批等环节的无缝衔接。科技攻关项目和 EDA 项目都由市科委会同用户单位共同组织开展受理、评审、立项、验收等项目管理事项，其中 EDA 项目还要填报"上海市财政科技投入信息管理平台"。

（5）资金投入机制。疫情期间的应急专项由科委进行事后奖励，即对完成目标、取得实效的胜出者给予奖励。同时，采用"首功奖励制"和"经费包干制"，对于提前完成研发任务、成果在临床获得应用、为疫情防控做出突出贡献的项目，给予奖励；对应急攻关项目的经费，不设开支科目比例要求，允许项目承担单位自主使用。科技攻关项目和 EAD 项目则是要求项目申报书中编制预算，科委对各项目有拟资助的金额。

此外，上海市在相关项目组织中对于知识产权并无明确的规定，科技攻关项目的申报指南中要求"所有揭榜单位和参与人应遵守中国知识产权法律、法规、规章、具有约束力的规范性文件及在中国适用的与知识产权有关的国际公约，所申报项目的知识产权明晰无争议，归属或技术来源正当合法，不存在知识产权失信违法行为。"

综上所述，上海市"揭榜挂帅"的组织实施，针对不同的需求具体做法有所不同，尤其在榜单的形成与发布、项目管理方式、资金投入机制等环节，体现了流程为需求服务的宗旨。

三、上海长三角技术创新研究院"揭榜挂帅"项目组织特点

上海长三角技术创新研究院（以下简称长三院）作为长三角国家技术创新中心（以下简称长三角国创中心）的主体，是一家新型研发机构，在《上海市浦东新区优化揭榜挂帅机制促进新型研发机构发展若干规定》制度框架下开展"揭榜挂帅"项目组织模式，运行管理浦东国际揭榜挂帅公共服务平台，具体组织实施特点如下：

（一）以产业需求为导向技术联合攻关

从根本上来看，长三院"揭榜挂帅"是一种以产业需求为导向的应用技术类项目支持机制，突出企业是技术创新的主体。企业既是需求提出的主体，又是出资的主体，同时也是成果应用的主体。国创中心与行业龙头企业联合共建"企业联合创新中心"，聚焦企业愿意出资解决的技术需求，利用全球创新网络对接创新资源，组织技术联合攻关。长三角国创中心把产业真难题、企业真需求作为课题，用企业愿意出资解决作为真需求判断的"金标准"，需求向全球创新合作伙伴进行需求与解决方案对接；对未能对接的关键共性技术需求，向政府建议纳入应用类技术项目指南，组织全球"揭榜挂帅"，财政匹配支持。

"揭榜挂帅"组织实施流程"自下而上"与"自上而下"相结合，如图6-1所示。在自下而上方面，包括需求征集、需求评审和申报指南发布、专家评审、出资企业终审、立项研发、成果应用等环节。在需求征集阶段需要企业明确出资额、提炼企业愿意出资的技术真需求。在自上而下方面，包括专家提炼项目、企业判断、指南发布和申报、专家评审、出资企业终审、立项研发、成果应用等环节。在企业判断环节对是不是真需求的判断重点聚焦技术是否应该立项、企业是否会用技术、企业是否愿意出资。

自下而上

需求征集
（企业明确
出资额） → 需求评审、申报指南发布 → 专家评审 → 出资企业终审 → 立项研发 → 成果应用

企业出资提出真需求　　　　　企业终选研发单位　　　　企业实施成果应用

自上而下

专家提炼项目 → 企业判断 → 指南发布申报 → 专家评审 → 出资企业终审 → 立项研发 → 成果应用

专家提出战略需求　企业判断是不是真需求——技术是否应该立项
　　　　　　　　　　　　　　　　　　　　　企业是否会用技术
　　　　　　　　　　　　　　　　　　　　　企业是否愿意出资

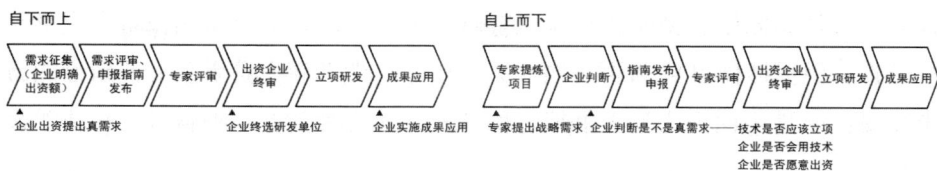

图 6-1　上海长三角技术创新研究院"揭榜挂帅"组织流程

（二）管理运行浦东国际"揭榜挂帅"公共服务平台

根据《上海市浦东新区优化揭榜挂帅机制促进新型研发机构发展若干规定》的要求，浦东新区设立揭榜挂帅公共服务平台，承担汇集发布创新项目信息、组织实施创新项目揭榜挂帅等事项。浦东国际揭榜挂帅公共服务平台（以下简称服务平台）于 2023 年 1 月 4 日正式揭牌，其原名称为浦东新区揭榜挂帅公共服务平台，该平台由上海市浦东新区科技和经济委员会建立，委托上海长三角技术创新研究院牵头组织实施。其核心是推进新型研发机构发展，遵循公益性、开放性和专业化的原则，实现科技创新策源、科技支撑产业发展、全球创新资源汇聚、新型研发机构培育与集聚的功能。

截至 2024 年 8 月底，服务平台共发布 277 个企业技术需求榜单，其中已经揭榜 31 个；15 个政府需求榜单，已经揭榜 14 个；总体意向投入总金额超 9 亿元，涵盖人工智能、生物医药、集成电路、装备制造、先进材料等产业技术领域。同时还为一些企业开辟了专场榜单 9 场，方案投递 56 项，意向投入超过 3.63 亿元。[①] 依托该平台和长三角国创中心专业的对接、撮合，从企业正式发布榜单与研究机构最终揭榜成功，大大缩短了时间。例如，无锡企业江苏集萃清联智控科技有限公司与上海中车艾森迪海洋装备有限公司联合研发的无人潜航器完成相关试验，江苏集萃清联智控在平台上发布需求后，很快找到"揭榜"的合作伙伴，"揭榜"之一的中车艾森迪是国内深海重型机器人独角兽企业，揭榜后很快形成由需求发布企业牵头组建的创新联合体。

服务平台流程可根据项目实际情况进行增减。服务平台组织流程有九个

---

① 资料来源：浦东国际揭榜挂帅公共服务平台网站。

环节，分别是征榜、成榜、发榜、揭榜、评榜、挂帅、攻榜、验榜、成果转化。在组织实施过程中，具体的环节一般会根据项目实际情况进行增加和减少。平台"揭榜挂帅"任务组织实施过程遵循发布公开、申报公平、评鉴公正的原则。

1. 发榜方角度

从发榜方来看，发榜方一般包括企业、政府、高校院所、科研机构、行业协会等，通过揭榜挂帅服务平台，向全球发布创新需求或推送创新项目。发榜内容覆盖了科学研究、技术开发、成果转化、示范应用、技术支持和产业化等方面。

通过榜单发布助力发榜单位实现以下五个作用：①提升研发能力。通过服务平台对接导入外部研发能力，为补短板和创新找到新的机会，还可以实现跨领域融合和跨代际提升。②降低研发成本。例如，获得研发资助或补贴，更广泛的收集、筛选最优技术供给方，降低研发风险，还可以获得公共研发分析测试平台服务等。③解决人才挑战。通过揭榜挂帅可以根据需求联合培养人才，助力企业技术骨干的发展，扩大高端人才的供给，实现能力和知识供给方式的多样化。④获得政策支持。通过服务平台发榜方在享受国家部委政策和上海地方政策的同时，还可以获得浦东新区落地、运营等政策支持，以及国创中心关于联创企业、项目投资、产业引导资金、人才培养等政策支持。⑤促进创新合作。通过服务平台发榜方可以拓展更多上下游研发合作伙伴，有助于构建跨领域多机构的生态圈。

发榜内容一般包括发榜方拟解决的以下五个问题：①解决核心产品线的中、长期难题。一般包括涉及应用基础研究、竞争前技术、需要多种技术路线探索、跨代际升级等。②开展跨领域发展及协同攻关。涉及不熟悉的技术领域，需要寻找跨领域战略合作伙伴，需要投入高端研发设备和测试平台等。③解决制造工艺中的成本、质量、可靠性问题。包括特种设备、工艺开发，绿色制造、环保问题，数字转型、智能制造，可靠性提升中的材料和检测问题等。④开展海外研发合作或市场拓展。如与海外（研发）机构开展战略性合作，在特定国家设立研发分支机构，与海外高校、高端研发机构在具体项目上合作等。⑤可以寻找科技成果转移转化的渠道。

2. 揭榜方角度

从揭榜方来看，揭榜方包括高校院所、科研团队、研发型企业、个人等。通过在服务平台完成"揭榜"，一般由科技领军人才作为项目负责人挂帅并组织团队提供解决方案。

通过揭榜，揭榜方一般实现以下两个作用：①对机构来说，可以获得研发订单，解决人才挑战，获得政策支持，促进创新合作，增加市场竞争力，促进科技成果落地转化等。②对个人或团队来说，可以提升科研人员的创新劳动价值，增强科研能力，把握产业需求和发展趋势。

（三）组织众筹科研攻关企业共性技术难题

通过揭榜挂帅，创新产学研合作模式，依托长三角国家技术创新中心，组织开展关键共性技术攻关，进一步提升研发效率，降低企业研发成本，促进科研与市场双向链接。

众筹科研的主体包括长三角国创中心、科研院所高校、企业三方，对各主体来说，分别承担了不同的职责和作用：对长三角国创中心来说：①梳理提炼行业共性技术难题；②发挥资源配置枢纽作用；③构建共投、共担、共研、共赢的联合攻关机制。对科研院所高校来说：①了解行业企业真需求；②获得市场科研资金；③加强与企业间互动交流；④促进科研成果转化。对企业来说：①降低单一企业的研发风险，节约经济和项目管理成本；②建立兼顾安全、成本和效率的垂直融合供应链体系；③助力提升企业竞争力，共塑行业影响力。

截至 2024 年 4 月，长三角国创中心已在上海、江苏布局建设了 100 家专业研究所和平台，拥有各类研究人员超过 1.6 万人，涉及新一代信息技术、新材料、生物医药、能源与环保等领域，累计衍生孵化企业 1500 多家，转移转化技术成果超过 9000 项，服务企业累计超过 2 万家。长三角国创中心与细分领域龙头企业建立"企业联合创新中心"，合作开展战略研究，帮助企业精准对接全球创新资源，聚焦企业真实需求组织跨区域跨领域联合技术攻关，服务合同金额超过 23 亿元。

综上所述，在长三院揭榜挂帅工作推进中，攻关项目由企业发榜提出需求并明确"赏金"，长三角国创中心不仅开展需求征集工作，还将搭建平台、匹配资源，对接高校院所科研力量揭榜攻关，最终推动技术成果转化。

第四节　江苏省"揭榜挂帅"实践

一、江苏省"揭榜挂帅"整体情况

江苏省是较早开展"揭榜挂帅"实践的省份之一，2019 年，江苏省工信厅发布了《2019 年关键核心技术攻关任务揭榜工作方案》，聚焦省重点培育的工程机械、新型电力（新能源）装备、物联网等 13 个先进制造业集群，遴选一批必须掌握的关键核心技术，组织具备较强创新能力的企业单位，按照集中发榜、申请揭榜、单位推荐、揭榜企业遴选、揭榜任务实施、发布揭榜成果等步骤，开展揭榜攻关。同年 5 月，江苏省科技厅围绕有效积极解决江苏省企业的技术创新难题而开始探索，组织了江苏首届 J-TOP（Technology Opening Patnership）创新挑战季，重点聚焦电子信息、生物与新医药、新材料、先进制造与自动化高新技术等领域，面向全社会发布企业创新技术难题 169 个，悬赏 1.8 亿元，达成意向签约 28 项，共计 7043 万元。[1] 此后"J-TOP 挑战季"每年常态化举办，截至 2024 年已经举办 5 届，在江苏省科技资源统筹服务中心网站开辟专栏，常态化线上发布技术需求。同时，江苏省科技厅针对重大任务、前研引领技术、龙头企业重大核心关键技术等进行了探索实践。

从市级层面来看，江苏省常州市、泰州市、宿迁市、无锡市、扬州市、南通市等开展了各项"揭榜挂帅"实践。例如，2022 年南通市发布 2022 年

---

① 江苏"悬赏"1.8 亿求解技术难题　已达成签约额 7043 万元 [EB/OL]. (2019-11-27). https：//baijiahao. baidu. com/s？id=1651324248207301721&wfr=spider&for=pc.

南通市"揭榜挂帅"攻坚计划项目张榜公告，公开悬赏支持 2022 年度锂矿物提锂低碳节能工艺技术研发、电控空气悬架关键零部件技术等 11 项"揭榜挂帅"攻坚计划项目。再如，泰州市构建"企业出题、政府立题、人才破题"的"揭榜挂帅"机制，引导企业积极发榜、定期推出榜单，创新人才使用机制，助力企业攻克技术难题。

总体来看，江苏省大力推进科技攻关组织方式改革，形成了你有难题"发榜"，我凭能力"揭榜"的氛围，开展了非常丰富的"揭榜挂帅"实践，尤其在支持企业重点技术攻关方面，"揭榜挂帅"机制不断深化和发展。

二、江苏省"揭榜挂帅"组织特点

近年来，江苏省围绕打好关键核心技术攻坚战，不断改进科技项目组织管理方式，广泛开展"揭榜挂帅"实践，形成了以下组织实施特点：

（一）分类探索"揭榜挂帅"组织模式

江苏省根据不同任务性质和不同主体需求，分类探索"揭榜挂帅"新机制，在科技攻关方面探索形成了四种"揭榜挂帅"组织模式。①

（1）"任务定榜、挂帅揭榜"。以重大任务为"榜单"，部署实施一批关键核心技术攻关项目，重点突破一批"卡脖子"技术。围绕半导体、生物医药、新材料等重点产业，对标国际先进水平，张榜公布重大任务专题，面向全社会揭榜攻关。例如，"呼吸机用传感器芯片国产化研发"项目榜单，技术指标对标美国霍尼韦尔传感器，面向全社会发布，由龙微电子、无锡永阳、昆山灵科三家企业揭榜成功，开展联合攻关，最终完成原型样品研发，基础性能全部达到或超过进口芯片。

（2）"前沿引榜、团队揭榜"。江苏省前沿引领技术基础研究专项实施中，先遴选确定领衔科学家，再由其组建团队揭榜。项目实施过程中试行"四个自主"，即由领衔科学家自主确定研究方向、自主设置研究课题、自主选聘科研团队、自主安排经费使用；建立"三个机制"，即考核激励机制、

---

① 江苏探索科技创新"揭榜挂帅"制度 [J]．学习与研究，2021（5）.

滚动支持机制和宽容失败机制。例如，南京大学祝世宁院士团队突破光量子芯片系列基础理论与技术，实现全球首个基于无人机的量子纠缠分发。

（3）"企业出榜、全球揭榜"。江苏省产业技术研究院（以下简称省产研院）与龙头企业共建企业联合创新中心，由企业提出重大关键核心技术难题并出资开出"技术需求榜单"，在全球范围寻找"揭榜英雄"。江苏在先进材料、能源环保、电子信息、装备制造、生物医药等领域已成立省企业联合创新中心 378 家，① 一方面充分发掘企业及产业上下游的技术难题和需求，另一方面全面链接和导入省产研院创新资源，联合设立"揭榜挂帅"产业科创资金，进一步提高企业对接高端创新资源的精准度和效率。

（4）"需求张榜、在线揭榜"。发挥江苏省技术产权交易市场链接需求端和供给端的桥梁纽带作用，建成集"需求张榜、在线揭榜"功能于一体的线上平台。例如，2024 年在常州市举办了江苏省"J-TOP 创新挑战季"合成生物产业专场活动，在省技术产权交易市场平台"张榜"重点技术需求 20 余项，汇聚南京大学、南京师范大学等高校院所的相关成果（专利）57 件。②

（二）支持创新联合体"揭榜挂帅"

组建创新联合体，是融合产业链创新链，放大各创新主体协同效应的现实需求。江苏省自 2021 年开始组建创新联合体，江苏省科技厅明确鼓励企业牵头组建创新联合体，加强高校院所、产业链上下游创新资源的统筹配置，承担实施一批重大科技项目。2021 年江苏省科技计划试点鼓励创新联合体申报项目，并率先在品种创新和智慧农业领域支持了 8 家创新联合体承担的 10 个项目。2024 年，在《关于组织开展苏州市面向全球"揭榜挂帅"关键核心技术攻关需求征集的通知》中提出，鼓励创新联合体内龙头企业提出重点产业领域关键技术需求。苏州市对创新联合体的"揭榜挂帅"重大攻关项目，

---

① 资料来源：江苏省产业技术研究院网站，http：//www. jstri. cn.
② 2024 年江苏省"J-TOP 创新挑战季"合成生物产业专场［EB/OL］.（2024-05-18）. https：//www. jssic. cn/jbgs/JHJ/activity/detail.

按最高 1 : 1 的比例给予最高 1000 万元支持。① 江苏省宿迁市聚焦激光装备、生物医药、功能玻璃材料等重点产业链培育，瞄准产业关键核心技术瓶颈，面向市域内外创新力量"揭榜挂帅"组织攻关，实施创新联合体"揭榜挂帅"项目，鼓励创新联合体共同推进产业共性关键技术研发和产业化。例如，"脆性材料激光微孔加工在线监控关键技术研发"项目被以江苏先进光源技术研究院有限公司为龙头企业的激光装备创新联合体揭榜，榜单项目被联合体内三家企业承担，其中江苏先进光源技术研究有限公司承担总课题，投资 200 万元，宿迁市拨款 60 万元。江苏省在 2023 年和 2024 年开展了创新联合体建设试点工作，发挥创新联合体龙头企业的资源优势，解决联合体内大部分企业的共性关键技术。

（三）推出"揭榜挂帅"专项金融产品

2022 年，江苏省统筹中心联合江苏银行正式发布"揭榜挂帅"技术转移专项金融产品，缓解企业资金压力。2023 年，江苏省统筹中心联合江苏银行走访 2022 年"揭榜挂帅"成交项目吸纳方企业 200 余家，摸排企业资金需求，为 17 家企业提供技术转移专项金融产品授信 1.21 亿元，放款 6580 万元，均为纯信用贷款。例如，镇江同立橡胶有限公司获得江苏银行"揭榜挂帅"技术转移专项金融产品贷款 1000 万元，企业资金压力大大缓解。再如在张家港举办的 2022 年度火炬科技成果直通车（江苏站·张家港专场）暨 2022 年江苏省专利（成果）拍卖季新材料产业专场上，威胜生物医药（苏州）股份有限公司获得江苏省"揭榜挂帅"技术转移专项金融服务产品贷款 1000 万元，这也是此项金融产品的首单正式到账的千万级纯信用贷款。截至 2023 年 4 月，该金融产品累计为 113 家企业授信 21.28 亿元，发放贷款 16.89 亿元，纯信用贷款 4.31 亿元，有效解决了一批中小型科技企业实施科技成果转化过程中的融资难题。②

---

① 2024 年省两会｜创新联合体：既要"组好局"还要"下好棋"[EB/OL]. http：//www. js93. gov. cn/ssyw/20240124/20188. shtml.

② 我省"揭榜挂帅"专项金融产品一季度授信 1.21 亿 [EB/OL].（2023-04-03）. http：// kxjst. jiangsu. gov. cn/art/2023/4/3/art_ 82536_ 10851369. html.

第五节　安徽省"揭榜挂帅"实践

一、安徽省"揭榜挂帅"整体情况

安徽省最早开展"揭榜挂帅"的部门是安徽省经信厅，随后安徽省发展改革委、科技厅等也陆续组织实施"揭榜挂帅"项目。各部门实践整体情况如下：

安徽省经信厅在2020年开展了重点领域补短板项目"揭榜挂帅"，发布了《重点领域补短板产品和关键技术攻关任务揭榜工作方案》，围绕新一代信息技术、新材料、新能源汽车和智能网联汽车等重点领域，坚持企业主体、市场导向，通过寻榜、评榜、发榜、揭榜、奖榜等步骤，按照"谁能干就让谁上"的原则，选拔"领头羊"、先锋队，开展关键共性技术攻关，推动提升产业基础能力和产业链现代化水平。安徽省经信厅探索建立了"省—市—县—企业"调度协调机制，对揭榜企业采取定期调度方式，密切跟踪项目实施进度和进展情况，帮助解决项目实施中的困难和问题。2020年向企业发布揭榜攻关任务104项，2021年发布揭榜攻关任务173项。截止到2021年底，新型显示、智能语音、新材料等领域24项任务结题，其中8项打破国外垄断。

安徽省发展改革委在2022年发布了安徽省产业创新中心"揭榜挂帅"任务榜单，聚焦新能源汽车和智能网联汽车产业，围绕域控制器、汽车智能底盘、自动驾驶、车规级控制芯片、驱动电机系统等产业领域发展亟须、产业链供应链"断链、堵链"、技术突破价值大的若干细分领域，通过揭榜申报、评审遴选、揭榜公示等揭榜流程，组建省产业创新中心，组建任务完成后，由省发展改革委委托第三方机构组织验收，对验收合格的省产业创新中心，正式核定为"安徽省××产业创新中心"并授牌。2024年安徽省产业创新中心"揭榜挂帅"任务榜单主要围绕安徽省产业发展急需、产业链供应链

"断链、堵链"、技术突破价值大、商业化潜力突出的领域，重点聚焦智能驾驶、车规级芯片、固态电池、电驱动系统、轻量化材料、智能充换电、通用人工智能、低空经济、氢能、生物制造、北斗应用、下一代机器人、量子科技等方向。

另外，在2021年国家发展改革委、科技部采取"揭榜挂帅"方式推进国家新一轮全面创新改革框架下，安徽省作为国家确定的13个改革试点区域之一，开展了全面创新改革的"揭榜挂帅"，聚焦科技攻关、成果转化、人才培育、数据管理等重点改革领域，累计揭榜两批16项国家改革任务，位列13个试验省市第3位。例如，安徽省发展改革委、安徽省科技厅联合印发《2023年度国家全面创新改革安徽揭榜任务试点方案的通知》，对安徽省2023年揭榜的5项国家试点任务进行了全面部署，包括重大科技基础设施开放共享和多元投入机制、数据要素市场建设机制、创新联合体建设机制、职务科技成果协同转化机制、科技成果尽职免责机制，以"揭榜挂帅"任务清单方式推进解决体制机制中的痛点、堵点问题。

安徽省科技厅创新项目组织方式，构建"企业出题、政府立题、高校解题、市场阅卷"的"揭榜挂帅"科技攻关制度，破解产业发展关键核心技术难题。在2021年发布的《安徽省公布首批（2021年度）"揭榜挂帅"榜单任务》，围绕半导体晶圆缺陷检测、超导量子计算超低温微波互连系统、医疗CT球管核心部件制造关键技术等方面，公开进行揭榜申报，力争解决制约安徽省产业发展的关键核心问题。之后每年发布重大科技攻关专项"揭榜挂帅"类项目榜单和安徽省科技特派员农业物质技术装备揭榜挂帅项目榜单。例如，2022年，安徽省精准摸排制约新兴产业发展的核心技术难题37项，择优确定了5项榜单任务发榜，共吸引全国10个省、30多家单位参与揭榜，成功揭榜并立项了9个项目。2021~2023年，安徽省成功揭榜立项了18个项目，吸引省、市财政分别投入资金1.6亿元，带动社会资本投入6.5亿元。① 2023年安徽省科技厅采取"揭榜挂帅"方式组建安徽省产业创新研

---

① "揭榜挂帅"攻关核心技术［EB/OL］.（2023-04-18）. http://kjt. ah. gov. cn/kjzx/mtjj/121546121. html.

究院，在广泛调研征集和和凝练论证的基础上，形成首批省产研院组建"榜单"。

安徽省"揭榜挂帅"机制在各部门的实践中逐步走向完善和优化，尤其是在科技领域，除了省科技厅开展的重点科技专项"揭榜挂帅"实践之外，许多市级科技局也组织实施了"揭榜挂帅"项目，如合肥市、黄山市、铜陵市、亳州市、淮北市、芜湖市、宿州市等，其中合肥市科技局出台了《合肥市科技攻关"揭榜挂帅"项目管理办法（试行）》，使"揭榜挂帅"进一步制度化。黄山市联合市人才办制定《2021年度"海聚英才·揭榜挂帅"工作实施方案》《关于开展百名博士"智汇服务"行动的实施方案》，从技术开发和技术咨询两个方面探索实施揭榜挂帅。

二、安徽省合肥市科技攻关"揭榜挂帅"组织特点

安徽省合肥市科技攻关"揭榜挂帅"榜单包括合肥市科技重大专项"揭榜挂帅"项目和合肥市关键技术研发"揭榜挂帅"项目两类，涉及领域包括集成电路、新型显示、新能源汽车和智能网联汽车等。2022年，分批次发布了科技重大专项和关键技术研发榜单，还与中共合肥市委组织部联合组织了"才聚合肥·揭榜挂帅"活动，面向全球高校和科研院所发榜招贤，攻关核心技术、促进成果转化，本次活动聚焦合肥市新型显示、集成电路、人工智能等11个领域，发榜262家重点产业企业，共325个重大创新需求，总金额达7.98亿元，有40个项目开展了现场路演。① 此后，合肥市科技攻关"揭榜挂帅"项目榜单在"合肥科创大脑"平台发布，让"揭榜挂帅"项目可查询、可追溯。2024年，出台了科技攻关揭榜挂帅项目管理办法，规范了"揭榜挂帅"项目的全过程管理。合肥市"揭榜挂帅"组织特点如下：

（一）出台"揭榜挂帅"项目管理办法规范组织流程

2024年3月，合肥市科技局印发了《合肥市科技攻关"揭榜挂帅"项目

---

① 揭榜挂帅—邀请函［EB/OL］.（2022-06-20）. https：//kjj. hefei. gov. cn/zwgk/tzgg/14884059. html.

管理办法（试行）》（以下简称《管理办法》），进一步规范和加强了合肥市科技攻关"揭榜挂帅"项目的管理。

1. 对科技攻关项目的发榜揭榜、申报立项、验收评价和责任承担等方面都进行了规范

例如，明确由合肥市科技局每年发布项目榜单征集通知，揭榜单位应为有能力解决榜单任务的高等院校、新型研发机构等，且揭榜单位和发榜单位应没有关联关系；项目实施周期结束后 60 日内，项目负责人通过发榜单位提交验收申请、项目任务书指标完成情况对照材料、项目绩效报告等。

2. 对市重大专项、关键科技攻关项目的实施周期进行了明确

市重大项目实施周期一般不超过 3 年，医药领域等个别项目实施周期可延至 5 年，市财政给予发榜单位单个项目最高 1000 万元支持；市关键项目实施周期一般不超过 2 年，医药领域等个别项目实施周期可延至 3 年，市财政给予发榜单位单个项目最高 200 万元支持。其中，发榜单位的投入不能低于重大和关键项目总投入的 60%，市关键项目施行科研项目经费"包干制"。

3. 明确了验收方式

针对同一批"揭榜挂帅"项目实施周期不一致、起止时间不一致的情况，明确每年上半年和下半年各组织一次集中验收。同时，明确任务书指标全部完成的项目可以申请提前（单独）验收，因客观原因导致项目不能按期完成任务书指标的，可以申请延期验收。项目验收通过后，合肥将持续关注其成效。《管理办法》要求，项目验收通过 2 年内，发榜单位应当及时报告后续研究进展和成果应用绩效，牵头管理处室可对适宜继续支持的项目或具有商业应用价值且可能快速转化的项目成果，协调采取直接资助、股权、债权等方式给予继续支持。

4. 增加了项目科研助理和财务助理职责

明确发榜单位应当分别安排一名科研助理和财务助理，同时明确科研助理职责、财务助理职责，加强项目实施过程中任务书指标完成情况调度和经费支出情况调度。

（二）通过"合肥科创大脑"平台加速供需双方对接

"合肥科创大脑"是在合肥市委科技创新委统筹领导下，由合肥市科技局牵头策划，合肥科创集团推动落实，采用大数据、人工智能等新一代数字技术创新搭建。2023 年 3 月，"合肥科创大脑"平台上线，实现了高质量创新资源的汇聚和高效利用，平台提供了面向企业、高校等征集重大专项、关键共性技术项目的服务入口，按照揭榜挂帅程序要求，组织联合攻关。

在"合肥科创大脑"平台点击"揭榜挂帅"，可以看到合作项目名称、发榜金额、所在产业链、需求有效期和合作方式等。根据《关于 2024 年合肥市科技攻关"揭榜挂帅"榜单发布的通知》，2024 年合肥市科技攻关"揭榜挂帅"榜单（市科技重大专项"揭榜挂帅"项目和市关键技术研发"揭榜挂帅"项目）在"合肥科创大脑"平台发布，发榜方与揭榜方在"合肥科创大脑"系统进行对接，有意向的揭榜方注册并登录"合肥科创大脑"，结合自身优势，选择榜单任务，及时与发榜方对接，发榜方联系人和联系方式详见榜单。发榜方应结合自身需求，选择拟合作的揭榜方，并细化落实合作具体内容，签订合作协议或技术合同，双方在"合肥科创大脑"中完成揭榜填报程序。对接成功后，发榜方登录"合肥科技服务信息平台"，按要求在线填写项目申报书，上传合作协议或技术合同等相关附件材料。

目前，安徽省各类主体已通过平台发布"揭榜挂帅"项目 472 件，2023 年发榜金额累计达 14 亿元。其中已完成揭榜的榜单量 289 件，揭榜金额累计达 13 亿元，组织双需对接会 62 场。"合肥科创大脑"平台使得"揭榜挂帅"项目的揭榜方和发榜方对接更加简便、快捷。

第六节　本章小结

长三角区域内大学、科研院所、人才等创新资源集聚度高，是我国经济最活跃、开放程度最高、创新能力最强的区域之一。在"揭榜挂帅"组织模式实践中也表现突出。

从区域整体层面来看，长三角落实《长三角科技创新共同体建设发展规划》，促进长三角区域协同创新，在此背景下开展了跨区域"揭榜挂帅"，在《长三角科技创新共同体联合攻关合作机制》框架下，设立长三角科技创新共同体联合攻关计划，面向长三角区域内具有独立法人资格，具备相应研究开发能力的科技型骨干企业提出攻关需求，鼓励支持长三角创新联合体联合提出需求。每年发布年度长三角科技创新共同体联合攻关重点任务揭榜工作的通知，通过"长三角一体化科创云平台"统一管理，三省一市各司其职，联合组织实施。

从省市层面来看，浙江省把"揭榜挂帅"与引才机制相结合，形成了组织部门牵头组织，省、市、县三级"揭榜挂帅"模式，科技部门的省级重大研发任务均采用了"揭榜挂帅"方式，通过最终用户委员会、链主企业联合出资挂榜等机制，提升企业在揭榜挂帅项目实施中的决策和话语权。上海市从疫情防控攻关试点"悬赏揭榜制"至今，"揭榜挂帅"的组织机制不断完善，出台了《上海科技计划"揭榜挂帅"项目管理办法（试行）》，对"揭榜挂帅"项目的组织实施进行了规范，同时，在浦东新区把"揭榜挂帅"机制与支持新型研发机构发展相结合，通过"浦东国际揭榜挂帅公共服务平台"，依托长三角国家技术创新中心，走出了产学研合作"揭榜挂帅"模式。江苏省工信部门率先开展"揭榜挂帅"实践。科技部门通过举办 J-TOP 创新挑战季，围绕关键核心技术攻坚，形成了分类探索"揭榜挂帅"模式，针对不同任务性质和需求开展"揭榜挂帅"，同时，江苏省常州市、苏州市等市级层面科技攻关"揭榜挂帅"更加活跃，全省全面铺开。安徽省各部门都开展了"揭榜挂帅"实践，经信厅的"揭榜挂帅"与工信部的"揭榜挂帅"实践一脉相承，发展改革委在产业创新中心建设、推进新一轮全面创新改革任务中进行探索，科技厅在科技重大专项中设立"揭榜挂帅"项目，合肥市出台了《合肥市科技攻关"揭榜挂帅"项目管理办法（试行）》规范全市科技攻关"揭榜挂帅"项目的组织管理，总体来看，安徽省"揭榜挂帅"从各部门的实践中组织实施流程不断完善。

第七章 粤港澳区域
"揭榜挂帅" 实践分析

粤港澳层面没有专门的"揭榜挂帅"框架设计,但是作为探索"揭榜挂帅"的新模式——中国创新挑战赛(广东),实现了粤港澳区域层面的合作。挑战赛通过面向全社会公平公开竞争,选取或整合最优资源,解决关键核心技术攻关问题。

第一节 粤港澳区域"揭榜挂帅"实践

一、粤港澳"揭榜挂帅"实践情况

以 2019 年的第四届中国创新挑战赛(广东)为例,挖掘 144 项企业技术需求,[①] 向国内外知名高校院所、重点实验室、技术企业及高端人才团队广泛征集解决方案,其间在中山、深圳、澳门等地举行现场技术对接会。在中山现场赛上,来自广东、北京、上海、江苏、湖北、湖南、福建、香港、澳门、以色列及俄罗斯等国内外(地区)的科研院所、企业、人才团队近 50 个挑战团队参与挑战对接,挑战现场共签署合作意向 34 份,达成意向金额

---

① 第四届中国创新挑战赛(广东)现场赛在中山举办 [EB/OL]. (2019-11-22)[2024-07-09]. https://www.gdkjb.com/view-8443.html.

3353 万元①。此后，通过专家评审、甄别、分析，筛选出"枪钻机械主轴优化设计"等 8 项有代表性的技术需求进行现场比拼。中国创新挑战赛（广东）加速集聚了港澳创新资源，全面助力企业创新发展。

此后，中国创新挑战赛（广东）陆续在广州、东莞、中山、佛山、江门、惠州、韶关、阳江等地举行现场赛（见表 7-1）。从 2023 年起，开始设置专题赛，由国家级技术创新中心（以下简称国创中心）承办，面向新型显示领域，发榜方（技术需求方）为国创中心本部、各创新平台及共建单位，揭榜方（技术解决方）为新型显示产业链企业、高校、科研院所等单位或其技术团队，通过"揭榜比拼"的方式，解决领域内的技术创新难题。最终发布 32 项重大技术需求，半数以上需求得到响应，共征集到 30 多项解决方案，9 支高水平团队入围现场赛。

表 7-1　中国创新挑战赛（广东）承办情况

年份	创新挑战赛	承办赛区/单位
2019	第四届	中山
2020	第五届	广州、东莞、中山、佛山、江门
2021	第六届	广州、佛山、东莞、惠州、韶关
2022	第七届	广州、东莞、惠州、韶关、阳江
2023	第八届	广州、阳江、国家新型显示技术创新中心

二、粤港澳通过中国创新挑战赛（广东）探索"揭榜挂帅"

（一）管理流程

赛事分为赛事启动，需求挖掘、分析与发布，解决方案征集与对接，现场赛，奖励与支持，总结与服务六大环节。

---

① 第四届中国创新挑战赛（广东）现场赛在中山举办 ［EB/OL］. （2019-11-22）［2024-07-09］. https：//www. gdkjb. com/view-8443. html.

1. 赛事启动

以科技部火炬中心、广东省科学技术厅为主办单位，成立组委会，确定具体赛事实施方案，明确各主体单位、挑战赛主题、赛事流程等细则。邀请各行业协会、产业联盟、研发机构以及龙头企业等创新主体参与赛事供需对接。通过政策宣导、赛事内容说明和企业需求挖掘培训等工作。根据赛事的发展阶段，全流程地开展线上、线下媒体投放宣传，进行持续广泛的宣传。

2. 需求挖掘、分析与发布

组建需求挖掘小组，以行业技术专家为指导、以技术经纪人为主体。全面分析企业技术需求，进行重点筛选。通过线上广泛发布、线下集中发布的方式发布技术需求。

3. 解决方案征集与对接

各承办地区发布"挑战须知"，面向全社会征集挑战者，也可通过知识产权检索、成果库精准匹配等方式，积极寻找、动员和邀请社会各界的技术持有者参赛。

通过实地拜访高校院所、开展专题推介会和现场技术对接会等形式，广泛邀约省内外高校院所技术专家、研发团队与企业进行深入对接，揭榜解决企业技术需求和提供技术解决方案。

4. 现场赛

经充分对接，需求方仍难以自主选择最佳解决方案时，可以通过现场赛，邀请专家进一步对解决方案进行评估和评比。现场赛可分为竞争对接和现场比拼两个部分。需求方综合解决方案的技术性、匹配度和合作前景等方面，选择确定合作方，并签订意向合作协议。最后经评委会专家打分和需求企业评选确定最终奖项。

5. 奖励与支持

（1）现场挑战赛。组委会根据情况挑选若干项技术难题及对应的至少三项解决方案参与现场挑战，并组织专家委员会根据解决方案和挑战团队的现场答辩情况进行评标，每项技术难题为挑战者设立 1 个优胜奖和多个优秀奖，设置奖金奖励。

（2）现场竞争对接。参加现场竞争对接的技术难题由相关企业与各投标单位通过现场对接洽谈，对竞争获胜的解决方案，签订意向合作协议并在大赛结束一个月内签订实质合作协议者，设置奖金奖励。

6. 总结与服务

各承办地现场赛结束后及时梳理创新挑战赛（广东）实施情况，认真总结经验和创新成效，并报广东省科学技术厅汇总。

为持续延伸创新挑战赛精神，加快创新人才、重大科研成果落地转化，安排专门小组跟进赛后供需技术对接，并及时跟进和反馈赛事举办过程中的企业诉求，为产学研合作、科研项目落地争取优惠政策，且以助力企业发展的全景化视角为导向，持续挖掘企业创新需求和做好企业科技顾问常态化服务，帮助企业对接更多创新资源，完善科技创新体系。

（二）特色做法

中国创新挑战赛（广东），精准"招贤"揭榜攻克技术难关，促进产业转型升级，营造浓厚的创新氛围。

1. 统筹谋划、多地承办、大众参与

由科技部指导，科技部火炬中心和广东省科技厅主办；广州、东莞、中山、佛山、江门、惠州、韶关、阳江等承办，进行现场赛。每个现场赛可以发布不同地区的技术需求，如第八届中国创新挑战赛（广东·广州）现场赛，发布了广州、佛山、湛江等地140项技术需求。

2. 现场PK、公平公正

针对若干项技术难题，选择三项以上解决方案现场挑战，专家委员会现场进行评标，保证了竞争的公平性，鼓舞大众创新热情。

第二节　广东省"揭榜挂帅"实践

广东省①没有专门发布省级层面的"揭榜挂帅"管理办法，但是广东省是我国较早探索实施"揭榜挂帅"的省市。早在 2018 年，省科技厅就发布了《广东省科学技术厅关于 2018 年度揭榜制项目张榜的通知》，榜单分技术攻关类和成果转化类两类，技术攻关类主要由广东龙头、骨干企业提出技术难题或重大需求，由省内外高校、科研机构、科技型中小企业或其组织的联合体进行揭榜攻关。成果转化类主要针对省内外高校、科研机构、科技型中小企业等已经比较成熟的且又符合广东产业需求的重大科技成果，省内有技术需求和应用场景的企业进行揭榜转化。此后，广东省发展和改革委员会、广东省住房和城乡建设厅、广东省农业农村厅、广东省市场监督管理局、广东省卫生健康委员会均开展了"揭榜挂帅"的探索。区域层面，珠三角的广州市、深圳市、江门市等地，粤北的韶关市、梅州市，粤西的湛江市、阳江市，粤东的潮州市均发布了"揭榜挂帅"榜单。

一、第一个分类设榜的省

2018 年，省科技厅就发布了《广东省科学技术厅关于 2018 年度揭榜制项目张榜的通知》，29 个榜单，12 个技术攻关类，17 个成果转化类。广东是全国第一个将榜单分为技术攻关和成果转化两类的省市，此后湖北、河北等地均借鉴了该方式。但是广东这种"揭榜挂帅"模式只试点了 1 年，之后就停了。主要是因为存在一些问题需要继续探索。

---

① 广东省下辖 21 个地级市，划分为珠三角、粤东、粤西和粤北四个区域。

珠三角：广州、深圳、佛山、东莞、中山、珠海、江门、肇庆、惠州。

粤东：汕头、潮州、揭阳、汕尾。

粤西：湛江、茂名、阳江。

粤北：韶关、清远、云浮、梅州、河源。

（一）不能明确什么样的项目可以称为"榜"

在古代，榜一般是皇榜，首先，榜应该有一定的高度，不是什么项目都能上榜，如果每年发布几十个"揭榜挂帅"项目榜单，让人不得不对"榜"的高度存在质疑。其次，揭榜的主体应该是未知的，正是因为不知道谁能揭榜才张榜，否则没必要张榜。因此，榜应该是希望通过举国体制解决一些紧迫的重大问题、重大需求，揭榜主体应该是未知的。但是在大科学时代，能够解决重大科技问题的一般是具有较强研究实力的主体，而这类主体通常是有一定指向性的。

（二）"帅"的放权和监管

古代，"帅"具有绝对的权利，可以犯错，可以斩人，最后拿下任务最重要。就"揭榜挂帅"项目来看，"帅"肩负特殊的使命，但"帅"特殊权利较难落实。所谓的特殊权利，如"帅"请关联单位协助完成任务、"帅"经费使用不需审计，后续不需接受纪委检查。但是对"帅"下放的这些权利和现有的审计、纪检等工作相冲突，导致"帅"无法放权。

（三）难以征集到企业核心技术需求

由于企业需要规避商业风险，导致"揭榜挂帅"制度在实施过程中难以征集到企业的核心技术需求。

二、政府与大企业联合探索"揭榜挂帅"

因为龙头企业的技术需求基本可以代表本行业的共性难题。2020年开始，广东省科技厅与大企业联合探索"揭榜挂帅"模式。具有如下特色：

（一）由大企业提出技术需求

在榜单遴选过程中，大企业要解读自己提出的榜单，向专家介绍榜单交付物、交付物应用前景、项目时间节点等，突出需求导向和问题导向，每个阶段的交付物要特别清晰，考核指标要特别具体。

（二）下游企业全程参与"揭榜挂帅"项目管理

榜单的遴选专家组主要由围绕需求的下游重点企业和行业内专家组成。

下游企业在后续"帅"的遴选，项目过程管理、项目验收、项目成果应用等环节全程参与。

第三节 广州市"揭榜挂帅"实践

一、广州市"揭榜挂帅"实践情况

2024 年，广州市国资委发布了 28 个市属国有企业重点领域研发计划"揭榜挂帅"项目榜单，涉及人工智能、生物医药、装备制造、新材料等领域。广州市属国有企业将利用场景资源，加强与各类主体协同创新，推进关键核心技术攻关，构建"产业出题、科技答题、市场阅卷"的机制。[①]

广州市中小企业"揭榜挂帅"，2020 年以来从中小企业累计挖掘 751 项技术需求。通过广泛征集和精准对接相结合，收到来自 30 多家高校院所的解决方案 198 项，分别来自中山大学、华南理工大学、暨南大学、中国科学院、西电广研院、中国科学院空天院大湾区研究院、粤港澳大湾区精准医学研究院、哈工大无锡新材料院、季华实验室等高校院所的技术团队。成功为广州市天河区 37 家有技术需求的企业对接国内高校和科研院所并促成横向技术合作，合作金额超 4800 万元。

二、广州市中小企业"揭榜挂帅"

广州市中小企业"揭榜挂帅"由广州市工业和信息化局和广州市科学技术局主办、大湾区科技创新服务中心协办，面向广州市行政区域内注册、具有独立法人资格的中小企业征集技术需求，在"中国创新挑战赛（广州赛区）"体系下，动员高校、科研院所、新型研发机构等单位及技术团队参与

---

① 五年来广州国资研发投入超千亿 28 个重点领域研发计划"揭榜挂帅"项目发布［EB/OL］.（2024-07-26）［2024-07-31］http://www.gd.gov.cn/gdywdt/dsdt/content/post_4464412.html.

揭榜。形成了一些特色做法：

（一）面向中小企业长期征集榜单需求

以往"揭榜挂帅"项目需求征集对象多是领军企业、行业主管部门，专门针对中小企业征集需求的较少，广州市科技局、广州市工业和信息化局探索面向中小企业长期征集需求。同时，利用广州市运用数字化管控体系征集企业需求，可以实时更新企业需求情况。

（二）"以赛促评"推进"揭榜挂帅"

从中小企业征集需求后，在"中国创新挑战赛（广州赛区）"体系下，动员高校、科研院所、新型研发机构等单位及技术团队参与揭榜。主导"以赛促评"推进揭榜挂帅制度在成果转化中的运用，并建立了供需完整的成果转化平台。

第四节　深圳市"揭榜挂帅"实践

一、深圳市"揭榜挂帅"实践情况

深圳市人民政府、深圳市科技创新局、深圳市工业和信息化局、深圳市委组织部、深圳市中小企业服务局、深圳市市场监督管理局、深圳市国防科工办均探索了"揭榜挂帅"机制。

深圳市人民政府联合工业和信息化部、国防科工局、国务院国资委联合开展了特种机器人产业链"揭榜"专项工作；深圳科技创新局以"悬赏制"方式组织开展"新型冠状病毒感染的肺炎疫情应急防治"应急科研攻关；深圳市工业和信息化局在人工智能等战略性新兴产业领域通过"揭榜挂帅"方式组织开展科研攻关；深圳市委组织部开展"百名干部破百题"的专项行动，集聚深圳216名正处级以上干部"揭榜挂帅"、领衔攻坚，破解232项改革难题；深圳市中小企业服务局组织校企协同创新"揭榜挂帅"活动，聚焦深圳市"20+8"产业集群发展，推动科技成果向企业转移转化，重点解决创新型中小企业、专精特新企业、"小巨人"企业等中小企业"卡脖子"技术攻关难题；深圳市国防科工办聚焦能源工程、航天航空等领域按"里程碑"资助方式开展"揭榜挂帅"行动。

二、深圳市科技创新局"悬赏制"

科技领域的"悬赏制"是为解决某一特定领域的技术难题，而专门征集科技创新成果的一种竞争性科技计划。深圳市科技创新局在科技计划中设置科技悬赏项目，聚焦应急类和共性关键核心技术类技术难题，以揭榜比拼的方式，向全社会发榜征集技术、产品或解决方案，汇聚国内外科技资源解决科研难题，促进深圳科技创新和成果转化。

2020 年，深圳市科技创新局发布《关于以"悬赏制"方式组织开展"新型冠状病毒感染的肺炎疫情应急防治"应急科研攻关项目的工作方案》，设置了"赛马式"资助、"里程碑式"资助、"事后资助"和揭榜奖励制四种方式。后续各地发布的"揭榜挂帅"管理办法/工作指引中关于"赛马制""里程碑""事后补助"等管理规定均以这四种资助方式为蓝本。

在上述工作方案的基础上，2021 年，深圳市科技创新局发布《深圳市科技悬赏项目管理办法（征求意见稿）》，明确了采用"事前备案、事后奖补"支持方式项目的相关管理规定。将悬赏项目分为应急和共性关键核心技术两大类别。前者指为应对自然灾害、事故灾难、公共卫生、社会安全等公共安全突发事件而设置的科研项目；后者指为突破重点产业关键技术、核心零部件、基础材料和高端装备等技术瓶颈而设置的项目。

（一）管理流程

1. 征集需求

深圳市科技创新局面向世界科技前沿、面向经济主战场、面向国家重大需求、面向人民生命健康，结合深圳市实际需要，面向深圳市内重点产业链龙头骨干企业、高等院校、科研机构、行业协会、产业联盟、政府机构等单位或组织公开或定向征集悬赏需求，具体方式可由市科技行政主管部门根据实际需要选定。

需求提出方应当提供悬赏需求的应用场景，承诺给揭榜方提供必要的应用场景支持。

2. 遴选和发布标的

深圳市科技创新局对征集到的需求组织遴选。市科技行政主管部门组织专家或委托第三方专业机构对征集的需求进行专家论证，择优确定悬赏标的，发布公告和揭榜（申请）指南。

悬赏标的包括应用方向、技术指标、悬赏周期、悬赏成果产权归属、奖励条件、悬赏强度等内容。

3. 揭榜备案

在悬赏期间，有揭榜意向的揭榜方按照要求向市科技行政主管部门备案，选择揭榜意向标的，签署科研诚信承诺书等内容。

4. 技术研发

揭榜方在技术研发过程中，应当积极与需求提出方或需求应用场景的相关行业用户对接，对悬赏标的相关内容进一步细化、落实。揭榜方可要求需求提出方或相关行业用户出具对研究成果的用户评价。

技术研发期限原则上不超过 2 年。

揭榜方在规定的期限内进行研发，揭榜方提前完成研发的，可以向市科技行政主管部门申请提前论证。如有揭榜方中榜，视为该项目结束悬赏。

技术研发期内无揭榜方提请对应悬赏项目论证申请的，悬赏项目视为无人揭榜，可以滚动至下期进行。

5. 成果论证/应用验证/市场评价

深圳市科技创新局将对提交的揭榜材料进行形式审查。

通过形式审查的揭榜项目，市科技行政主管部门组织专家对成果进行论证，必要时进行实地考察，评估完成情况。

对不涉及军工、国防等敏感领域的悬赏项目，应当综合考虑专家评审意见、第三方机构检测证明、行业用户评价或应用验证报告等因素，由市科技行政主管部门择优确定中榜项目。

6. 成果公示

中榜项目名单及奖励金额由深圳市科技创新局向社会公示,公示期10日,公示期间的异议处理按照市科技计划项目管理的有关规定执行。

7. 使用授权

成果公示结束后,由深圳市科技创新局与中榜方签订悬赏成果,紧急情况下无偿使用许可合同。

（二）特色做法

1. 备案即可参与揭榜

传统科技项目攻关一般为科技主管部门发布课题征集需求通知,再由各需求单位填报需求,经科技主管部门组织专家评审,最后凝练成项目指南。在项目指南公布后,各科研单位据此申请项目。"悬赏制"效率更高,项目也更有针对性,各科研单位只要符合悬赏要求,无需事前立项,向深圳市科技创新局备案即可参与揭榜攻关。

2. 针对公共安全突发事件,政府可以无偿使用悬赏项目科技成果

探索了科技成果所有权和使用权分离,提出科技悬赏项目的科技成果所有权、处置权、使用权和收益权归研发方所有,但在自然灾害、事故灾难、公共卫生、社会安全等公共安全突发事件情况下,深圳市人民政府可以对悬赏项目的科技成果进行无偿使用。

3. 在项目评价上,"不唯"专家评审意见

对不涉及军工、国防等敏感领域的悬赏项目,应当综合考虑专家评审意见、第三方机构检测证明、行业用户评价或应用验证报告等因素,由深圳市科技创新局择优确定中榜项目。

4. 鼓励企业出资悬赏

科技悬赏由政府统筹发布悬赏标的,原则上政府为出资方。与此同时,深圳也鼓励企业出资悬赏,由企业落实悬赏资金,深圳市科技创新局对出资企业进行补助,补助金额不超过悬赏金额的50%。

第五节　本章小结

　　尽管粤港澳区域没有专门的"揭榜挂帅"框架设计，但是通过中国创新挑战赛（广东）这个"揭榜挂帅"模式，使港澳参与到了广东的创新发展中。广东是全国第一个将榜单分为技术攻关和成果转化两类的省，虽然持续时间不长，但是又开始了政府与大企业联合开展"揭榜挂帅"的探索，一直走在改革的前列。广州借助中国创新挑战赛（广东）这个平台，挖掘中小企业技术需求，为中小企业建立了完整的成果转化平台。深圳市采用"悬赏制"方式探索"揭榜挂帅"，不需要评审，备案即可参与揭榜，同时鼓励企业出资悬赏。

第八章 中西部区域
"揭榜挂帅"实践分析

第一节 区域整体情况

湖北省、湖南省和重庆市都较早推行"揭榜挂帅"方式组织科技项目或创新创业赛事。三个省市的规模以上工业企业研究与试验发展（R&D）经费投入占当地地区生产总值（GDP）的比例较为接近，都在1.4%~1.8%；地区R&D经费投入强度都在2.3%~2.5%，略低于全国平均2.54%的水平（见表8-1）。

表8-1 湖北省、湖南省、重庆市三地GDP和研究与
试验发展（R&D）经费情况（2022年）

省份	GDP（亿元）	规模以上工业企业R&D经费（亿元）	规模以上工业企业R&D经费占GDP的比例（%）	地区整体R&D经费投入（亿元）	地区R&D经费投入强度（%）
湖北省	53734.9	793.15	1.48	1254.7	2.33
湖南省	48670.4	858.87	1.76	1175.3	2.41
重庆市	29129.0	479.33	1.65	686.6	2.36

注：地区生产总值（GDP）和规模以上工业企业R&D经费数据来自《中国统计年鉴（2023）》；地区整体R&D经费投入和地区R&D经费投入强度数据来自《2022年全国科技经费投入统计公报》。

从产业发展来看，湖北省在"十四五"时期强调光电子信息、新能源与智能网联汽车、生命健康、高端装备及北斗五大优势产业；湖南省以先进制造业为主攻方向，包括工程机械、轨道交通、先进能源材料等领域；重庆市作为制造业重镇，着力建设"33618"现代制造业集群体系，其中第一个"3"指智能网联新能源汽车、新一代电子信息制造业、先进材料这3大万亿级产业集群，第二个"3"指智能装备及智能制造、食品及农产品加工、软件信息服务产业3大五千亿级支柱产业集群。各地区的优势产业、主导产业是它们探索实践"揭榜挂帅"制的首要领域，例如湖北省科学技术厅的"揭榜制"项目聚焦十大重点产业领域；湖南省农业农村厅实施智能农机装备创新研发项目；重庆市经济与信息委员会面向智能制造开展"揭榜挂帅"；等等。

基于调研和公开信息分析，湖北省、湖南省、重庆市研发投入强度上处于全国中上水平，分别位列第8、第10、第11名。积极落实推进"揭榜挂帅"制在科技项目、科技活动中实践时，从省（直辖市）财政经费投入来看一般年度为1亿元左右，其中湖南省综合科技主管部门、工信主管部门、农业农村主管部门等以"揭榜挂帅"方式组织的项目来自财政的经费超过1亿元；重庆市在2024年财政经费投入超过1亿元。

第二节　湖北省"揭榜挂帅"实践

一、湖北省"揭榜挂帅"整体情况

（一）湖北省实施"揭榜挂帅"的政策背景

2019年，湖北省政府发布了《关于加强科技创新引领高质量发展若干意见》（28号文），提到解决制约湖北产业发展"卡脖子"技术难题是一项重要任务，主要是从技术攻关和成果转化两端出发。2019年7月，湖北省科技厅发布《湖北省科技项目揭榜制工作实施方案》，目的即利用湖北省内外科技资源攻克制约湖北产业发展的"卡脖子"技术难题，并推进科技成果转化。这两个文件拉开了湖北省"揭榜挂帅"的序幕。

自此之后，从政策文件来看，湖北省在多项文件中提到要推进揭榜制。《湖北省技术转移体系建设实施方案》提出，鼓励高校院所开展"定向委托、定制研发、揭榜解题"的订单式科技创新和成果转化，为企业"量身定制"研发项目；《促进湖北高新技术产业开发区高质量发展若干措施》提出，面向全省重点领域关键核心技术和产业发展急需的科技成果，实施科技项目揭榜制。

随之，规范"揭榜挂帅"项目组织实施相关的政策文件出台。2021 年 3 月，《湖北省揭榜制科技项目和资金管理暂行办法》出台，对采用"揭榜制"组织的科技项目的管理流程和经费做出具体要求。2021 年 6 月，《湖北省科技计划项目管理办法》出台，在项目组织方式中纳入"揭榜挂帅""赛马"择优，并写明"揭榜挂帅适用于攻克来自企业现实需求或制约产业发展的重大技术难题，以及解决高校院所重大科技成果的转化和产业化问题而设置的项目"。自此，"揭榜制"科技项目的管理进入有据可依的阶段，开始大幅度推广。

（二）湖北省省级层面"揭榜制"项目实施概况

基于调研可知，在 2019～2021 年的三年内，湖北省科技厅主导的"揭榜挂帅"项目，总共征集需求 1424 项，发榜 312 项，揭榜成功的 154 项，对 57 个项目给予了 6000 万元的财政资金的支持（一般每个项目支持 100 万元左右）。

根据公开信息查询可知，2023 年度，湖北省科技厅立项公示了 47 个项目。其中，技术攻关类项目 46 项，成果转化类项目 1 项。技术攻关类项目需求单位全部为企业，揭榜单位为高等院校的 37 项（占比 80.4%），科研院所的 7 项（占比 15.2%），医院的 2 项（占比 4.3%）。仅 1 项的成果转化类项目，成果拥有单位为湖北汽车学院，揭榜转化单位为圣基恒信（十堰）工业装备技术有限公司。

除科技研发外，湖北省在科技特派员方面也推行了揭榜制。《湖北省万名科技特派员助力乡村振兴行动方案》《湖北省科技特派员管理办法》在科技特派员的选派方式上提出，实行重点领域科技特派员揭榜制。

除湖北省科技厅外，湖北省经济和信息化厅（以下简称湖北经信厅）也设立、组织"揭榜挂帅"项目。主要是作为地方主管部门组织落实工信部"揭榜挂帅"任务的需求征集和申报推荐工作，既包括重点领域如人工智能产业创新任务"揭榜挂帅"，也包括中小企业"揭榜"工作。但在此之外，湖北经信厅并未组织实施自有的"揭榜挂帅"项目。

（三）湖北省各市"揭榜挂帅"项目实施概况

在湖北省级部门的带动下，包括鄂州、咸宁、黄石、荆门等在内的省内各市也积极实践。

最普遍的做法是面向当地的关键核心技术攻关，以"揭榜制"组织科技项目。例如，鄂州市科技系统主导的"揭榜制"项目2021~2023年共成功立项10项，获得省、市财政资金支持600万元；2024年2月发布了市级科技攻关及重大技术需求榜单，计划资助9个项目，榜额达2983万元。咸宁市同样自2021年开始推行，2021~2023年实施"揭榜制"科技项目9项，支持金额600万元；2024年继续实施，要求征集的榜单应是全市优势特色产业紧缺急需、应用场景明确的"卡脖子"关键技术需求，同时要求榜单提出方应出资支持揭榜方的研发活动，即投入不低于项目研发投入的20%。黄石市自2023年启动"揭榜挂帅"，由企业发榜，面向全国接受揭榜，并鼓励企业和高校科研院所联合开展技术攻关，强调企业资金投入，例如立项的振华化学提出的"亚铬酸钠基正极材料制备技术研发与应用"项目，发榜企业计划投入1000万元，财政资金支持100万元。

另有一些地市，把"揭榜挂帅"以竞赛的方式开展，如荆门市在2022年组织了重大科技攻关揭榜挂帅大赛（揭榜赛）。大赛上，组织了化工、生物医药组，综合组，新能源新材料组三个组别的16项重大科技攻关项目需求，并向全国公开邀请揭榜单位，最终邀请湖北省内34个团队、省外3个团队参与大赛竞争。在大赛中16项需求都选出了意向揭榜方，但项目之间再进行竞争，最终 11 个项目成功获得立项。荆门市给每个项目提供 100 万元经费资助。

此外，有些地市进一步引入"赛马制"。例如，鄂州市科技局 2023 年在科技项目中启用"赛马制"，同年资助了 4 个项目。2024 年，又一次发布"赛马制"重点科技项目申报指南，围绕鄂州市光电子信息和新材料、生命健康、高端装备制造等优势支柱产业方向，发布了 8 个支持方向。鄂州市科技局对立项的"赛马制"科技项目牵头企业前期提供 50 万元财政资金支持；中期评价后，绩效评价排名前 50% 的企业还能再获得 50 万元。

二、湖北省"揭榜挂帅"的组织管理特点

（一）"揭榜制"项目分为技术攻关类和成果转化类

湖北省为了解决科研和经济"两张皮"问题，实施"揭榜制"聚焦湖北省十大重点产业领域"卡脖子"技术攻关和科技成果转化，对于湖北省科研项目管理改革起到风向标作用，同时致力于促进高校、科研院所与企业形成良好的合作，解决技术来源与技术需求的问题。

湖北省科技厅在《湖北省科技项目揭榜制工作实施方案》中明确"揭榜制"项目分为技术攻关类和成果转化类两类。技术攻关类，主要由省内企业提出技术需求，经审核发榜后，由省内外符合条件且有研究开发能力的单位进行揭榜攻关。成果转化类，主要由省内外拥有科技成果的单位提出转化需求，由省内企业进行揭榜转化。对两类项目的发榜方和揭榜方都有能力、信用及配套等条件要求。

（二）组织流程及管理特点

《湖北省揭榜制科技项目和资金管理暂行办法》对"揭榜制"项目的需求征集、揭榜对接、项目申报等都做了规定。通过调研和公开信息分析，从实施操作层面来看，湖北省在榜单形成、揭榜、项目管理方式、经费投入及管理等方面具有自己的特点。

1. 榜单的形成与发布机制

省科技厅通过省公益性平台常年受理项目需求，并统一入库管理。每年

3~4 月组织专家对入库的项目需求进行论证，重点筛选出影响力大、带动作用强、应用面广的关键核心技术研发需求，以及推广难度大、具有广泛应用前景的科技成果转化需求。最终由省科技厅通过门户网站和报刊媒体向社会发榜公告。其中的环节包括形式审查、同行评议、现场考察和发榜公告等，以确定是否为企业真正的需求。

2. 揭榜机制

技术攻关类项目，揭榜方为省内外符合条件且有研发能力的单位；成果转化类项目，主要由省内企业进行揭榜。在湖北省的管理流程中，揭榜方应直接与需求方对接，需求方自行评选揭榜方，科技厅不参与该遴选过程。发榜方、揭榜方达成共识，签订技术合同，并共同制定发榜项目可行性方案。

3. 项目管理方式

需求方与揭榜方签订技术合同并完成首期拨款之后，需求方向省科技厅申报揭榜制科技项目。项目经审查、评审等程序后，省科技厅择优立项给予适当财政资金支持，并纳入省科技计划统一管理。原则上，项目不超过 3 年，实施期间不进行中期检查，结题时委托第三方专业机构组织专家进行项目验收，对项目技术成果有明确的考核。

4. 经费投入机制

湖北省采用财政经费与外部经费联合投入的机制。财政经费占比不超过 20%，一般情况下项目总投入应在 500 万元以上。之前要求在双方首批资金到位后，依据合作双方签订的合同以及项目自筹资金入账凭证等相关证明，再拨付财政资金；2024 年的申报要求中要提交首期拨款凭证，因此省科技厅立项后则可以直接拨付财政经费。

5. 财政经费管理机制

在财政经费部分，湖北省科技厅组织专家对项目可行性方案进行论证并提出财政资金支持意见，支持双方首次实质性合作的项目。财政经费的支持主要拨付给技术攻关类的发榜或成果转化类揭榜成功的省内单位。在财政经费使用管理上，大的预算科目类别内可以自行调整，如预算的设备费可以用于租赁设备；测试类和知识产权费用调整，单位内部履行手续即可；涉及人员的会议费、差旅费、劳务费，整个板块之内也可以相互调剂使用。对于较大的调整，如科研活动经费改做人员费用，课题负责人应向主管部门提交申请报告，审批后才可调整。

第三节　湖南省"揭榜挂帅"实践

一、湖南省"揭榜挂帅"整体情况

（一）湖南省从创新挑战赛启动"揭榜挂帅"探索实践

从公开信息可查的湖南省采用"揭榜"形式开展的科技活动是 2019 年湖南省创新挑战赛。湖南省科学技术厅（以下简称湖南省科技厅）公开征集、形式审查，形成了技术需求清单。当时发布的技术需求清单包括来自全省的 44 个项目。以"高效环保阻燃剂的研究和应用"项目为例，在技术需求中明确了考核指标、对挑战方（也可称为揭榜方）的要求、项目实施年限和预估投入的经费数额。

经由湖南省科技厅对外公布，以创新挑战赛的形式进行集中评审筛选。对于揭榜方来说，参加挑战赛是进行揭榜比拼，并由技术需求方与湖南省科技厅联合组成的评审委员会进行评审，但最终的胜出单位由技术需求方决定。虽然当时湖南省未出台"揭榜挂帅"相关的制度文件，但在此创新挑战赛中的试验，从形式上和操作方法上来看都是一次典型的"揭榜挂帅"实践。

以 2019 年湖南省创新挑战赛发布技术需求榜单为例，如图 8-1 所示。

需求单位：湖南美莱珀科技发展有限公司

需求描述：

本项目技术条件内容如下：

以 9,10-二氢-9-氧杂-10-磷杂菲-10-氧化物（DOPO）为主要工艺原料，采用包括但不限于新型衍生物分子设计、表面改性、微胶囊化、超细化、复配技术等物理、化学或物理化学综合手段制备高效环保阻燃剂，并以此阻燃剂为基础开发聚酯聚酰胺用高效环保阻燃母粒与配套工艺方案。

考核指标：

（1）阻燃剂热分解温度（热失重 5%，空气气氛）下≥300℃；

（2）阻燃剂白度≥90；

（3）阻燃纤维垂直燃烧等级：注塑级 UL94-V0（1.6mm），纤维级 UL94-V2；

（4）极限氧指数：注塑级≥30%，纤维级≥28%；

（5）注塑级需额外达到灼热丝起燃指数≥750℃，灼热丝耐受温度≥960℃，漏电起痕指数≥500V。

以上技术指标的测试方法均按最新推荐国标测试，其中热分解温度采用热重分析仪测试，压缩空气气氛、升温速率 10℃/min。

项目技术成熟度参考 GB/T37264-2018《新材料技术成熟度等级划分及定义》，通常不低于 6 级，即试制品通过使用环境验证。产品成本不做具体硬性要求，以鼓励更多挑战方踊跃报名参加，但一般不高于聚酯聚酰胺阻燃剂市场可接受价格的 150%。

合同拟定后，时间线进度如下：

（1）合同拟定 2 周内提交具体项目研究方案、分期进度表及分阶段预算表；

（2）合同拟定 6 个月内完成阻燃剂实验室工作并提交相关实验报告；

（3）合同拟定 9 个月内阻燃剂产品达到技术成熟度 6 级；

（4）合同拟定 12 个月内完成高效阻燃母粒工艺开发。

项目实施阶段应有相应知识产权和科研论文产出，具体要求为：

（1）申请发明专利 1 项及以上；

（2）在 SCI 期刊或 CSCD 源刊核心库期刊发表论文 2 篇及以上；

（3）制定工艺标准 1 套及以上。

对挑战方要求：

挑战方除满足通知中共性要求，还应满足以下个性化要求：

（1）国内知名高校及科研院所阻燃研究团队优先考虑；

（2）以个人身份申请的需提供明确的技术可行性证明或具有资质的省级以上第三方技术检验报告；

（3）项目实施过程中，如遇到项目需求方需利用挑战方提供的技术申请相关政府项目与资助的，技术挑战方应当予以配合并提供相应技术支持。

实施年限：1 年

投入预估：50 万~200 万元

图 8-1　高效环保阻燃剂的研究和应用

（二）湖南省省级层面"揭榜挂帅"项目实施概况

湖南省多个省级部门采用"揭榜挂帅"制组织项目，从公开信息可查证的，包括湖南省科技厅、湖南省工业和信息化厅（湖南省国防科技工业局）（以下简称湖南省工信厅）、湖南省农业农村厅、湖南省粮食和物资储备局等。

湖南省科技厅自 2021 年起推行"揭榜挂帅"项目，在 2021 年 3 月发布《关于征集 2021 年度省科技创新计划"揭榜挂帅"项目需求的通知》，在此通知中明确"揭榜挂帅"项目包含基础研究、技术攻关和成果转化三类项目，但征集需求仅面向技术攻关和成果转化两类。2021 年 4 月，湖南省科技厅联合湖南省财政厅公开《关于发布 2021 年度湖南省自然科学基金重大项目揭榜选题的通知》，面向基础研究和应用基础研究，但未看到选题征集环节的信息。科技创新计划"揭榜挂帅"项目需求征集之后，在 2021 年 11 月发布了湖南省技术攻关"揭榜挂帅"项目榜单，未发布成果转化类项目榜单。2023 年和 2024 年，连续以湖南省重大科技攻关"揭榜挂帅"制项目为名，而且不再发布基础研究类的榜单，仅有技术攻关类一种。

截至 2024 年 8 月，湖南省科技厅共立项"揭榜挂帅"项目 32 项，其中 2021 年 20 项，2023 年 12 项（见表 8-2）。由于 2021 年的项目大部分接近年底才立项，故而 2022 年未发布新的榜单；截至 2024 年 8 月底，"揭榜挂帅"项目榜单通知还未完全公布，项目立项还未完成，因此 2024 年的数据不具有参考意义。

表 8-2 湖南省科技厅"揭榜挂帅"项目情况

年份	项目类型	发榜（需求）数量及领域	揭榜立项数量（项）	外省机构牵头数量（项）	参与揭榜外省机构数量（家）
2021	基础研究和应用基础研究	8 个，重大民生类和前沿技术类各 4 个	10	0	0

年份	项目类型	发榜（需求）数量及领域	揭榜立项数量（项）	外省机构牵头数量（项）	参与揭榜外省机构数量（家）
2021	技术攻关和成果转化	10 个，涉及新材料、先进制造、电子信息、现代农业、生物医药、资源与环境等六大领域	10	2	4
2023	重大科技攻关	12 个，涉及量子科技、工程机械、电子信息、新材料、林产加工、食品加工、生物育种、生命健康、资源环境等领域	12	0	4
2024	重大科技攻关	分领域单独发布榜单，截至 2024 年 8 月，发布有生态环境领域榜单 1 个	还未完成立	—	—

除湖南省科技厅外，湖南省工信厅、湖南省农业农村厅、湖南省粮储局也设立了自己支持的"揭榜挂帅"项目。

湖南省工信厅同其他地区的工信部门一样，做负责组织工信部的"揭榜挂帅"项目的需求征集和项目申报，在此不再赘述。湖南省工信厅还根据湖南省产业发展需求，设立了由其主导的"揭榜挂帅"项目。2020 年，《湖南省自然灾害防治技术装备重点任务工程化攻关"揭榜挂帅"工作方案》由湖南省工信厅、湖南省应急管理厅、湖南省财政厅印发，开启了湖南省工信厅主导的"揭榜挂帅"项目实践的序幕，同年发布 13 项揭榜任务，并在之后延续实施。2022 年 12 月，《湖南省制造业关键产品"揭榜挂帅"项目实施细则（试行）》出台，面向湖南省制造业关键产品攻关采用"揭榜挂帅"的项目组织方式，并在 2023 年和 2024 年连续组织相关项目。

湖南省农业农村厅对智能农机装备创新研发项目采用"揭榜挂帅"，但其榜单的形成主要由农业农村厅提出，发布榜单之后，向国内各高校、科研院所和湖南省内农机生产企业公开接受申报。之后农业农村厅组织专家评审，择优立项。2023年，湖南省农业农村厅发布榜单28项，最终立项27项，共资助经费1.76亿元，单个项目资助额度从200万~1000万元不等，承担单位全部为湖南省行政区内机构，包括高校、科研院所、企业。此外，湖南省农业农村厅还在鼓励农业科技人员领办示范区项目上采用"揭榜挂帅"制，即农业农村厅公布示范片榜单，湖南省内相关农业科研院所、大专院校专家进行揭榜，农业农村厅组织专家评审之后确定中榜名单，揭榜成功的专家需要下沉示范片驻点技术指导服务不少于90天，中榜者可获得一定的补助资金。在此项目中，对于揭榜者有门槛要求（副高职称以上或博士以上学位）。

此外，湖南省粮储局于2024年5月发布了《湖南省粮油科技"揭榜挂帅"项目管理办法》，表明也要采用"揭榜挂帅"模式组织粮油科技领域的项目。从其管理办法中可以看到，湖南省粮储局的"揭榜挂帅"项目聚焦于湖南省粮食行业的共性需求和企事业单位的个性需求，共性需求以湖南省粮食和物资储备局作为出题人（发榜方），个性需求以具体企事业单位为出题人（发榜方）。在项目组织中，揭榜方与发榜方自行对接，磋商形成合作共识之后签订技术合同，然后再向省级部门进行申报。在此与其他部门项目不同的是，共性需求类项目实施主体为揭榜方，个性需求类项目实施主体为需求方（发榜方）。但是至本书成稿时，湖南省粮储局还未发布过榜单，暂时无从分析具体实践情况。

以2023年湖南省智能农机装备创新研发项目任务榜单为例，如图8-2所示。

（三）湖南省各市"揭榜挂帅"项目实施概况

湖南省在省级部门的积极推进下，市州级的科技部门、工信部门也在组织实践"揭榜挂帅"模式，并出台相关管理办法，如《长沙市"揭榜挂帅"重大科技项目管理办法》《湘潭市科技创新"揭榜挂帅"项目管理办法》《怀化市重点项目攻关"揭榜挂帅"实施方案（试行）》等。总体上，各市州主要是延续省级部门的做法，在此不再赘述。

项目资金：400 万元。

目标机型：西班牙贝洛塔 BELLOTA 铧式犁、深松铲、圆盘开沟器和日本 Kubota 公司 KAGS330 旋耕机等高性能触土部件。

项目内容：我国南方地区耕地以红壤为主，土壤黏性较大，作业过程中农机具阻力大、能耗高、黏附和磨损严重、作业效果与农艺要求不匹配。本项目以铧式犁、开沟器、深松铲、耙齿等农机触土部件的减阻降耗、减黏脱附和耐磨延寿为目标，研究农机与农艺、触土部件与土壤的互作关系；突破农机触土部件的减阻减黏设计与加工方法；揭示热喷涂、堆焊和激光熔覆等典型表面工程技术对触土部件性能的影响规律，研制出减阻减黏、耐磨延寿的典型农业机械触土部件；实现研究成果在液压翻转犁、高速播种机、深松机、整地机等典型农机上的应用示范。

考核指标：触土部件材料抗拉强度≥1600MPa，表面硬度≥50HRC，0.45≤应变硬化指数≤0.50；实现同等应用场景区域较现有国产农业机械触土部件使用寿命提升 40%，与对标的进口机械使用寿命持平或超过、犁尖、深松铲尖单件使用寿命≥350 亩，圆盘开沟器、旋耕刀片单件使用寿命≥2000亩；完成科技成果评价 2 项；申报发明专利 5 项。构建应用场景不少于 3 个，每个 1000 亩以上；机具（含样机）经专业化工业设计，推广应用液压翻转犁、高速播种机、深松机、整地机各不少于 100 台（套）。

图 8-2　农机耐磨减阻触土部件研制应用

湘潭市在"揭榜挂帅"项目的组织过程中加入了路演活动，让具有科技攻关需求的企业和持有转化成果的机构、团队进行路演发榜，揭榜方现场"揭榜"。为了提高对接成功率，湘潭市科技局还组织专场对接活动，如 2021年中南大学"揭榜挂帅"项目技术供需及金融服务对接专场活动。在专项对接活动中不仅推进校企对接，还把金融服务机构引入，2021 年的这场活动实现 4 家金融机构与 8 家企业代表授信签约，合计签约金额 2.93 亿元。[①]

二、湖南省"揭榜挂帅"的组织管理特点

（一）湖南省科技厅"揭榜挂帅"项目的管理特点

一般而言，湖南省科技厅推行的"揭榜挂帅"制项目，主要经过凝练设计榜单、专家咨询论证榜单、发布榜单、项目单位（团队）揭榜、项目综合

---

① 湖南省科学技术厅. 湘潭市—中南大学"揭榜挂帅"项目技术供需及金融服务对接专场活动举行 [EB/OL]. （2021-08-13）[2024-09-01]. https：//kjt. hunan. gov. cn/kjt/xxgk/gzdt/szdt/xt/202108/t20210813_ 20323386. html.

论证评审和湖南省科技厅党组会议研究审议等程序进行立项。

1. 榜单形成凝练机制

湖南省科技厅对于攻关类"揭榜挂帅"项目都采用公开征集的方式，在征集通知中明确征集重点内容和原则等。例如，在 2024 年的征集通知中，重点内容包括三类：重点突破制约湖南省重点产业高质量发展的"卡脖子"重大技术难题、重大共性关键技术等；解决本省重点产业重大基础研究关键科学问题；重点突破人民群众关心的生命健康、安全应急、资源环境等民生领域重大公益性技术。需求提出单位需填写技术需求征集表，不仅要写明项目投资额度、榜单金额，还需要详细撰写技术需求的背景与意义、研究现状、榜单考核指标、预期成果及经济社会生态效益等信息。同时，湖南省重大科技攻关"揭榜挂帅"制项目技术需求与重点研发计划项目技术需求为两类，不得重复。

2. 对揭榜单位的要求

湖南省科技厅主导的"揭榜挂帅"项目，揭榜的管理操作都与省内的科技计划项目相似。对于揭榜方具有一定的要求，虽然不设明确的门槛，但要求有较强的科研力量和深厚的学术积累，能够为开展项目研究工作提供良好条件。2021 年的省自然科学基金"揭榜挂帅"项目虽然未要求揭榜方一定为湖南省内单位，但要求需确定一家湖南省内的法人单位为项目依托单位，可联合揭榜；攻关类的"揭榜挂帅"项目向全国各类创新主体开放，不设限制，因此 2021 年立项的 12 项项目中，2 项的牵头揭榜单位为湖南省外机构，一个是北京钢研高纳科技股份有限公司，另一个是中国电子科技集团公司第三十八研究所（位于安徽省合肥市）；参与单位中湖南省外机构有钢铁研究总院、清华大学、北京科技大学、南方科技大学 4 家。2023 年及 2024 年的攻关类的"揭榜挂帅"项目仍允许联合揭榜，但要求省外牵头揭榜单位需确定 1 家湖南省科技型企业作为项目依托单位，2023 年立项的项目中未有湖南省外的机构作为牵头单位，参与单位中有中国人民解放军国防科技大学、中核核电运行管理有限公司、江苏大学、峨眉山嘉美高纯材料有限公司 4 家湖南省外机构。同时，提出鼓励青年科学家、女性科学家揭榜。

3. 揭榜机制

2021 年的湖南省自然科学基金"揭榜挂帅"项目的申报揭榜不同于一般的自然科学基金项目，不需要归口管理或属地管理单位推荐，项目依托单位承担法人主体责任，提交公正性承诺书。湖南省科技厅主导的其他"揭榜挂帅"项目，由揭榜方自行线上申报。评审由湖南省科技厅组织专家开展，论证评审之后，择优向发榜方推荐。在此，存在最终揭榜不成功的风险，因为发榜方与被推荐的揭榜单位需接洽磋商项目实施方案、经费拨付、成果权属及收益分配等细节问题，只有双方达成一致才能正式揭榜成功，否则榜单废止。

4. 项目管理机制

2021 年的湖南省自然科学基金"揭榜挂帅"项目设立行政负责人和首席技术负责人（首席专家），采用了行政、技术双线管理的模式。项目行政负责人应为项目依托单位的法人或法人委托的代表担任，落实依托单位法人责任；项目首席专家负责制定并牵头落实项目实施方案、组织开展项目研究。2021 年湖南省科技厅主导立项的其他"揭榜挂帅"项目按照省级科技创新计划有关要求进行管理，并未有特殊规定。但 2023 年起，明确提出要开展中期评估。

5. 经费资助机制

首先，湖南省科技厅都采用分期拨付的机制。2021 年的省自然科学基金"揭榜挂帅"项目周期一般为 3 年，必要时可延长至 5 年。资助额度每项一般不超过 1000 万元，根据项目实施情况分年度拨付，当年拨付 40%，中期评估通过后第二年拨付 30%，第三年再拨付 30%。项目实施成效好且需持续研究的可以滚动支持资助；效果不好的，终止实施并按规定追回相关财政资金。2021 年立项的攻关类"揭榜挂帅"项目，单个项目资金补助最高不超过 1000 万元，突出省级财政资金引导，强化社会资本投入和企业自筹。从资助金额来看，财政资金不低于发榜方与揭榜方签订的揭榜协议（技术合同）总金额的 40%。其次，对于科技攻关"揭榜挂帅"项目的资助，近四年内资助方式在不断调整。2023 年之后，修改为实行非定额资助方式，并对不同类型牵头单位的自筹经费与财政经费的比例做出了具体规定：牵头单位为企业的，自筹经费与财政经费的比例不低于 2∶1；牵头单位为高校、科研院所和新型研发机构的，这一比例不低于 1∶1。此外，与其他省市不同的是，湖南省级财政资金补贴对象是发榜方，资助方式包括前资助和后补助。同时，为了支持湖南省企业创新能力提升，要求牵头单位为非企业的，合作单位须包括湖南省科技型企业，项目成果须在湖南省竟内企业转化应用。

（二）湖南省工信厅"揭榜挂帅"项目的管理特点

湖南省工信厅的"揭榜挂帅"项目主要依据两个文件：一是《湖南省制造业关键产品"揭榜挂帅"项目实施细则（试行）》，二是《湖南省自然灾害防治技术装备重点任务工程化攻关"揭榜挂帅"工作方案》。可见，湖南省工信厅自主组织实施的"揭榜挂帅"项目集中于两个领域的需求：湖南省产业重点领域创新发展的关键产品和重大共性技术攻关需求；湖南省内有关自然灾害防治技术装备需求部门提出的急需装备。从组织管理来看，虽然在流程细节上存在差异，但两类项目的组织方式整体相似。

1. 征集榜单需求与榜单形成

先进制造业关键产品领域，湖南省工信厅面向全省征集需求，征集表中需明确省内潜在攻关单位情况、攻关产品主要性能指标（从国际先进水平、国内现有水平、攻关预期目标三个维度，用可量化的指标参数进行对比分析，原则上主要技术指标应不少于 3 项）、预计标志性成果、预计攻关投入、预计攻关周期、产品潜在客户等信息。自然灾害防治技术装备领域，湖南省工信厅向全省征集需求，填写的征集表中包含需求装备名称、主要性能和技术指标、应用场景、必要性、预计研发花费的信息，尤其是要提出省内具备研发生产能力的企业、预计使用需求量。由比可见，在需求表中会体现该工程化攻关需求的需求方和潜在的供应方。两个领域征集上来的需求，都会经湖南省工信厅筛选，并且发榜单位以湖南省工信厅为主，提出需求的单位在榜单形成之后不再参与项目评审等后续流程。

2. 揭榜与遴选

湖南省工信厅的"揭榜挂帅"项目在申报揭榜阶段都采用自下而上推荐的方式，即市州或县市相关部门向上推荐。而且，两类项目都只接受湖南省内单位申报，既可以是独立法人单位，也可以是创新联合体的牵头单位代表创新联合体申报。对于揭榜单位的遴选由湖南省工信厅组织专家进行评审，包括现场评估。先进制造业关键产品领域的项目，对于存在不同技术方向的，可以选择两家揭榜单位从不同技术路线开展攻关，即在"揭榜挂帅"方式中嵌入了"赛马"制；自然灾害防治技术装备领域，可以遴选出不超过 3 家单位开展同一任务的研发，但未说明采用"赛马"制进行相互竞争。确定入选的单位，与科技厅签订任务书。先进制造业关键产品领域的项目，科技厅还需要组织专家对任务书主要内容进行评审，然后再签署。

3. 项目过程管理

从湖南省工信厅相关文件来看，对于"揭榜挂帅"项目的管理方式倾向于传统的科技计划项目管理，要求揭榜单位按季度报送进展情况，并根据需要组织专家开展阶段性评估。

4. 项目验收

湖南省工信厅对"揭榜挂帅"项目的验收，首先由项目承担单位提出验收申请，经市州、财政省直管县（市）工信、财政部门初审后，再向省工信厅、省财政厅申请验收。接着，湖南省工信厅会同湖南省财政厅组织专家进行验收评估，也可委托下级相关部门组织专家验收。验收以《任务书》为依据，形式一般为会议验收，并进行现场考察，验收专家对项目按百分制进行打分，两类项目各有最低通过分值要求。

5. 揭榜单位以投入资金为主，财政资金作为奖励资金分两次拨付

验收结论为验收通过的，按有关规定拨付后补助资金。在项目立项之后，财政资金预付拟支持金额的一部分给揭榜单位，以保障项目顺利启动。对于采用"赛马制"进行的项目，资金支持额度有更为详细的计算方式（见表8-3）。

表 8-3　湖南省工信厅"揭榜挂帅"项目财政资金投入标准

领域	项目组织方式	单个项目财政资金支持总规模	财政资金预付	财政资金后奖励
制造业关键产品	"揭榜挂帅"方式	奖励资金总额不超过项目攻关费用的10%，最高不超过2000万元 A档，实际攻关费用的10%，且不超过2000万元 B档，实际攻关费用的9%，且不超过1500万元 C档，实际攻关费用的8%，且不超过1000万元 D档，实际攻关费用的7%，且不超过800万元	按项目预计攻关费用的5%拨付首次奖励资金，最高不超过500万元	验收完成后，再根据实际攻关费用，拨付剩余奖励部分，多退少补
	"赛马制"方式	第一家提交验收申请的，同上 第二家提交验收申请的，在上述基础上乘以70%，且保证第二家获得的奖励总额不超过第一家的70%	同上	同上
自然灾害防治技术装备	"揭榜挂帅"方式	规定时间内按要求率先完成的，按实际工程化攻关投入经费的30%予以支持，最高支持金额不超过500万元 后续完成的单位，按实际工程化攻关投入经费的20%予以支持，最高支持金额不超过300万元	预付拟支持金额的50%	验收通过后，支付剩余资金

　　注：ABCD 档为验收评定的档次，A 档指一次性验收通过，验收专家组综合得分≥95分；B 档指一次性验收通过，90 分≤验收专家组综合得分<95 分；C 档指一次性验收通过，80 分≤验收专家组综合得分<90 分；D 档指一次验收未通过、再次验收通过。

第四节　重庆市"揭榜挂帅"实践

一、重庆市"揭榜挂帅"整体情况

（一）重庆市科学技术局"揭榜挂帅"实践

重庆市科学技术局（以下简称重庆科技局）于 2021 年上半年启动第一批

"揭榜挂帅"项目，属于重庆市技术创新与应用发展专项重点项目。在前后相隔不到一个月的时间内，重庆科技局发布了两批榜单共 7 个项目，最终 5 个项目成功揭榜，其中"电解锰渣规模化综合利用技术研究"项目试行"赛马制"，重庆交通大学和重庆大学的两个团队同时承担此项目，故而 6 个项目立项。按申报通知中的最高经费额度来计算，财政资金投入不超过 4200 万元。而且，3个项目由重庆市之外的机构"揭榜"成功，财政资金投入约 2800 万元。

之后，在 2023 年末，重庆科技局开启又一轮的"揭榜挂帅"项目申报，扩大了项目榜单，分为企业榜单和政府榜单，共 28 项需求，发榜金额 2.21亿元，涉及智能网联新能源汽车、先进材料、智能装备、生物医药、软件信息服务、绿色低碳、功率半导体七个细分领域。28 项需求中，属于企业榜单和政府榜单的各 14 项，发榜金额分别为 1.06 亿元和 1.15 亿元。截至 2024年 8 月底，重庆科技局公示了政府榜单成功揭榜立项的项目，共计 13 项；未查得企业榜单立项信息（见表 8-4）。

表 8-4　重庆科技局 2024 年科技攻关"揭榜挂帅"项目榜单统计

领域	榜单类型	申报方式	榜单项目数量（项）	发榜金额（万元）
智能网联新能源汽车	企业榜单	自由申报	5	≤3800
先进材料	企业榜单	自由申报	2	≤2000
	政府榜单	联合本地单位申报	4	≤2000
智能装备	企业榜单	自由申报	1	≤800
	政府榜单	联合本地单位申报	1	≤1000
生物医药	企业榜单	自由申报	2	≤1500
	政府榜单	联合本地单位申报	6	≤6000
软件信息服务	企业榜单	自由申报	3	≤2000
绿色低碳	企业榜单	自由申报	1	≤500
	政府榜单	联合本地单位申报	1	≤500
功率半导体	政府榜单	联合本地单位申报	2	≤2000
合计	—	—	28	22100

以重庆市科学技术局关于 2021 年第二批"揭榜挂帅"项目——电解锰渣规模化综合利用技术研究为例。

1. 榜单内容

（1）需求目标。锰是重要的战略资源。电解金属锰生产中会产生大量电解锰渣。如何经济高效综合利用电解锰渣，已成为当下电解锰行业亟待解决的重要问题。目前，堆存锰渣约 1400 余万吨。电解锰渣的主要化学成分为 SiO_2、Al_2O_3、CaO、Fe_2O_3、MnO 等；主要矿物相为石英、二水石膏、白云母、黄铁矿、钙磷石、钠长石、锰铁矿、锰矾和钙长石等，其质量分数依次为 40.3%、25.9%、11.1%、3.2%、1.5%、2.4%、3.2%、1.9%、10.6%。

（2）考核指标。①电解锰渣全量化利用；②电解锰渣综合利用过程应符合国家清洁生产要求和标准；③制定电解锰渣综合利用技术规范或标准；④产品满足行业相应规范或标准要求。⑤建成年处理量不低于 1 万吨（干基）的电解锰渣综合利用中试生产线一条，并连续稳定运行三个月以上，工艺技术经济可行。

（3）实施周期。不超过 2 年。

（4）榜单金额。不超过 400 万元。

（5）其他说明。该项目拟并行资助 2~3 家采取不同技术路径的"揭榜"单位，过程实施采取"赛马争先+里程碑"相结合的方式管理，实行关键节点考核评估，项目经费根据阶段任务完成情况滚动拨付。

2. 揭榜情况

揭榜团队一：重庆交通大学何兆益团队；揭榜团队二：重庆大学翟俊团队。项目资助金额分别为 400 万元；实施期为 2022 年 1 月至 2023 年 12 月。

重庆交通大学交通运输学院团队引入合作单位重庆诺奖二维材料研究院，签订产学研合作框架协议，承诺在"电解锰渣规模化综合利用技术"项目中达成长期、深度合作。拟采用"无害化+稳定化+固化"的思路，通过最优协同无害化处理技术及研发固化技术，实现电解锰渣无害化、稳定化和固化处理，并最终解决电解锰渣在道路、建筑工程领域的规模化无害化利用。

（二）重庆市经济和信息化委员会"揭榜挂帅"实践

重庆市经济和信息化委员会（以下简称重庆经信委）围绕软件行业、制造业采用"揭榜挂帅"方式组织项目。

在制造业智能化方面，采用后补助、挂牌等后奖励方式的"揭榜挂帅"。2021 年 6 月，重庆经信委组织开展 2021 年全球灯塔工厂"揭榜挂帅"，即承诺创建全球灯塔工厂的企业向重庆经信委提交申请进行"揭榜"。重庆经信委组织专家进行评审选择企业，最终选定包括重庆金康新能源汽车有限公司、三一重机（重庆）有限公司等在内的五家企业。对于入选企业要求其在智能制造和工业 4.0 领域的投资（含已投资和拟投资）不低于 1 亿元，重庆经信委则在宣传、示范、政策等方面进行支持，并无直接的政府资金投入。这一工作在 2022 年延续开展，于当年年底公布 5 家揭榜成功企业。此外，2022年，重庆经信委针对制造业"一链一网一平台"试点示范开展"揭榜挂帅"，重庆市的制造业企业可以"揭榜"，并且鼓励大型企业整合集团内部资源，以集团公司名义"揭榜"。重庆经信委在评估验收通过之后，按照政策给予一次性补助。

以上在制造业智能化方面的"揭榜挂帅"项目没有明确的财政资金支持，截至 2024 年，重庆经信委实施重庆市制造业数字化转型赋能中心"揭榜挂帅"，采用企业自主申报，从区县到市自下而上推荐的组织方式。评估验收通过之后进行授牌，获得授牌的赋能中心可以获得财政资金支持，即按不超过总投资的 10%，最高 1000 万元。同年，在空天信息产业国际生态大会上，重庆市经信委发布了新一批空天信息重大科技攻关"揭榜挂帅"项目，将根据项目推广应用情况给予政策支持。相关政策包括对符合条件的首台（套）重大技术装备首购首用、首版次软件产品分别最高给予 500 万元和 100万元的专项资金支持。

在软件领域，采用阶段资助方式的"揭榜挂帅"。重庆经信委同样在2021 年聚焦工业软件方向发布了项目榜单，共 5 项，每项的榜单金额都为600 万元，总计 3000 万元，最终 5 项都成功"揭榜"；2022 年，发布第二批榜单，同样 5 项成功"揭榜"，榜单金额总计 3000 万元；2023 年，从工业软件扩展到汽车软件、开源社区等更为广泛的软件领域，最终立项 8 项。此类项目要求申报单位应与龙头企业组成联合体进行申报，而且联合体的牵头单位必须为注册在重庆市的单位。从申报流程来看，采用的是自下而上的推荐机制，区县经信主管部门需动员、审核，同时揭榜项目扶持资金由市区（县）两级经信主管部门按照 1∶1 的比例共同承担。重庆经信委作为项目的主管部门负责对项目进行年度评估、结题验收等。在此，龙头企业作为最终用户，一般也应作为配合单位包含在联合体内。

同样，2024 年农机装备研产推用一体化"揭榜挂帅"项目与软件领域的组织方式相似，资金资助额度不同，补助资金分两次拨付，按不超过项目总投资的 30% 予以补助，上限不超过 500 万元。最终立项 4 项。

此外，重庆经信委还对于软件人才培养采用"揭榜挂帅"制度。2023年，开展软件人才"超级工厂"揭榜挂帅项目，分为软件人才"超级工厂"运营机构和软件人才"超级工厂"成员单位两类。这与传统意义上的"揭榜挂帅"项目存在较大差异。最终，"揭榜"成功的运营机构 1 家联合体，成员单位 15 家联合体。

以软件人才"超级工厂"运营机构揭榜任务为例。揭榜任务为负责牵头组织开展重庆市软件人才"超级工厂"建设、运营、管理、宣传推广等工作，充分整合龙头骨干企业、院校、科研院所、培训机构等相关资源力量，共同组建开放合作、跨界融合、供需衔接的软件人才培养联合体，加大软件人才培训队伍，提升软件人才供给能力。

预期目标为组建专业的运营管理团队，专职人员不少于 5 人。制定软件人才"超级工厂"运营管理方案，形成科学规范的运营管理体系。建立对软件人才"超级工厂"成员单位工作绩效的考核机制，提高培训工作质量。组建一支不少于 30 人的师资队伍，打造一批优质的软件人才培训课程资源。开发和运维软件人才"超级工厂"线上管理服务平台，具备软件人才培养统计监测、供需匹配、决策分析等功能。每年开展软件人才供需对接活动 3 场，技能竞赛、创新创业大赛、就业招聘等活动 3 场以上。每年研究编制重庆市软件人才发展相关报告不少于 2 篇，找准人才培养方向，创新探索人才培养路径。推动软件人才"超级工厂"成员单位实现每年培养软件人才 1 万人以上，到 2025 年累计培养软件人才 2 万人以上。

揭榜单位为牵头单位——重庆市工业和信息化发展中心；联合体其他单位——中国信息通信研究院西部分院（重庆信息通信研究院）、重庆市软件行业协会。

重庆市层面除了科技局和经信委，农业农村委员会也发布有《重庆市种业创新攻关"揭榜挂帅"项目实施工作方案》，共有 5 个榜单，最终成功"揭榜" 5 项，投入启动资金 500 万元。

在重庆市各区，也有"揭榜挂帅"相关实践，例如，两江新区管委会在 2024 年发布了《重庆两江新区开放应用场景 2024 年"揭榜挂帅"项目榜单》，聚焦两江新区赋能数字重庆建设的重点领域共性业务难题——中医用药信息化管理场景、假冒企业处置场景，并向各类创新主体开放。永川区科学技术局设立"揭榜挂帅"项目，主要聚焦永川区重点产业重大技术需求问题，向全国"张榜"，符合条件的市内外高等院校、科研院所和企业等产学研单位均可以参与揭榜。

二、重庆市"揭榜挂帅"的组织管理特点

从"揭榜挂帅"项目组织管理来看，重庆市科技局有如下特点：

（一）积极探索"重庆出题，全国解答"的"揭榜挂帅"攻关模式

重庆科技局在近三年虽然发布并立项的"揭榜挂帅"项目不多，但所立项目都为地方特色、重点产业项目。聚焦重点产业重大技术需求问题，向全国开放揭榜。在申报通知中明确指出，对揭榜单位无注册时间要求，对揭榜的项目负责人和团队无年龄、学历和职称要求，做到了不设门槛。在 2021 年立项的 6 个项目中，50% 由重庆市之外的创新主体揭榜。在 2023 年底 2024 年初，新一轮的"揭榜挂帅"项目中，区分了企业榜单和政府榜单，企业榜单要求必须面向全国开放，政府榜单则要求联合本地单位申报。

（二）最终用户对揭榜单位筛选具有决定权

重庆科技局组织项目的立项评审，最终用户结合专家评审意见确定揭榜

单位。之后，任务签订为三方协议，即最终用户与揭榜单位、重庆科技局共同签订任务书，约定履行各自的责任与义务。在项目实施过程中，由最终用户对揭榜单位进行节点考核。区分企业榜单和政府榜单的情况下，企业榜单的最终用户即发榜单位，政府榜单的最终用户暂可认为是重庆科技局，因此企业榜单的项目申报，经揭榜单位与发榜单位对接洽谈，确定合作事宜后即可实施；政府榜单的项目申报则延续重庆科技计划项目的管理方式，自下而上进行推荐申报。

（三）强调政府部门的服务、监督作用

重庆科技局的"揭榜挂帅"项目的实施过程中，强调重庆科技局发挥全程跟踪和监督检查的职能，同时为最终用户和揭榜单位在对接洽谈、信息交流、政策咨询等方面提供服务。对于重庆市外的揭榜单位，如若由重庆市相关部门查出存在违规现象，将通报其所在地区的科技主管部门，纳入科研信用记录。

第五节　本章小结

"揭榜挂帅"并非放之四海皆准的组织模式，在中西部三省市的实践中可以明确地认识到这一点。

从科技主管部门所资助的"揭榜挂帅"项目来看，省市层面的"揭榜挂帅"项目主要面向重点产业发展的关键共性技术、"卡脖子"技术难题，虽然有部分成果转化项目，但仍以技术攻关项目为主。基础研究类课题不适应于"揭榜挂帅"模式，从湖南省科技厅仅实施了一年省自然科学基金重大项目"揭榜"制则不再推行可以看出。因此，"揭榜挂帅"是一种结果导向的项目组织模式，其根本目标是要项目成果，对于具有容忍失败特性的科研项目（如基础研究项目），则是不适用的。

从工信部门所资助的"揭榜挂帅"项目来看，整体上与传统的科技项目管理方式更为相似。原因有两个：①延续自下而上的推荐机制，在推荐机制下，不可避免的即存在"门槛"，难以实现"揭榜挂帅"的一项重要理念"不设门槛""谁行谁上"。②政府部门在项目立项和过程管理中仍发挥核心作用，大部分项目并未有明确的最终用户。但是不可否认，工信部门可以使"揭榜挂帅"模式得到更为广泛的应用，撬动更多社会资源。例如，重庆经信委以"揭榜"成功的荣誉性激励使更多主体积极参与到工信部门的工作中，组织的制造业数字化转型赋能中心"揭榜挂帅"，通过验收之后授牌，可以获得一定的经费支持，前期建设主要靠申报者自主投入。

附录 国家和各区域"揭榜挂帅"政策文件

附表 1 国家层面"揭榜挂帅"管理办法、工作指引、工作方案制定情况

实施地点	牵头组织实施部门	出台文件	印发时间	项目分类	发榜方条件	揭榜方条件
国内	工业和信息化部	新一代人工智能产业创新重点任务揭榜工作方案	2018 年 11 月 14 日	技术攻关	通过广泛征求企业和专家意见，邀请部分企业试填等多种方式，完善方案。工信部为最终发榜方	在中华人民共和国境内注册并具有独立法人资格的企业，研究院所等创新主体，以自愿的原则申请成为揭榜单位
国内	工业和信息化部	工业和信息化部办公厅关于组织开展 2023 年度大企业"发榜"中小企业"揭榜"工作的通知（工信厅企业函〔2023〕88 号）	2023 年 4 月 14 日	技术攻关	本地区、本行业有一定龙头带动作用的大企业	符合《中小企业划型标准规定》（工信部联企业〔2011〕300 号）的中小企业

续表

实施地点	牵头组织实施部门	出台文件	印发时间	项目分类	发榜方条件	揭榜方条件
国内	工业和信息化部	工业和信息化部办公厅关于组织开展2024年度大企业"发榜"中小企业"揭榜"工作的通知(工信厅企业函〔2024〕221号)	2024年6月12日	技术攻关	本地区、本行业有一定带动作用的大企业	符合《中小企业划型标准规定》(工信部联企业〔2011〕300号)的中小企业

附表2 国家层面"揭榜挂帅"榜单发布情况

实施地点	牵头组织实施部门	出台文件	发布时间	榜单领域	榜单类别	申报(主体)范围	经费支持	验收
国内	应急管理部、工业和信息化部、科学技术部	关于开展防汛抢险急需技术装备揭榜攻关的通知(应急厅函〔2021〕136号)	2021年7月14日	防汛抢险急需技术装备	技术攻关	从事防汛抢险技术创新、产品研发、融合应用、支撑服务等活动的各类法人单位	—	揭榜联合体完成攻关任务后,可通过"急需技术装备系统"申报评价。基于揭榜任务和预期目标,应急管理部、工业和信息化部、科学技术部组织专家开展技术评价并适时公布评估结果

续表

实施地点	牵头组织实施部门	出台文件	发布时间	榜单领域	榜单类别	申报（主体）范围	经费支持	验收
国内	工业和信息化部	工业和信息化部办公厅关于组织开展 2021 年人工智能产业创新任务揭榜挂帅申报工作的通知（工信厅科函〔2021〕231 号）	2021 年 9 月 18 日	人工智能产业	技术攻关	揭榜申报主体包括从事人工智能技术创新和应用服务的相关企业、高校、科研院所等	—	入围揭榜单位完成攻关任务后（名单公布之日起不超过 2 年），工业和信息化部委托第三方专业机构开展测评工作，择优发布揭榜优胜单位名单（每个揭榜方向原则上不超过 3 家）

续表

实施地点	牵头组织实施部门	出台文件	发布时间	榜单领域	榜单类别	申报（主体）范围	经费支持	验收
国内	工业和信息化部、国家药品监督管理局	关于组织开展人工智能医疗器械创新任务揭榜工作的通知（工信厅联科函〔2021〕247号）	2021年10月11日	人工智能医疗器械	技术攻关	（一）申报单位须为在中华人民共和国境内注册、具有独立法人资格的企事业单位。申报单位需承诺揭榜后能够在指定期限内完成相应任务（二）鼓励以联合体方式申报，联合体采取产学研用医相结合的方式，鼓励企业、医疗卫生机构、高校、科研院所等共同参与，牵头单位为1家，联合单位不超过4家。智能产品类揭榜任务由揭榜单位拟作为产品注册申请人的单位牵头，支撑环境类揭榜任务由医疗卫生机构牵头（三）智能产品类揭榜任务要求揭榜单位已完成产品的前期研究并具有基本定型产品，产品拥有知识产权并具有显著的临床应用价值；支撑环境类重点任务要求揭榜单位已完成前期研究并已搭建基本支撑环境	—	入围揭榜单位完成攻关任务后（各单位公布之日起不超过2年），工业和信息化部、国家药品监督管理局委托专业机构开展测评工作，择优确定揭榜优胜单位（每个揭榜方向原则上不超过6家）

续表

实施地点	牵头组织实施部门	出台文件	发布时间	榜单领域	榜单类别	申报（主体）范围	经费支持	验收
国内	工业和信息化部、国家药监局	关于组织开展生物医用材料创新任务揭榜挂帅（第一批）工作的通知（工信厅联原函〔2022〕325号）	2022年12月7日	生物医用材料	技术攻关	揭榜申报主体须是材料生产企业和医疗器械生产企业组建的上下游联合体，鼓励医疗卫生机构、高校及科研院所、检测机构等共同参与，牵头单位为1家。参与联合体的单位须为在中华人民共和国境内注册、具有独立法人资格的企事业单位，具有较强的技术创新能力和产业化应用能力	—	入围揭榜挂帅单位完成攻关任务后（原则上各单位自公布之日起3年内），工业和信息化部、国家药监局委托专业机构开展测评工作，择优确定揭榜优胜单位（每个揭榜产品原则上不超过2家）

续表

实施地点	牵头组织实施部门	出台文件	发布时间	榜单领域	榜单类别	申报（主体）范围	经费支持	验收
国内	工业和信息化部	关于组织开展2023年度中小企业"揭榜"工作的通知（工企业函〔2023〕99号）	2023年7月25日	—	技术攻关	符合《中小企业划型标准规定》（工信部联企业〔2011〕300号）的中小企业	对入选"揭榜"名单的国家专级精特新"小巨人"企业，在中央财政支持专精特新中小企业高质量发展工作中予以倾斜支持；对入选"揭榜"名单的省级专级精特新中小企业、各级创新型中小企业，各级中小企业主管部门结合当地实际，充分发挥中小企业发展专项资金作用，采取适当方式予以支持。资金不采取直接补助或奖励企业的方式，将在原有相关项目中予以适度倾斜	项目完成后由大企业自主安排验收

续表

实施地点	牵头组织实施部门	出台文件	发布时间	榜单领域	榜单类别	申报（主体）范围	经费支持	验收
国内	工业和信息化部	工业和信息化部办公厅关于组织开展 2023 年未来产业创新任务揭榜挂帅工作的通知（工信厅科函〔2023〕235 号）	2023 年 8 月 28 日	面向元宇宙、人形机器人、脑机接口、通用人工智能 4 个重点方向	技术攻关	（一）申报单位须为在中华人民共和国境内注册、具有独立法人资格的企事业单位。申报单位需承诺揭榜后能够在指定期限内完成相应任务 （二）鼓励企业、金融机构、科技服务机构、高校、科研院所及新型研发机构等以联合体方式申报，牵头单位为 1 家，联合参与单位不超过 4 家	—	入围揭榜单位完成攻关任务后（名单不超过 2 年），工业和信息化部委托第三方专业机构开展测评工作，择优确定揭榜优胜单位（每个揭榜方向原则上不超过 3 家）

续表

实施地点	牵头组织实施部门	出台文件	发布时间	榜单领域	榜单类别	申报（主体）范围	经费支持	验收
国内	工业和信息化部、国家卫生健康委、国家市场监督管理总局	关于开展脱盐脱乳清产品供给能力提升任务揭榜工作的通知（工信厅联消费函〔2023〕258号）	2023年9月13日	脱盐乳清产品	技术攻关（产品）	（一）揭榜单位应为从事脱盐乳清粉、脱盐乳清液及婴配乳粉研发、生产等活动的相关法人单位，或多个此类法人单位组成的联合体（揭榜单位中应包括至少一家婴配乳粉生产企业）。（二）脱盐乳清粉、脱盐乳清液的生产原料应为生乳或乳清液（包括联合体的组成单位）。（三）揭榜单位应为在中华人民共和国境内注册，具有独立法人资格的企事业单位，其脱盐乳清粉/脱盐乳清液生产线应位于中华人民共和国境内	—	揭榜单位按照同节点完成确定的时间节点后，工业和信息化部、国家卫生健康委、国家市场监督管理总局将视情况组织行业专家或委托第三方专业机构开展评价工作，适时发布揭榜任务成功单位名单
国内	工业和信息化部、市场监管总局	关于开展2023年度智能制造系统解决方案揭榜挂帅项目申报工作的通知（工信厅联装函〔2023〕274号）	2023年10月8日	智能制造	技术攻关	申报主体应为在中华人民共和国境内注册，具有独立法人资格	—	工业和信息化部、市场监管总局共同组织开展揭榜挂帅验收工作，择优揭榜挂帅优胜单位，确定揭榜优胜单位并公示

续表

实施地点	牵头组织实施部门	出台文件	发布时间	榜单领域	榜单类别	申报（主体）范围	经费支持	验收
国内	工业和信息化部	工业和信息化部办公厅关于组织开展化纤油剂企业"揭榜"工作的通知（工信厅消费函〔2024〕299号）	2024年7月29日	化纤行业	技术攻关	从事化学纤维油剂研发、生产等活动的相关法人单位，或多个此类法人单位组成的联合体（联合体应包括至少一家化学纤维油剂生产企业）	"发榜"化纤企业与"揭榜"油剂企业自愿确立合作关系，协同推进技术攻关和创新鼓励各地政府结合本地区产业发展情况，对揭榜单位优先给予政策支持和倾斜，为顺利完成揭榜任务创造良好环境	由"发榜"化纤企业自主安排验收

附表 3　京津冀区域 "揭榜挂帅" 管理办法、工作指引、工作方案制定情况

省级实施地点	具体实施地点	牵头组织实施部门	出台文件	印发时间	项目分类	发榜方条件	揭榜方条件
北京市	中关村	中关村管委会	中关村国家自主创新示范区高精尖产业强链工程实施方案（2020—2025年）	2020 年 12 月 28 日	技术攻关	中关村领军企业	1. 揭榜单位应在中国境内注册，具有独立法人资格的高校院所、企业、新型研发机构、社会组织等 2. 揭榜单位应具有很强的科研攻关实力，能够在规定时间内、完成任务指标。高校、科研院所和新型研发机构应具备一定的成果转化和产业化的基础；企业、社会组织经营状况良好，注重知识产权保护，无不良信用记录 3. 围绕本次发榜的技术需求，揭榜单位与发榜企业应为首次实质研发合作 4. 可多家单位联合揭榜
北京市	北京市	北京市科委、中关村管委会，北京市发改委等10部门	北京市关键核心技术攻关项目"揭榜挂帅"实施方案（京科资发〔2022〕251号）	2022 年 10 月 28 日	技术攻关	领军企业、新型研发机构，政府职能部门等	—

续表

省级实施地点	具体实施地点	牵头组织实施部门	出台文件	印发时间	项目分类	发榜方条件	揭榜方条件
						（一）技术攻关类项目需求方应是天津市具有独立法人资格、有重大技术需求或技术难题的企业。须具备以下条件：1. 具有保障项目实施的资金投入、能够提供项目实施的配套条件；2. 在项目攻关成功后能率先在本企业推广应用，能够显著提升企业核心竞争力。（二）成果转化类项目需求方应是天津市拥有成熟技术成果的院校、科研机构、科技型企业或联合体（与需求方不能为同一单位或其下属子公司）。须符合下列条件：1. 拟转化的成果具备产业化和推广应用的条件，符合全市产业创新发展需求；2. 拟转化的成果拥有自主知识产权，市场用户和应用范围明确，能够对全市产业转型升级发挥关键推动作用；3. 拥有成果转化的技术支撑队伍，能主动参与和协助推广技术成果	（一）技术攻关类项目揭榜方应是国内研发能力强的高校、科研机构、科技型企业或其组成的联合体（与发榜方不能为同一单位或其下属子公司）。须符合下列条件：1. 能积极响应技术攻关方需求，提出攻克技术难题的可行性方案，掌握自主知识产权；2. 有较强的研发实力、良好的科研条件、稳定的人员队伍，具有成果转化的技术队伍与相关经验，能协助推动需求方完成技术应用落地实施；3. 优先支持具有良好科研业绩的单位和团队，鼓励产学研合作揭榜攻关。（二）成果转化类项目揭榜方应为在国内拥有技术需求和应用场景的企业或其牵头组成的联合体（与需求方不能为同一单位或其下属子公司）。须符合下列条件：1. 拥有成果应用推广应用队伍，能够提出科学合理的成果转化方案；2. 能够提供成果转化所需的资金、场地、市场等配套条件；3. 积极开展示范应用，努力扩大社会应用效益
天津市	海河教育园区	海河教育园区管委会	天津海河教育园区揭榜制工作实施办法	2021年9月22日	技术攻关、成果转化		

续表

省级实施地点	具体实施地点	牵头组织实施部门	出台文件	印发时间	项目分类	发榜方条件	揭榜方条件
天津市	津南区、海河教育园区	津南区科技局、海河教育园区管委会	津南区 "揭榜挂帅" 科技计划项目组织实施方案（试行）（津南科技发〔2022〕3号）	2022 年 4 月 21 日	技术攻关	科技领军（培育）企业、龙头企业、"瞪羚" 企业等	一

续表

省级实施地点	具体实施地点	牵头组织实施部门	出台文件	印发时间	项目分类	发榜方条件	揭榜方条件
河北省	河北省	河北省科技厅	河北省科技计划项目"揭榜挂帅"组织实施工作指引	2022年4月7日	技术攻关、成果转化	（一）技术攻关类项目的需求方须同时具备以下条件：1. 对产业发展有重要影响的关键核心技术、"卡脖子"技术、前沿技术，关键零部件、材料及工艺等有内在迫切需求，且依靠自身研发能力难以解决。2. 有明确的研发目标或技术参数需求。3. 项目完成后能率先在本企业应用，应有助提升产业或成区域核心竞争力，带动我省乃至全国家相关产业技术应用水平。4. 具有保障项目实施所必要的资金能力，以及其他必要的配套条件等。5. 具备良好的社会信用，近3年无不良信用记录或重大违法行为。（二）成果转化类项目的需求方须同时具备以下条件：1. 拥有拟转化成果的自主知识产权，市场用户和应用范围明确，对经济社会发展能够发挥重大推动作用。2. 拥有较为稳定的成果转化团队，能够提供持续的技术服务。3. 具备良好的社会信用，近3年无不良信用记录或重大违法行为	（一）技术攻关类项目的揭榜方须同时具备以下条件：1. 能够积极响应技术需求方，提出攻克关键核心技术的可行性方案，掌握自主知识产权。2. 具有相对稳定的技术支撑队伍与相关经验，能协助技术需求方完成技术应用落地实施。3. 具备良好的社会信用，近3年无不良信用记录或重大违法行为。（二）成果转化类项目的揭榜方须具备以下条件：1. 在河北省内注册、具有独立法人资格的企业，具备成果转化所需条件。2. 拥有较强的成果转化队伍，能够提出可行的成果转化方案。3. 具有成果转化所需的资金、场地、市场等配套条件。4. 具备良好的社会信用，近3年无不良信用记录或重大违法行为

省级实施地点	具体实施地点	牵头组织实施部门	出台文件	印发时间	项目分类	发榜方条件	揭榜方条件
河北省	保定市	保定市人民政府	保定市科技项目"揭榜挂帅"(试行)工作指引(保政函[2021]60号)	2021年11月26日	技术攻关、成果转化	（一）技术创新类项目 技术创新类项目的发榜方，是指提出技术创新需求的单位，应符合下列条件： 1. 保定市范围内注册，具有独立法人资格的科技型企业。 2. 有符合"揭榜挂帅"支持领域范围且依靠自身力量难以解决的技术创新需求的。 3. 在项目攻关成功后能率先开展推广应用，显著提升企业核心竞争力，辐射带动全市乃至全国相关产业技术水平提升的。 4. 有保障项目实施的资金及人能力，能够提供项目实施的基本配套条件的。 5. 有明确的发榜目标成效技术参数需求的。 6. 近三年无不良信用记录和重大违法行为的。 （二）成果转化类项目 支持各类企业创新联合体合作发布技术创新需求；政府机关和事业单位可发布公益类技术创新需求 成果转化类项目发榜方，是指需要依托其他单位实施的有科技成果应用需求的单位（或个人），包括但不限于符合下列条件的高校、科研院所或科技型企业 1. 在"卡脖子"技术和关键、核心技术攻关中已取得重大突破，取得相应科技成果且具备产业化和推广应用基本条件，通过后续的工程化研究和系统集成、共性技术为具有大规模生产、应用前景的 2. 拥有相应的科技创新成果知识产权明晰、市场用户和应用范围明确，预期经济社会生态效益显著，对我市产业转型升级和城市发展能够发挥较大推动作用的 3. 拥有支撑成果转化的技术能力，愿意主动参与和协助推广科技成果转化活动的 4. 近三年无不良信用记录和重大违法行为的	（一）技术创新类项目 技术创新类项目的揭榜方，为国内外有研究开发能力的高校、科研院所，科技型企业或其组成的联合体（与发榜方不能为同一单位或其下属企业或公司），应符合下列条件： 1. 有充足的研发投入、良好的科研条件和稳定核心技术人员队伍。 2. 针对发榜项目需求，提出攻克关键核心技术的可行性方案 3. 近三年无不良信用记录和重大违法行为。 4. 拥有相关科技研发或成果转化能力的个人也可参加揭榜 （二）成果转化类项目 成果转化类项目的揭榜方，为保证市范围内注册，具有独立法人资格的企业（与发榜方不能为同一单位为行为为。 1. 拥有较强的成果推广应用队伍、能够开展示范应用的 2. 能够提供成果转化所需的资金、场地、市场等配套条件的 3. 近三年无不良信用记录和重大违法行为的 政府机关相关机构和事业单位可参与公益类成果转化项目的揭榜

续表

省级实施地点	具体实施地点	牵头组织实施部门	出台文件	印发时间	项目分类	发榜方条件	揭榜方条件
河北省	石家庄市	石家庄市科技局	石家庄市揭榜挂帅科技项目管理办法（试行）（石科规〔2022〕2号）	2022年3月1日	技术攻关、成果转化	（一）技术攻关类 1. 具有市内独立法人资格，有重大技术需求或技术难题的企业。 2. 一般应为行业或领域内有较大影响的，具有一定规模的企业。 3. 技术攻关类项目所提出的需求应聚焦我市企业、产业发展的关键核心技术、前沿技术、新材料及新工艺等，应有助提升产业核心竞争力和相关产业的技术应用水平。 4. 具有保障项目实施的资金投入，且上一年度研发经费占销售收入比例一般要达到3%以上 （二）成果转化类 1. 全国范围内的高等院校、科研院所、科技企业，且拥有符合石家庄市主导产业发展和技术需求的成熟技术成果。 2. 具有拟转化成果的自主知识产权，明确的市场用户和应用范围，能够对石家庄市产业转型升级发挥关键推动作用。 3. 成果须已处于中试阶段（或样机试制成功并通过部级以上检测、鉴定），或已获得省部级以上奖项，具备产业化和转化应用条件，且符合石家庄市企业和主导产业的创新发展需求。 4. 拥有实施成果转化的技术支撑队伍，须主动参与和协助揭榜方完成成果转化	（一）技术攻关类 1. 研发能力强的高等院校、科研院所、科技企业（与发榜方不能为同一单位或其下属子公司）。 2. 能针对发榜方要求、提出攻克关键核心技术的可行性方案，并与发榜方共同完成项目实施。 3. 具有充足的研发投入、良好的科研条件，稳定的科研团队与之相关经验。 （二）成果转化类 1. 具有市内独立法人资格，确有相关成果的企业（与发榜方不能为同一单位或其下属子公司）。 2. 拥有较强的成果转化应用团队，能够提出本成果转化应用方案。 3. 能够提供成果转化所需的资金、场地等配套条件

续表

省级实施地点	具体实施地点	牵头组织实施部门	出台文件	印发时间	项目分类	发榜方条件	揭榜方条件
河北省	石家庄市	石家庄市科技局	石家庄市揭榜挂帅制科技项目实施方案的通知（〔2024〕43号）	2024年5月30日	技术攻关、成果转化、行业共性	（一）技术攻关类 1. 具有市内独立法人资格，有重大技术需求或技术难题的企业 2. 一般应为行业或领域内有较大影响的，具有一定规模的企业 3. 技术攻关类项目所提出的需求应聚焦我市企业、产业发展的关键核心技术、前沿技术、新材料及新工艺等，应有助于提升企业核心竞争力和相关产业的技术应用水平 4. 具有保障项目实施的资金投入，且上年度研发经费占销售收入比例一般要达到3%以上 （二）成果转化类 1. 全国范围内的高等院校、科研院所、科技企业，且拥有符合石家庄市主导产业发展和技术需求的成熟技术成果 2. 具有拟转化成果的自主知识产权，明确的市场用户和应用范围，能够对石家庄市产业转型升级发挥关键推动作用 3. 成果须已处于中试阶段（或样机试制阶段）成功并通过检测、鉴定），或已获得省部级以上奖项，具备产业化和转化应用条件，且符合石家庄市企业和主导产业的创新发展需求 4. 拥有实施成果转化的技术支撑队伍，须主动参与和协助揭榜方实现成果转化 （三）行业共性类 1. 石家庄市地域内的企业、高校、科研院所，有关行业（产业）主管部门等存在（产业）创新中存在共性问题需求方；技术需求方为多家参与的，推选1家牵头作为共需求方 2. 由市科学技术局牵头对行业（产业）共性技术及其应用进行凝练，并明确完成任务的关键技术及其指标，预期成果，最终应用户以及具体应用场景	（一）技术攻关类 1. 研发能力强的高等院校、科研院所、科技企业（与需求方不能为同一单位或其下属子公司） 2. 能针对需求方要求，提出攻克关键核心技术的可行性方案，并与需求方共同完成项目实施 3. 具有充足的研发投入、良好的科研条件、稳定的科研队伍与相关经验 （二）成果转化类 1. 具有市内独立法人资格，确有相关技术需求，具备成果转化条件的企业（与需求方不能为同一单位） 2. 拥有较强能够成果转化应用队伍，能够提出科学合理的成果转化方案 3. 能够提供成果转化所需的资金、场地等配套条件 （三）行业共性类 1. 研发能力强的高等院校、科研院所、科技企业（与需求方不能为同一单位或其下属子公司） 2. 能针对需求方要求，提出攻克关键技术的可行性方案，并独立完成项目实施 3. 具有充足的研发投入、良好的科研条件、稳定的科研队伍与相关经验

续表

省级实施地点	具体实施地点	牵头组织实施部门	出台文件	印发时间	项目分类	发榜方条件	揭榜方条件
河北省	沧州市	沧州市科技局	沧州市重点科技攻关项目"揭榜挂帅"实施方案（试行）	2021年8月6日	技术攻关	1. 在沧州市辖区内注册、具有独立法人资格的行业龙头骨干企业、科技型企业 2. 企业上年度研发投入强度不低于3%或研发经费大于500万元。须承诺并有能力保障揭榜制项目科研投入，且能够提供项目研发实施的支持和配套条件，在项目研发投发关成功后，成果能率先在本企业落地应用 3. 企业应具备良好的社会信用，近三年内无不良信用记录或重大违法行为 4. 攻关任务有明确的技术指标参数、时限要求、产权归属、资金投入等需求内容 5. 需求内容应聚焦企业、产业发展的关键核心技术、"卡脖子"技术等，通过项目实施填补省内或行业空白，能够显著提升企业、企业创新能力和核心竞争力	1. 为国内外有研究开发能力的高校、科研机构、科技型企业、有较强的研发实力、科研条件和稳定的科研队伍等，有能力完成揭榜任务 2. 具有良好的科研道德和社会诚信，近三年内无不良信用记录 3. 对揭榜项目需求提出可行性方案，掌握项目核心技术知识产权

附表 4 京津冀区域 "揭榜挂帅" 需求征集情况

省级实施地点	具体实施地点	牵头组织实施部门	出台文件	发布时间	征集领域	征集项目类别	征集对象	技术需求表要求	成果转化类要求
北京市	怀柔区	怀柔区科学技术委员会	怀柔区科学技术委员会关于征集2024年度国家自然科学基金区域创新发展联合基金（北京）指南需求的通知	2023年5月31日	电子信息、生物医药、新材料与先进制造领域、现代交通与航空航天、新能源	技术攻关	全国高端仪器装备和传感器产业的企业	需求方向、企业情况、需求产业化情况等	—
河北省	河北省	河北省科技厅	关于征集省级科技计划项目"揭榜挂帅"重大需求的通知	2022年4月19日	河北省12个主导产业和107个县域特色产业	技术攻关、成果转化	（一）技术攻关类由河北省内企业提出重大技术需求（二）成果转化类主要由国内外高校、科研机构或企业等对拥有自主知识产权的重大科技成果提出转化需求	技术需求名称、拟支付揭榜方费用（万元）、技术攻关时限要求、需求背景、需求内容、方基础和条件、对揭榜方要求、预期合作方式等	成果名称、拟转化成果已获得知识产权形式、拟收取揭榜方费用（万元）、成果转化时限要求、拟转化成果简介、成果转化中可能存在的主要问题或难点、成果转化基础、对揭榜方要求、预期合作方式等

续表

省级实施地点	具体实施地点	牵头组织实施部门	出台文件	发布时间	征集领域	征集项目类别	征集对象	技术需求表要求	成果转化类要求
			关于征集石家庄市"揭榜挂帅"项目技术需求的通知（石科〔2021〕26号）	2021年10月22日	新一代电子信息、生物医药	技术攻关	石家庄市内企业	项目名称、项目计划总投入、技术需求背景、技术需求描述、预期技术指标等	—
河北省	石家庄市	石家庄市科技局	石家庄市科学技术局关于征集市级重点产业和县域特色产业科技项目"揭榜挂帅"需求的通知（石科计函〔2023〕5号）	2023年2月3日	新一代电子信息和生物医药等五大主导产业、县域特色产业	技术攻关、成果转化	1.技术攻关类，由石家庄市内企业提出技术难题或重大需求。2.成果转化类，针对全国范围内拥有自主知识产权的高等院校、科研院所、科技企业的重大科技成果。3.县域特色产业：由县域特色产业集群企业提出实际研发需求	技术需求名称、拟支付揭榜方费用（榜额）、项目计划总投入、技术攻关时限要求、需求背景、需求内容、需求条件、方案基础揭榜方要求、预期合作方式等	成果名称、拟转化成果已获得知识产权情况、拟成果转化形式、拟收取揭榜方费用（万元）、成果转化时限要求、拟转化成果简介、成果转化中可能存在的主要转化问题或难点、成果转化基础、对揭榜方要求、预期合作方式等

续表

省级实施地点	具体实施地点	牵头组织实施部门	出台文件	发布时间	征集领域	征集项目类别	征集对象	技术需求表要求	成果转化类要求
河北省	石家庄市	石家庄市科技局	石家庄市科学技术局关于征集第二批县域特色产业科技项目"揭榜挂帅"需求的通知（石科区函〔2023〕14号）	2023年8月10日	县特色产业	技术攻关	县域特色产业集群企业	技术需求名称、拟支付揭榜方费用（榜额）、项目计划总投入、技术攻关时限要求、需求背景、需求内容、需求方基础和条件、对揭榜方要求、预期合作方式等	—

续表

省级实施地点	具体实施地点	牵头组织实施部门	出台文件	发布时间	征集领域	征集项目类别	征集对象	技术需求表要求	成果转化类要求
河北省	石家庄市	石家庄市科技局	石家庄市科学技术局关于"揭榜挂帅"制科技项目需求的通知（石科计函〔2024〕25号）2024年征集	2024年4月22日	新一代电子信息和生物医药等五大主导产业	技术攻关、成果转化、行业共性类	1. 技术攻关类，由石家庄市内企业提出技术难题或重大需求 2. 成果转化类，针对全国范围内拥有自主知识产权的高等院校、科研院所、科技企业的重大科技成果 3. 行业共性类，由市科技局面向市内企业、科研院所等创新主体征集行业共性的关键核心技术和"卡脖子"技术难题	1. 技术攻关类包括技术需求名称、拟支付揭榜方费用（榜额），项目计划总投入，技术攻关时限要求、需求内容、需求方基础和条件，对揭榜方要求、预期合作方式等 2. 行业共性类包括行业共性技术需求名称、拟支付揭榜方总费用（榜额），项目计划总投入，技术攻关时限要求、需求背景、需求内容、需求方基础和条件，对揭榜方要求、预期合作方式等	成果名称、拟转化成果已获得知识产权情况、成果转化形式，拟收取揭榜转化时费用（万元）、成果转化成果简介、拟转化成果基础能存在的主要转化中可难点，成果转化基础，对揭榜方要求、预期合作方式等

续表

省级实施地点	具体实施地点	牵头组织实施部门	出台文件	发布时间	征集领域	征集项目类别	征集对象	技术需求表要求	成果转化类要求
河北省	沧州市	沧州市科技局	沧州市科学技术局关于征集 2024 年"揭榜挂帅"重点科技攻关项目技术需求的通知	2024 年 4 月 18 日	市域主导产业、县域特色产业	技术攻关	沧州市龙头、骨干企业	技术需求名称、项目实施周期、技术领域、预计项目总投入、预期经济效益、需求背景、国内外相关情况介绍、技术需求描述、对揭榜方要求、后期产权归属、项目实施后对产业示范带动作用等	—

附表 5 京津冀区域"揭榜挂帅"榜单发布情况

省级实施地点	具体实施地点	牵头组织实施部门	出台文件	发布时间	榜单领域	榜单类别	申报（主体）范围	经费支持	考核与验收
北京市	北京市	中关村管委会	"强链工程"发布首批卡脖子技术需求榜单	2020 年 12 月 28 日	新一代信息技术、生物医药	技术攻关	揭榜单位应为中国大陆境内注册、具有独立法人资格的高校院所、企业、新型研发机构、社会组织等	项目总投资额 30%的比例，给予最高不超过 1000 万元的资金支持	领军企业按合同约定方式验收
北京市	北京市	北京市科委、中关村管委会	关于发布电动自行车火灾风险防控科技攻关"揭榜挂帅"项目指南的通知	2022 年 3 月 10 日	电动自行车火灾风险防控	技术攻关	1. 项目均需由企业牵头组成揭榜团队开展"揭榜挂帅"科技攻关，每个揭榜团队组成单位不超过原则上不超过 4 家，目均需为北京市注册的法人单位 2. 鼓励企业与高校、院所等开展产学研合作，组成创新联合体开展揭榜攻关	符合《北京市科技计划项目（课题）经费管理办法》有关要求，配套经费与市级科技经费比例不低于 1：1	项目验收将由市市管理委、市消防救援总队等市级主管部门会同市科委、中关村管委会通过现场验收、用户体验与第三方测评等方式在真实应用场景下开展，充分发挥最终用户作用；由于主观不努力等因素导致有关失败的，将按照有关规定严肃追责，并依规纳入诚信记录

续表

省级实施地点	具体实施地点	牵头组织实施部门	出台文件	发布时间	榜单领域	榜单类别	申报（主体）范围	经费支持	考核与验收
北京市	北京市	北京市科委、中关村管委会	关于发布2022年度边缘计算节点（MEC）设备研制科技攻关"揭榜挂帅"项目指南的通知	2022 年 5 月 25 日	自动驾驶	技术攻关	同上	同上	项目验收将由市科委、中关村管委会、会同市自驾办等主管部门，采用第三方评估和测试，用户北京车网科技发展有限公司评价等方式开展

续表

省级实施地点	具体实施地点	牵头组织实施部门	出台文件	发布时间	榜单领域	榜单类别	申报（主体）范围	经费支持	考核与验收
北京市	北京市	北京市科委、中关村管委会	关于发布2022年度社会发展领域"揭榜挂帅"项目申报指南的通知	2022年7月21日	社会发展	技术攻关	同上	同上	参照《北京市科技计划项目（课题）管理办法》

续表

省级实施地点	具体实施地点	牵头组织实施部门	出台文件	发布时间	榜单领域	榜单类别	申报（主体）范围	经费支持	考核与验收
北京市	北京市	北京市科委、中关村管委会	关于发布2022年度城市地下管线安全运行"揭榜挂帅"项目指南的通知	2022年8月4日	社会发展（城市地下管线安全运行）	技术攻关	同上	同上	参照《北京市科技计划项目（课题）管理办法》

续表

省级实施地点	具体实施地点	牵头组织实施部门	出台文件	发布时间	榜单领域	榜单类别	申报（主体）范围	经费支持	考核与验收
北京市	北京市	北京市科委、中关村管委会	关于发布2022年度新一代信息通信技术创新专项集成电路领域"揭榜挂帅"课题指南的通知	2022年8月5日	集成电路	技术攻关	课题均需由企业牵头组成揭榜团队开展"揭榜挂帅"科技攻关，每个揭榜团队组成单位原则上不超过3家，鼓励企业与高校、院所等开展产学研合作，组成创新联合体开展揭榜攻关，申报单位需为北京市注册的具有独立法人资格的企业或事业单位	符合《北京市科技计划项目（课题）经费管理办法》有关要求，企业配套经费与市级科技经费比例不低于2∶1	同上

续表

省级实施地点	具体实施地点	牵头组织实施部门	出台文件	发布时间	榜单领域	榜单类别	申报（主体）范围	经费支持	考核与验收
北京市	北京市	北京市科委、中关村管委会	关于发布2022年度信号控制策略优化科技攻关"揭榜挂帅"项目榜单的通知	2022年8月11日	自动驾驶	技术攻关	1. 项目均需由企业牵头组揭榜团队开展"揭榜挂帅"科技攻关，每个揭榜团队的组成单位原则上不超过4家，目均需为北京市注册的法人单位 2. 鼓励企业与高校、院所等开展产学研合作，组成创新联合体开展揭榜攻关	符合《北京市科技计划项目（课题）经费管理办法》有关要求，配套经费与市级科技经费比例不低于1：1	同上

续表

省级实施地点	具体实施地点	牵头组织实施部门	出台文件	发布时间	榜单领域	榜单类别	申报（主体）范围	经费支持	考核与验收
北京市	北京市	北京市科委、中关村管委会	关于发布车2022年度车规级芯片自主可控科技攻关"揭榜挂帅"项目榜单的通知	2022年8月11日	车规级芯片	技术攻关	1. 项目均需由企业牵头组成揭榜团队开展"揭榜挂帅"科技攻关，每个揭榜团队的组成单位原则上不超过4家，目均需为2022年9月30日前完成在北京市注册的法人单位 2. 鼓励企业与高校、院所等开展产学研合作，组成创新联合体开展揭榜攻关	同上	同上

续表

省级实施地点	具体实施地点	牵头组织实施部门	出台文件	发布时间	榜单领域	榜单类别	申报（主体）范围	经费支持	考核与验收
北京市	北京市	北京市科委、中关村管委会	关于发布2022年度智能制造与机器人专项智能机器人创新领域"揭榜挂帅"课题榜单的通知	2022年8月24日	仿生机器人	技术攻关	课题由企业牵头组成揭榜团队开展"揭榜挂帅"科技攻关，每个揭榜团队的组成单位原则上不超过4家，鼓励企业与高校、院所等开展产学研合作，组成创新联合体开展揭榜攻关，申报单位需为北京市注册的具有独立法人资格的企业或事业单位	同上	同上

续表

省级实施地点	具体实施地点	牵头组织实施部门	出台文件	发布时间	榜单领域	榜单类别	申报（主体）范围	经费支持	考核与验收
北京市	北京市	北京市科委、中关村管委会	北京市科委、中关村管委会关于征集高端医疗器械"揭榜挂帅"课题的通知	2022年10月17日	高端医疗器械	技术攻关	1. 项目均需由企业牵头组成揭榜团队开展"揭榜挂帅"科技攻关，每个揭榜团队的组成单位原则上不超过3家，目均需为北京市注册的法人单位 2. 鼓励企业与高校、院所等开展产学研合作，组成创新联合体开展揭榜攻关	符合《北京市科技计划项目（课题）经费管理办法》有关要求，配套经费与市级科技经费比例不低于2∶1	同上

续表

省级实施地点	具体实施地点	牵头组织实施部门	出台文件	发布时间	榜单领域	榜单类别	申报（主体）范围	经费支持	考核与验收
北京市	北京市	北京市科委、中关村管委会	关于发布2022年北京市重大应用场景"揭榜挂帅"项目申报指南的通知	2022年12月6日	重大应用场景建设	技术攻关	项目均需由企业牵头开展"科技揭榜挂帅"攻关；若组成团队揭榜，则每个揭榜团队的组成单位原则上不超过4家；每个单位仅可牵头或参与1个项目的揭榜，且均需为北京市注册的法人单位	符合《北京市科技计划项目（课题）经费管理办法》有关要求，揭榜方配套经费与市级科技经费比例不低于1:1	项目验收将由市科委、中关村管委会、应用场景需求部门，采用第三主评估和测试，评价等方式开展

续表

省级实施地点	具体实施地点	牵头组织实施部门	出台文件	发布时间	榜单领域	榜单类别	申报（主体）范围	经费支持	考核与验收
北京市	北京市	北京市科委、中关村管委会	关于发布促进2023年度科幻产业聚集发展项目"揭榜挂帅"课题榜单的通知	2022年12月16日	科幻产业集聚区	技术攻关	课题均需由企业牵头组成揭榜团队开展"揭榜挂帅"科技攻关，每个揭榜团队的组成单位原则上不超过4家，鼓励企业与高校、院所等开展产学研合作，组成联合体开展揭榜攻关，申报单位需为北京市注册的具有独立法人资格的企业或事业单位	同上	参照《北京市科技计划项目（课题）管理办法》

续表

省级实施地点	具体实施地点	牵头组织实施部门	出台文件	发布时间	榜单领域	榜单类别	申报（主体）范围	经费支持	考核与验收
北京市	北京市	北京市科委、中关村管委会	关于发布2023年度车规级芯片技攻关"揭榜挂帅"项目榜单的通知	2023 年 3 月 27 日	车规级芯片	技术攻关	1. 项目均需由企业牵头组成揭榜团队开展"揭榜挂帅"科技攻关，每个揭榜团队的组成单位原则上不超过4家，允许京外主体报名，2023年9月30日前完成在京注册法人单位后立项拨款 2. 鼓励企业与高校、院所等开展产学研合作，组成创新联合体开展揭榜攻关	同上	项目综合绩效评价将由市科委、中关村管委会，采用测试等方式开展估和第三方评，如有需要可现场核查

续表

省级实施地点	具体实施地点	牵头组织实施部门	出台文件	发布时间	榜单领域	榜单类别	申报（主体）范围	经费支持	考核与验收
北京市	北京市	北京市科委、中关村管委会	关于发布2023年度城市科技与精细化管理"揭榜挂帅"项目指南的通知	2023年8月11日	焦城市精细化管理领域	技术攻关	1. 项目均需由企业牵头组成揭榜团队开展科技攻关，每个揭榜团队的组成单位原则上不超过3家，且均需为北京市注册的独立法人单位 2. 企业与高校、院所等产学研协同创新，组成创新联合体进行揭榜攻关	同上	项目验收将由市科委、中关村管委会会合发榜部门通过现场验收、用户体验与第三方测评等方式在真实应用场景下开展，充分发挥最终用户作用

省级实施地点	具体实施地点	牵头组织实施部门	出台文件	发布时间	榜单领域	榜单类别	申报（主体）范围	经费支持	考核与验收
北京市	北京市	北京市科委、中关村管委会	北京市科委、中关村管委会关于发布 2024 年度车规级芯片科技攻关 "揭榜挂帅" 榜单的通知	2024 年 1 月 29 日	车规级芯片	技术攻关	1. 项目均需由企业牵头组成揭榜团队开展 "揭榜挂帅" 科技攻关，每个揭榜团队的组成单位原则上不超过 4 家，允许京外主体报名，2023 年 9 月 30 日前完成在京注册登记后立项拨款。2. 鼓励企业与高校、院所等开展产学研合作，组成创新联合体开展揭榜攻关	符合《北京市科技计划项目（课题）经费管理办法》有关要求，配套经费与市级科技经费比例不低于 2∶1	项目阶段性考核、验收工作，以是否解决标准严真问题为检验标准。严格考核，用户和第三方测评等方式，通过现场验收，在真实应用场景下开展，并将最终用户的意见作为主要考量

续表

省级实施地点	具体实施地点	牵头组织实施部门	出台文件	发布时间	榜单领域	榜单类别	申报（主体）范围	经费支持	考核与验收
北京市	北京市	北京市民政局、北京市经信局	北京组织开展数字化社区建设试点"揭榜挂帅"工作的公告	2022 年 9 月 15 日	数字化社区	技术攻关	揭榜团队组成单位原则上为一家或多家（不超过 3 家），均应具备独立法人资格。若多家单位联合揭榜，鼓励大企业带动中小企业组成创新联合体开展揭榜攻关	—	—
北京市	北京市	北京市经信局	北京发布云 2022 年度办公创新任务"揭榜挂帅"项目指南的通知	2022 年 9 月 15 日	智能办公	技术攻关	1. 项目需由企事业单位牵头组成揭榜团队开展"揭榜挂帅"科技攻关，每个揭榜团队的组成单位原则上不超过 4 家 2. 鼓励企业与高校、院所开等合作，展产学研合作，组成创新联合体开展联合揭榜攻关	企业投资	项目验收将由市经信和信息化局采用第三方评估和测试，用户使用和核查相结合的方式进行；项目验收通过后，考核指标的产品和服务提供符合揭榜团队能对的供货服务及后期 1 年维护服务

续表

省级实施地点	具体实施地点	牵头组织实施部门	出台文件	发布时间	榜单领域	榜单类别	申报（主体）范围	经费支持	考核与验收
北京市	北京市	北京经信局	关于组织开展 2023 年度第一批高精尖产业筑基工程项目揭榜工作的通知	2023 年 6 月 30 日	高精尖产业	技术攻关	申报单位原则上是企业，应为在北京市注册、纳税和经营的独立法人。鼓励具备创新能力的企业联合揭榜攻关	按照不超过项目审定攻关投资的 30% 给予支持，单个方向支持金额不超过 3000 万元，资金分年度拨付	按照《北京市高精尖产业发展资金管理办法》进行项目管理
北京市	北京市	北京经信局	关于组织开展 2024 年度第二批高精尖产业筑基工程项目揭榜工作的通知	2023 年 9 月 28 日	高精尖产业	技术攻关	鼓励全国范围内具有攻关能力的企业及联合体揭榜	对在我市注册的项目单位按照项目审定攻关投资的 30% 给予支持，单个方向支持金额不超过 3000 万元，资金分年度拨付	同上

续表

省级实施地点	具体实施地点	牵头组织实施部门	出台文件	发布时间	榜单领域	榜单类别	申报（主体）范围	经费支持	考核与验收
北京市	北京市	北京经信局	北京市经济和信息化局关于组织开展 2023 年度第三批高精尖产业筑基工程项目揭榜工作的通知	2023 年 11 月 3 日	生物医药	技术攻关	同上	同上	同上
北京市	北京市	北京经信局	北京市经济和信息化局关于组织开展 2023 年北京智慧城市场景创新需求清单揭榜工作的通知	2023 年 10 月 30 日	创新场景	技术攻关	同上	—	—

续表

省级实施地点	具体实施地点	牵头组织实施部门	出台文件	发布时间	榜单领域	榜单类别	申报（主体）范围	经费支持	考核与验收
北京市	北京市	北京经信局	北京市经济和信息化局关于组织开展 2023 年未来产业创新任务揭榜挂帅的通知	2023 年 8 月 28 日	元宇宙、人形机器人、脑机接口、通用人工智能 4 个方向	技术攻关	（一）申报单位须为在中华人民共和国境内注册、具有独立法人资格的企事业单位（二）鼓励企业、金融机构、科技服务机构、高校、科研院所及新型研发机构等以联合体方式申报，牵头单位为 1 家，联合参与单位不超过 4 家	—	工业和信息化部委托第三方专业机构开展测评工作

续表

省级实施地点	具体实施地点	牵头组织实施部门	出台文件	发布时间	榜单领域	榜单类别	申报（主体）范围	经费支持	考核与验收
北京市	北京市	北京市农业农村局	关于发布露地蔬菜无人农场"揭榜挂帅"项目指南的通知	2022年9月15日	智慧农业	技术攻关	1.项目均需由企业牵头组成揭榜团队开展"揭榜挂帅"项目攻关，每个揭榜团队的组成单位原则上不超过4家 2.鼓励大企业联合中小企业组成创新团队揭榜攻关	市农业农村局为成功实施的揭榜企业及团队争取专项引导资金或后补助奖励，并为企业相关设备产品在税收优惠、农机补贴方面争取政策支持	项目验收将由市农业农村局会同相关部门，采用第三方评估和测试、用户评价等方式开展

续表

省级实施地点	具体实施地点	牵头组织实施部门	出台文件	发布时间	榜单领域	榜单类别	申报（主体）范围	经费支持	考核与验收
北京市	北京市	北京市住房和城乡建设委员会	北京发布全屋智能家居试点"揭榜挂帅"项目榜单的通知	2022 年 9 月 9 日	智能家居	技术攻关	项目由企业牵头组成揭榜团队开展"揭榜挂帅"科技攻关，每个揭榜团队的组成单位原则上不超过 4 家，鼓励企业与高校、院所等开展产学研合作，组成创新联合体开展揭榜攻关。申报单位需为具有独立法人资格的企业或事业单位	自筹	项目验收将由发榜单位采用专家评审、用户单位使用者满意度统计等方式开展

续表

省级实施地点	具体实施地点	牵头组织实施部门	出台文件	发布时间	榜单领域	榜单类别	申报（主体）范围	经费支持	考核与验收
北京市	北京市	北京市商务局	【申报】关于发布智慧商圈数字孪生底座"揭榜挂帅"申报指南的通知	2022年10月25日	智慧商圈	技术攻关	项目均需由企业牵头组成揭榜团队开展"揭榜挂帅"，每个揭榜团队的组成单位原则上不超过4家	—	—
北京市	北京市	北京市文化和旅游局	北京文旅局发布北京城市图书馆智慧场景——元宇宙图书馆荐书平台"揭榜挂帅"项目的通知	2022年10月25日	文化产业数字化	技术攻关	（一）项目均需由企业牵头组成揭榜团队开展"揭榜挂帅"攻关，各参与单位需具备完善的管理制度（二）鼓励企业与高校、院所等开展产学研合作，组成创新联合体开展揭榜攻关	—	项目验收将由首都图书馆采用第三方评估和测试

续表

省级实施地点	具体实施地点	牵头组织实施部门	出台文件	发布时间	榜单领域	榜单类别	申报（主体）范围	经费支持	考核与验收
北京市	北京市经济技术开发区	北京市经济技术开发区	北京发布2022年智能网联公交示范项目"揭榜挂帅"项目指南的通知	2022年9月15日	智能网联	技术攻关	1. 项目均需由企业牵头组成揭榜团队开展"揭榜挂帅"科技攻关，每个揭榜团队的组成单位原则上不超过4家 2. 鼓励大企业与中小微企业开展合作，组成创新联合体开展揭榜攻关	—	项目验收将由北京经济技术开发区管委会负责，通过第三方评估，采取实际场景项目测试等方式开展

省级实施地点	具体实施地点	牵头组织实施部门	出台文件	发布时间	榜单领域	榜单类别	申报（主体）范围	经费支持	考核与验收
北京市	北京市经济技术开发区	北京市经济技术开发区	北京发布无人配送车车路协同应用"揭榜挂帅"项目申报指南的通知	2022 年 9 月 15 日	车路协同	技术攻关	1. 项目均需由企业牵头组成揭榜团队开展"揭榜挂帅"科技攻关，每个揭榜团队的组成单位原则上不超过4家 2. 鼓励大企业与中小微企业开展合作，组成创新联合体开展揭榜攻关	—	项目验收将由北京经济技术开发区管委会负责，通过实际第三方评估，采取实际场景项目测试等方式开展

续表

省级实施地点	具体实施地点	牵头组织实施部门	出台文件	发布时间	榜单领域	榜单类别	申报（主体）范围	经费支持	考核与验收
天津市	天津市	天津市科技局	天津市科学技术局关于发布2021年天津市新一代人工智能科技重大专项"揭榜挂帅"榜单的通知	2021年8月30日	人工智能	技术攻关	1. 牵头揭榜单位应为国内具有独立法人资格的企业 2. 外省市企业牵头揭榜，须填写揭榜承诺书，应如成功揭榜，应在公示结束后1个月内在天津市注册新企业，并将项目相关科技成果、知识产权转移至该新注册企业 3. 鼓励企业牵头联合高校、科研院所组建创新联合体共同揭榜	财政支持额度300万～1000万元	参照天津市重大科技专项

续表

省级实施地点	具体实施地点	牵头组织实施部门	出台文件	发布时间	榜单领域	榜单类别	申报（主体）范围	经费支持	考核与验收
天津市	天津市	天津市科技局	市科技局关于征集 2021 年天津市生物医药科技重大专项项目的通知	2021 年 11 月 18 日	生物医药	技术攻关	牵头揭榜单位应为医疗机构	项目财政支持总额度不超过 150 万元，用户单位投入资金与市财政支持资金比例不低于 1：1	实行"里程碑"关键节点管理
天津市	天津市	天津市科技局	市科技局关于发布 2021 年天津市碳达峰碳中和科技重大专项"揭榜挂帅"榜单的通知	2021 年 11 月 23 日	碳达峰碳中和	技术攻关	牵头揭榜单位应为具有独立法人资格的各类机构，无资质要求，注册时间、注册资本等限制要求。鼓励企业牵头联合高校、科研院所组建的新联合体共同揭榜	榜单总支持额度 400 万元，其中市财政支持 200 万元，用户单位投入支持 200 万元	同上

续表

省级实施地点	具体实施地点	牵头组织实施部门	出台文件	发布时间	榜单领域	榜单类别	申报（主体）范围	经费支持	考核与验收
天津市	天津市	天津市科技局	市科技局关于发布进口冷链全流程消毒技术开发及应用示范重大项目"揭榜挂帅"榜单的通知	2022 年 5 月 9 日	冷链消毒	技术攻关	同上	榜单总支持额度 350 万元，其中市财政支持 50 万元，用户单位投入支持 300 万元	按照军令状考核

续表

省级实施地点	具体实施地点	牵头组织实施部门	出台文件	发布时间	榜单领域	榜单类别	申报（主体）范围	经费支持	考核与验收
天津市	津南区	津南区科技局，海教园管委会	2022年津南区"揭榜挂帅"科技计划项目重大技术需求榜单发布暨揭榜征集通知	2022年8月12日	智能制造、大数据及人工智能、碳达峰碳中和等	技术攻关	牵头揭榜单位应为具有独立法人资格的各类机构，无资质质称号、注册时间、注册资本等限制要求。鼓励企业牵头联合高校、科研院所组建创新联合体共同揭榜	1.获得"揭榜挂帅"项目立项的，津南区内注册并实际经营的需求提出单位的财政资金可获得最高200万元的财政资金支持；对专家建议支持的津南区外需求提出单位的"揭榜挂帅"项目，在签订四方协议后6个月内在津南区注册并实际经营，有转化成效的，可申请享受该政策资金支持	按照军令状约定验收

续表

省级实施地点	具体实施地点	牵头组织实施部门	出台文件	发布时间	榜单领域	榜单类别	申报（主体）范围	经费支持	考核与验收
天津市	津南区	津南区科技局、海教园管委会	2023年津南区"揭榜挂帅"科技计划项目第一批重大技术需求揭榜征集通知	2023年5月26日	智能科技、碳达峰碳中和	技术攻关	同上	（一）发榜企业支持措施。同上（二）技术经纪人支持措施。支持技术经纪人参与"揭榜挂帅"，技术经纪人挖掘的技术需求经专家评审公开发布的，给予每条需求1000元奖励；成功对接的，教园管委会颁发"年度优秀技术经纪人"证书，发榜方与技术经纪人所在单位签订技术经纪服务合同的，在项目获得"揭榜挂帅"科技计划项目立项后，发榜方需按照不超过项目合同金额的3%，最高10万元的标准支付服务费	对关键节点实行"里程碑"式管理

续表

省级实施地点	具体实施地点	牵头组织实施部门	出台文件	发布时间	榜单领域	榜单类别	申报（主体）范围	经费支持	考核与验收
天津市	津南区	津南区科技局、海教园管委会	2023年津南区"揭榜挂帅"科技计划项目第二批重大技术需求榜单征集通知	2023年7月20日	智能科技、碳达峰碳中和、新材料和高端装备等	技术攻关	同上	同上	同上
天津市	津南区	津南区科技局、海教园管委会	2024年津南区"揭榜挂帅"科技计划项目重大技术需求榜单发布暨揭榜征集通知	2024年5月17日	智能科技、碳达峰碳中和、生物医药、新材料和高端装备等	技术攻关	同上	申请项目补助资金不超过项目经费总额的25%，最高不超过200万元的财政资金支持	同上

续表

省级实施地点	具体实施地点	牵头组织实施部门	出台文件	发布时间	榜单领域	榜单类别	申报（主体）范围	经费支持	考核与验收
天津市	天津市	天津市社会科学界联合会	2022 年天津市社科联重点合作应用课题"揭榜挂帅"公告	2022 年 6 月 14 日	农业、金融、产业等	技术攻关	国家相关部门专业研究机构和国内高校、党校、社科院、智库机构等均可申报。申报单位须具有独立法人资格	每项课题安排经费 20 万元人民币。经费管理参照《国家社会科学基金项目资金管理办法》及相关规定	天津市社会科学界联合会合同有关部门对课题研究进行跟踪管理
天津市	天津市	天津市大数据管理中心、北方大数据交易中心	关于发布"落实'十项行动'释放公共数据价值"揭榜挂帅活动的公告	2023 年 5 月 18 日	数字经济、交通运输等	技术攻关	揭榜单位具有相应的技术团队、科研条件、研发能力和相关业绩	—	—

续表

省级实施地点	具体实施地点	牵头组织实施部门	出台文件	发布时间	榜单领域	榜单类别	申报（主体）范围	经费支持	考核与验收
河北省	河北省	河北省科技厅	河北省科学技术厅关于发布民生领域系统技术集成专项技术榜单的通知	2018 年 5 月 11 日	民生	技术攻关	揭榜单位应为在河北省行政区域内注册的或者河北省所属的，具有独立法人资格的企事业单位。省外高等学校、科研院所、企业等可作为合作单位参与申报项目	单个榜单任务财政经费支持不超过300万元	1. 揭榜单位按照《河北省省级科技计划项目管理办法》和项目任务书要求推进项目实施 2. 归口管理部门及各市科技管理部门负责项目的监督管理，确保按时按质按量完成任务

续表

省级实施地点	具体实施地点	牵头组织实施部门	出台文件	发布时间	榜单领域	榜单类别	申报（主体）范围	经费支持	考核与验收
河北省	河北省	河北省科技厅	关于发布2022年首批"揭榜挂帅"科技项目榜单的通知（冀科资函〔2022〕67号）	2022年8月25日	装备、石化、医药、信息智能、新能源、都市农业等	技术攻关、成果转化	1. 技术攻关类项目的揭榜方，为国内外高校、科研机构或企业等（与需求方不能为同一单位或其具有股权关联关系）。2. 成果转化类项目的揭榜方，为河北省内有技术需求和应用需求的企业（与成果转化需求方不能为同一单位或其具有股权关联关系）	1. 技术攻关类项目的补助对象为技术需求方。2. 成果转化类项目补助对象为成果转化揭榜方	揭榜项目纳入河北省省级科技计划管理

续表

省级实施地点	具体实施地点	牵头组织实施部门	出台文件	发布时间	榜单领域	榜单类别	申报（主体）范围	经费支持	考核与验收
河北省	保定市	保定市人民政府	保定市人民政府关于公布保定市首批"揭榜挂帅"项目榜单的通知	2021年9月14日	先进制造业、新能源、智能电网、新一代信息技术、生物医药健康、新材料、节能环保、现代农业、中医药、新型冠状病毒肺炎防治等	技术攻关、成果转化	1. 技术攻关类项目揭榜方，为国内外有研究开发能力的高校、科研院所、科技型企业或其组建的联合体（与发榜方不能为同一单位或其下属子公司）2. 成果转化类项目揭榜方，应为具有独立法人资格的企业（与发榜方不能为同一单位或其下属子公司）	按照科技计划项目任务合同书给予发榜方一定额度的资金支持	管理按照《保定市科技项目"揭榜挂帅"工作指引（试行）》有关规定。成功揭榜的纳入市级科技计划项目管理体系

续表

省级实施地点	具体实施地点	牵头组织实施部门	出台文件	发布时间	榜单领域	榜单类别	申报（主体）范围	经费支持	考核与验收
河北省	保定市	保定市人民政府	关于发布2022年第一批"揭榜挂帅"项目榜单的通知	2022年3月18日	先进制造业、新能源、新一代信息技术、智能电网、生物医药、新材料、节能环保等多个行业领域	技术攻关、成果转化	同上	同上	同上

续表

省级实施地点	具体实施地点	牵头组织实施部门	出台文件	发布时间	榜单领域	榜单类别	申报（主体）范围	经费支持	考核与验收
河北省	保定市	保定市人民政府	关于发布2022年第二批"揭榜挂帅"项目榜单的通知	2022年6月27日	先进制造业、新能源、新一代信息技术、智能电网、新材料、节能环保等	技术攻关、成果转化	同上	同上	同上

续表

省级实施地点	具体实施地点	牵头组织实施部门	出台文件	发布时间	榜单领域	榜单类别	申报（主体）范围	经费支持	考核与验收
河北省	保定市	保定市人民政府	关于发布2022年第三批"揭榜挂帅"项目榜单的通知	2022年9月13日	先进制造业、新能源、新一代信息技术、食品药品、新材料、节能环保等	技术攻关	国内外有研究开发能力的高校、科研院所、科技型企业或其组成的联合体（与发榜方不能为同一单位或其下属子公司）	同上	同上
河北省	保定市	保定市人民政府	关于发布2023年第一批"揭榜挂帅"榜单的通知	2023年4月19日	先进制造业、新能源、新一代信息技术、生物医药、新材料、节能环保、现代农业等	技术攻关、成果转化	1. 技术攻关类 项目揭榜方，为国内外有研究开发能力的高校、科研院所、科技型企业或其组成的联合体（与发榜方不能为同一单位或其下属子公司） 2. 成果转化类 项目揭榜方，保定市范围内注册，具有独立法人资格的企业（与发榜方不能为同一单位或其下属子公司）	同上	同上

续表

省级实施地点	具体实施地点	牵头组织实施部门	出台文件	发布时间	榜单领域	榜单类别	申报（主体）范围	经费支持	考核与验收
河北省	保定市	保定市人民政府	关于发布2023年第二批"揭榜挂帅"榜单的通知	2023年8月22日	先进制造业、新一代信息技术、新材料、节能环保、现代农业等	技术攻关	国内外有研究开发能力的高校、科研院所、科技型企业或其组成的联合体（与发榜方不能为同一单位或其下属子公司）	同上	同上
河北省	保定市	保定市人民政府	关于发布第三批2023年"揭榜挂帅"榜单的通知	2023年12月19日	先进制造业、新一代信息技术、新材料、节能环保、现代农业等	技术攻关	同上	同上	同上

续表

省级实施地点	具体实施地点	牵头组织实施部门	出台文件	发布时间	榜单领域	榜单类别	申报（主体）范围	经费支持	考核与验收
河北省	保定市	保定市人民政府	关于发布2024年第一批"揭榜挂帅"榜单的通知	2024年5月11日	先进制造业、新一代信息技术、新材料、节能环保、现代农业等	技术攻关、成果转化	1.技术攻关类项目揭榜方，为国内外有研究开发能力的高校、科研院所、科技型企业或其组成的联合体（与发榜方不能为同一单位或其下属子公司）2.成果转化类项目揭榜方，为保定市范围内注册、具有独立法人资格的企业（与发榜方不能为同一单位或其下属子公司）	同上	同上

续表

省级实施地点	具体实施地点	牵头组织实施部门	出台文件	发布时间	榜单领域	榜单类别	申报（主体）范围	经费支持	考核与验收
河北省	石家庄市	石家庄市科技局	石家庄市科学技术局关于发布 2022 年首批"揭榜挂帅"制科技榜单项目的通知	2022 年 3 月 28 日	新一代电子信息、生物医药、先进装备制造、现代食品等	技术攻关、成果转化、技术转移机构类	（一）技术攻关类：由国内外符合条件且有研究开发能力的高校、科研机构、科技型企业等进行揭榜（二）成果转化类：由石家庄市内有成果需求、应用场景且符合应用条件的企业进行揭榜转化，开展成果推广转化应用（三）技术转移机构类：面向国内外、公开选拔 5 家技术转移机构	"揭榜挂帅"制科技项目（技术攻关类）资金保障以需求方提供配套资金为主，市财政以事前资助和事后补助资金的方式对需求方予以支持	按照揭榜协议考核

续表

省级实施地点	具体实施地点	牵头组织实施部门	出台文件	发布时间	榜单领域	榜单类别	申报（主体）范围	经费支持	考核与验收
河北省	石家庄市	石家庄市科技局	关于发布2023年生物医药类"揭榜挂帅"制榜科技项目榜单的通知	2023年3月21日	生物医药	技术攻关	国内外研发能力强的高等院校、科研院所、科技型企业	同上	—
河北省	石家庄市	石家庄市科技局	关于发布2023年重点领域"揭榜挂帅"科技项目榜单的通知~石科计函〔2023〕18号	2023年4月15日	新一代电子信息、先进装备制造、现代农业等	技术攻关、成果转化	（一）技术攻关类：由国内外符合条件且有研究开发能力的高校、科研机构、科技型企业等进行揭榜 （二）成果转化类：由石家庄市内有成果需求、应用场景且符合应用条件的企业进行揭榜转化，开展成果推广转化应用	同上	—

续表

省级实施地点	具体实施地点	牵头组织实施部门	出台文件	发布时间	榜单领域	榜单类别	申报（主体）范围	经费支持	考核与验收
河北省	张家口市	张家口市科技局	张家口市科学技术局关于发布2022年"揭榜挂帅"技术攻关类项目榜单的通知	2022年10月25日	绿色农收、现代制造	技术攻关	揭榜方主要为国内外具有研发能力的创新主体的高校、科研机构或企业	技术攻关类项目的补助对象为发榜方	纳入张家口市市级科技计划管理

附表6　长三角区域"揭榜挂帅"管理办法、工作指引、工作方案制定情况

实施地点	牵头组织实施部门	出台文件	印发时间	项目分类	发榜方条件	揭榜方条件
长三角	上海市科学技术委员会、江苏省科学技术厅、浙江省科学技术厅、安徽省科学技术厅	长三角科技创新共同体联合攻关计划实施办法（试行）	2023年4月6日	技术攻关、成果转化	三省一市科技厅（委）面向若干重点产业领域，开展常态化的需求征集工作，共同征集符合条件的行业青年企业的创新需求，引导企业凝练需求联合外部优势力量共同实施的揭榜任务	纳入储备库的单位，以及符合指南方向的其他长三角区域单位，均可登录国家科管平台进行申报 鼓励长三角区域综合性科技创新中心等战略科技力量积极响应企业需求，动态组织、集结科研优势力量，提出解决方案

实施地点	牵头组织实施部门	出台文件	印发时间	项目分类	发榜方条件	揭榜方条件
浙江省	浙江省科学技术厅	浙江省"尖兵""领雁"研发攻关计划管理办法（试行）	2021年10月14日	技术攻关	—	项目申报基本条件如下 1. 申报单位应为注册在本省的独立法人单位，包括高等学校、科研院所、新型研发机构和企业等，不包括政府机关 2. 申报单位应具备必要的科研能力，科研条件和科研投入，企业为主体申报高新技术产业类项目的，其上年研究开发费占营业收入比重不低于2.0%；申报传统产业类和农业类项目的，其上年研究开发费占营业收入比重不低于1.0% 采用择优委托（定向委托）方式的，原则上应由建有相关领域的重点实验室、临床医学研究中心、工程技术研究中心、企业研究院等省级以上创新平台申报，其依托单位应为在省内有明显优势，创新实力和协同攻关能力强，有基础，有条件在相关领域取得重大关键核心技术突破的优势单位。申报高新产业类优势企业的，其依托企业原则上应为高新技术企业，且上年研究开发费占营业收入比重一般应不低于3.0%；申报传统产业类和农业类择优委托项目的，其上年研究开发费占营业收入比重一般应不低于1.5% 3. 项目负责人应具有领导和组织开展创新性研究的能力，科研信用记录良好，符合申报条件要求。项目负责人及研发骨干人员按相关规定实行限实项目管理

续表

实施地点	牵头组织实施部门	出台文件	印发时间	项目分类	发榜方条件	揭榜方条件
浙江省	浙江省科学技术厅	关于深化项目组织实施机制 加快推进关键核心技术攻坚突破的若干意见	2023 年 5 月 13 日	技术攻关	—	—
浙江省	九部门：中共浙江省委组织部、浙江省科技厅等	关于强化企业科技创新主体地位加快科技企业高质量发展的实施意见（2023—2027年）	2023 年 11 月 14 日	技术攻关	—	—

续表

实施地点	牵头组织实施部门	出台文件	印发时间	项目分类	发榜方条件	揭榜方条件
上海市	上海市浦东新区人民政府	上海市浦东新区优化揭榜挂帅机制促进新型研发机构发展若干规定（草案）	2022年10月28日	本规定所称创新项目，包括科学研究、技术开发、技术攻关、成果转化、示范应用、产业化等项目	—	创新项目申报主体应当按照项目需求提交方案，说明项目组织形式、首席科学家或其他重要科技领衔人、团队组成等，证明科研能力等情况 不得以国籍、年龄、资历、学历和工作经历、单位隶属性等作为国内外人才和团队在浦东新区参与创新项目揭榜挂帅的资格条件

续表

实施地点	牵头组织实施部门	出台文件	印发时间	项目分类	发榜方条件	揭榜方条件
上海市	上海市科学技术委员会	上海市科技计划"揭榜挂帅"项目管理办法（试行）	2024年6月17日	技术攻关	企业出题项目技术需求方应符合以下条件中的一项 （一）注册在本市的科技领军企业或行业龙头企业，且在集成电路、生物医药、人工智能等重点产业领域内有较大影响和规模，具备较强的创新资源集成能力、研发组织能力和供应链管理能力；有意愿、有能力为技术需求攻关提供经费资助；近三年内无不良科研诚信记录或重大违法行为 （二）注册在本市的其他单位，对本市重点产业领域新产品、新技术有明确的应用场景和需求；有意愿、有能力为技术需求攻关提供经费资助；近三年内无不良科研诚信记录或重大违法行为	除符合指南要求的其他条件外，项目申报单位和项目负责人还应符合以下要求 （一）具备实施项目所需的科研能力和科研队伍，在揭榜的项目领域具有较强的技术储备，掌握项目实施所需的自主知识产权 （二）申报企业出题类项目的揭榜单位和项目负责人，不可为技术需求方的关联方（含单方控制、共同控制与重大影响等关系）

续表

实施地点	牵头组织实施部门	出台文件	印发时间	项目分类	发榜方条件	揭榜方条件
江苏省	江苏省工业和信息化厅	2019年关键核心技术攻关任务揭榜工作方案	2019年4月23日	技术攻关	—	揭榜申请企业应具有较强的创新能力，对申请揭榜的产品或技术拥有知识产权，技术先进且应用前景良好。申请企业需承诺承诺揭榜后能够在指定期限内完成揭榜任务
安徽省	安徽省经济和信息化厅	重点领域补短板产品和关键技术攻关任务揭榜工作方案（皖经信科技函〔2020〕535号）	2020年6月29日	技术攻关	—	省内从事相关领域的企业，或由企业牵头多个单位组成的联合体可成为揭榜申请单位。揭榜申请单位的产品或技术具有较强的创新能力，对申请揭榜的产品或技术有一定的研发基础。揭榜申请单位承诺揭榜后能够在指定期限内完成揭榜任务。每个单位限申请一项揭榜任务
合肥市	合肥市科技局	合肥市科技攻关"揭榜挂帅"项目管理办法（试行）	2024年3月28日	技术攻关	—	揭榜单位应为有能力解决榜单任务的高等院校、科研院所、医疗机构、新型研发机构、国家高新技术企业，以及团队和个人等。揭榜单位和发榜单位没有关联关系，无不良信用记录，且双方尚未对榜单任务开展研发

附表 7　长三角区域"揭榜挂帅"需求征集情况

实施地点	牵头组织实施部门	出台文件	发布时间	征集领域	征集项目类别	征集对象	技术攻关类要求	成果转化类要求
长三角地区	上海市科学技术委员会、江苏省科学技术厅、浙江省科学技术厅、安徽省科学技术厅	2023 年度长三角科技创新共同体联合攻关需求征集通知	2023 年 4 月 6 日	聚焦集成电路、人工智能、生物医药	技术攻关、成果转化	面向长三角区域内具有独立法人资格、具备相应研究开发能力的科技型骨干企业，2022 年主营业务收入不低于 2 亿元、研发投入占主营业务收入比不低于 5%，无不良信用记录。各省（市）也可根据实际，确定征集联合攻关需求的企业范围	主要梳理需要外部协同解决的关键技术难点，需求表述清晰、明确，关键技术、提出关键技术解决，关键产品研制、重大工程或应用等核心预期目标（指标）和应用场景	—

续表

实施地点	牵头组织实施部门	出台文件	发布时间	征集领域	征集项目类别	征集对象	技术攻关类要求	成果转化类要求
长三角地区	长三角科技创新共同体建设工作专班、上海市科学技术委员会	关于开展2024年度长三角科技创新共同体联合攻关需求征集工作的通知	2024年8月9日	聚焦集成电路、人工智能和生物医药三大先导产业和未来产业领域	技术攻关、成果转化	长三角区域内具有独立法人资格，具备相应研究开发能力的科技型骨干企业，2023年主营业务收入不低于2亿元，研发投入占主营业务收入比不低于5%，无不良信用记录。企业用于对外揭榜资金投入不低于项目总投入30%，且不低于200万元。鼓励支持长三角创新联合体联合提出或推荐其成员单位提出相关需求。各省（市）也可根据实际，确定征集联合攻关需求的企业范围	主要梳理需要外部协同解决的关键技术难点，需求表述任务分解明确，表述清晰。提出关键技术解决、关键产品研制、重大工程或重点企业应用等核心预期目标（指标）和应用场景	—

续表

实施地点	牵头组织实施部门	出台文件	发布时间	征集领域	征集项目类别	征集对象	技术攻关类要求	成果转化类要求
上海市浦东区	上海市浦东新区科技和经济委员会	关于征集浦东新区经济数字化转型"揭榜挂帅"应用项目的通知	2022年1月6日	面向智能制造、智慧医疗、智能交通、智慧商业、智慧航运、金融科技、智慧农业、赋能平台等领域	—	注册地、经营地均在本区，有数字化转型应用场景建设和技术联合攻关需求的企业	致力于运用数字化技术攻关经济运行产生的技术、产品、应用、服务的关键性、共性难题	—

续表

实施地点	牵头组织实施部门	出台文件	发布时间	征集领域	征集项目类别	征集对象	技术攻关类要求	成果转化类要求
绍兴市	绍兴市科技局	关于征集2023年绍兴市级科技计划项目重点攻关榜单的通知	2023年2月16日	"互联网+"、生命健康、新材料	技术攻关（进口替代、技术领跑）	在绍兴市行政区域内依法设立并具有独立法人资格的企业团体等，重点支持上年度研发投入大于600万元或研发人员占比费用占营业收入比例不低于3%的单位及建有市级以上研发平台的企业申报	1. 进口替代榜单。围绕产业链断链断供风险点，重点突破目前依赖于国外进口的技术（工艺、产品、材料、设备等，下同），形成具有自主知识产权，性能参数达到国内外同类产品技术水平替代，实现产品技术国产替代、自主可控。该类榜单项目预计研发投入一般不少于1000万元（农业类榜单项目不少于500万元）。 2. 技术领跑榜单。围绕产业转型升级需求，对现有优势产品技术进行改造提升，形成具有自主知识产权、技术水平达到国内领先水平，进入国际先进水平的产品技术，实现技术领跑或并跑；技术产品能实现产业化，推动产业迭代升级，具有较好的社会经济效益。该类榜单项目预计研发投入一般不少于600万元（农业类榜单项目不少于300万元）	—

续表

实施地点	牵头组织实施部门	出台文件	发布时间	征集领域	征集项目类别	征集对象	技术攻关类要求	成果转化类要求
常州市	常州市科学技术局　常州市财政局　常州市科学技术协会	关于开展常州市"揭榜挂帅"科技攻关暨2022年重大技术需求征集的通知（常科发〔2022〕70号）	2022年5月5日	智能制造、生命健康两大领域	技术攻关	市内企业	重大技术需求应是攻克产业发展的前沿技术、"卡脖子"技术、关键核心技术或共性技术	—
常州市	常州市科学技术局　常州市财政局	关于开展常州市"揭榜挂帅"科技攻关暨2023年重大技术需求征集的通知（常科发〔2023〕9号）	2023年1月6日	新能源、新材料两大领域	技术攻关	市内企业	重大技术需求应是攻克产业发展的前沿技术、"卡脖子"技术、关键核心技术或共性技术	—

续表

实施地点	牵头组织实施部门	出台文件	发布时间	征集领域	征集项目类别	征集对象	技术攻关类要求	成果转化类要求
苏州市	苏州市科技局	关于组织苏州市面向全球"揭榜挂帅"关键核心技术攻关需求征集的通知（苏科高〔2024〕26号）	2024年3月22日	围绕新能源、新一代信息技术、生物医药与大健康、高端装备、新兴数字产业、新能源汽车、软件与信息服务、新材料、量子技术等我市的重点布局的制造业"1030"产业和未来产业领域等	技术攻关	技术需求提出单位（即发榜单位）应为我市高新技术企业，上年度营业收入应不低于5000万元，优先支持科技领军企业、科技（拟）上市企业、龙头企业、链主企业等。鼓励创新联合体内龙头企业领域关提出重点产业领域关键技术需求	技术需求应是前沿技术、"卡脖子"技术，其性技术难以解决的企业依靠自身力量难以解决的关键核心技术。优先征集研发投入较大的攻关需求。不得将已获得财政资金资助的项目参与本次需求征集	—

续表

实施地点	牵头组织实施部门	出台文件	发布时间	征集领域	征集项目类别	征集对象	技术攻关类要求	成果转化类要求
安徽省	安徽省科技厅	关于组织征集2022年省科技重大专项揭榜挂帅类项目需求的通知（皖科资秘〔2022〕112号）	2022年3月24日	聚焦新一代信息技术、新能源汽车和智能网联汽车、生命健康、高端装备制造、数字创意、节能环保、绿色食品、智能家电、新材料和人工智能等新兴产业	技术攻关	项目需求征集对象为发榜方，是指提出重大技术需求的、省内具有独立法人资格的企业	提出"卡脖子"核心技术、基础共性技术等重大技术需求业或企业发展的"卡脖子"技术、重大公益共性技术以及关键零部件、材料及工艺等，项目实施周期原则上不超过3年 2.项目需求应包含明确的技术指标、成果形式、预期完成时限、产权归属、利益分配等，且尚未与其他单位合作研发，未获得省级及以上财政资金支持	—

续表

实施地点	牵头组织实施部门	出台文件	发布时间	征集领域	征集项目类别	征集对象	技术攻关类要求	成果转化类要求
合肥市	合肥市科技局	关于组织征集合肥市2024年度科技攻关"揭榜挂帅"项目需求的通知（合科〔2024〕51号）	2024年4月25日	新能源汽车、新一代信息技术、生物医药、量子信息等主导产业	技术攻关	项目需求征集对象为发榜单位，发榜单位是市内具有独立法人资格的企业，提出重大技术需求	1. 项目需求应着眼补齐产业链和社会发展关键技术、装备短板，有明确的目标和技术指标（对标国际国内领先技术，进口替代需有对标的具体产品和技术指标） 2. 项目需求应有明确的成果形式，包括终端产品、成套设备、核心元器件、软件、新材料、新品种、新药等 3. 项目需求应明确预期完成时限、产权归属、利益分配等，且尚未与其他单位合作研发，目前未获得市级及以上财政资金支持	—

附表 8　长三角区域"揭榜挂帅"榜单发布情况

实施地点	牵头组织实施部门	出台文件	发布时间	榜单领域	榜单类别	申报（主体）范围	经费支持	考核与验收
长三角	上海市科学技术委员会、江苏省科学技术厅、浙江省科学技术厅、安徽省科学技术厅	关于开展2023年度长三角科技创新共同体联合攻关重点任务揭榜工作的通知	2023年9月28日	集成电路、人工智能、生物医药	—	国际国内有条件、有能力解决榜单需求的科研机构、企业和创新团队	—	—
长三角	上海市科学技术委员会、江苏省科学技术厅、浙江省科学技术厅、安徽省科学技术厅	关于开展2024年度长三角科技创新共同体联合攻关重点任务揭榜工作的通知	2024年9月27日	集成电路、人工智能、生物医药	—	国际国内有条件、有能力解决榜单需求的科研机构、企业和创新团队	—	—

续表

实施地点	牵头组织实施部门	出台文件	发布时间	榜单领域	榜单类别	申报（主体）范围	经费支持	考核与验收
浙江省	浙江省科技厅	浙江省科学技术厅关于举办中国第七届中国创新挑战赛（浙江）暨2022年浙江省技术需求"揭榜挂帅"大赛技术需求公告	2022年9月1日	"互联网+"、生命健康、新材料三大科创高地建设和抢占"碳达峰碳中和"技术制高点	技术攻关	遵守我国相关法律法规及挑战赛规则，具备一定研发能力的高等院校、研究机构、企业、自然人等均可报名参加挑战	对于参赛的解决方案，设1个金点子奖，5个一等奖，10个二等奖和15个三等奖，金点子奖奖励人民币20万元，一等奖奖励人民币8万元，二等奖奖励人民币5万元，三等奖奖励人民币2万元（一等奖与金点子奖不重复奖励）	一

续表

实施地点	牵头组织实施部门	出台文件	发布时间	榜单领域	榜单类别	申报（主体）范围	经费支持	考核与验收
浙江省	浙江省科技厅	关于公布第八届中国创新挑战赛（浙江）2023年浙江省技术需求"揭榜挂帅"大赛技术需求的公告	2023年8月29日	大赛聚焦我省"互联网+"、生命健康、新材料三大科创高地和"碳达峰碳中和"技术制高点，以解决技术需求为目标，面向社会公开"悬赏"解决方案，通过"比挑战""比拼"的方式，择优确定解决方案	技术攻关	遵守我国相关法律法规及挑战赛规则，具备一定研发能力的高校院所、新型研发机构和高新技术企业	对于参赛的解决方案，设1个金点子奖，5个一等奖，10个二等奖和15个三等奖，金点子奖、一等奖奖励人民币20万元，一等奖奖励人民币8万元，二等奖奖励人民币5万元，三等奖奖励人民币2万元（一等奖与金点子奖不重复奖励）	—

续表

实施地点	牵头组织实施部门	出台文件	发布时间	榜单领域	榜单类别	申报（主体）范围	经费支持	考核与验收
宁波市	宁波市科技局	关于发布2021年度宁波市第一批重大科技攻关暨"揭榜挂帅"项目申报指南的通知	2021年7月2日	本批共发布重点领域新兴产业专项（智能电器件、集成电路、工业互联网、应用软件等），先进材料专项、高性能电机与机器人专项、高端装备、海洋技术专项、生命健康专项、现代农业专项等7个方向	技术攻关类	1. 申报单位为在我市依法登记注册并具有独立法人资格的企业、高等院校、科研院所以及产业技术研究院等 2. 申报单位应具备实施项目的研发场地条件，有具备完成项目所必需的人才条件和知识产权管理等制度，企业信誉良好 3. 申报单位为企业的，须在我市注册成立满一年以上（截至2021年6月30日），并符合以下条件之一： （1）有效期内的国家认定高新技术企业，或水先进型服务企业 （2）2020年度企业研发费用超过500万元，或2020年度企业研发费用支出总额超过300万元且研发费用总额占成本费用支出总额的比例不低于30% 4. 申报单位为企业的，不存在承担的市科技计划项目到期（截至2021年6月30日）未提交验收情况。对于2020年度研发投入市科技计划（包括市"3315"高端创新创业人才计划项目、自然科学基金、软科学等项目除外）牵头承担项目不足1000万元的，牵头承担的市科技计划投入达到1000万元的，牵头承担的市科技计划在研项目不足3项	对于产业链关键核心技术攻关项目，财政资助总额不超过800万元；对于前沿引领技术攻关项目，财政资助总额不超过100万元	—

续表

实施地点	牵头组织实施部门	出台文件	发布时间	榜单领域	榜单类别	申报（主体）范围	经费支持	考核与验收
宁波市	宁波市科技局	关于发布2021年度第二批重大科技攻关暨"揭榜挂帅"项目申报指南的通知	2021年10月14日	本批共发布关键核心基础件专项、新能源与节能环保专项、汽车新技术专项等3个方向	技术攻关	1. 在我市依法登记注册，且具有独立法人资格的企业、高等院校、科研院所以及其他具备研发的或科技服务能力的单位 2. 具备实施项目的研发场地条件，具有完成项目所必需的人才条件和知识产权管理等基础，有健全的科研管理、财务管理和知识产权管理等制度，企业信誉良好，且2020年度已纳入研究与试验发展（R&D）经费的统计范围 3. 申报单位为企业的，须在我市注册成立满一年以上（截至2021年9月30日），并符合以下条件之一： (1) 有效期内的国家认定高新技术企业，或技术先进型服务企业 (2) 2020年度企业研发费用超过300万元，或研发费用占管理费用比例不低于30% 2020年度企业研发费用超过500万元，且研发投入低于1000万元的企业，牵头承担我市科技计划在研项目应不满2项（包括市"3315"高端创新创业人才计划项目，自然科学等项目除外）；对于研发投入达到1000万元的，牵头承担的市科技计划在研创业人才计划项目应不满3项（包括市"3315"高端创新创业基金，自然科学等项目除外） 5. 不存在承担的市科技计划项目到期（截至2021年1月1日以来，未发生重大安全、重大质量事故和严重环境违法行为，且未列入经营异常名录）未提交验收情况 6. 自2020年1月1日以来，未发生重大安全、重大质量事故和严重环境违法行为，且未列入经营异常名录	对于产业链关键核心技术攻关项目，财政资助总额不超过500万元；对于前沿引领技术攻关项目，财政资助总额不超过100万元	—

续表

实施地点	牵头组织实施部门	出台文件	发布时间	榜单领域	榜单类别	申报（主体）范围	经费支持	考核与验收
宁波市	宁波市科技局	关于发布2022年度宁波市重点研发计划暨第一批"揭榜挂帅"项目申报指南的通知	2022年4月29日	本批共发布数字创新专项、新材料专项、高性能电机与高端数控机床专项、机器人与高端装备专项、关键核心基础件专项、海洋专项、双碳科技专项、生命健康专项、现代农业专项、现代服务业专项等10个方向	技术攻关	1. 在我市登记注册具有独立法人资格的企业、高等院校、科研院所及其他具备研发或科技服务能力的单位 2. 具备实施项目的研发场地条件，具有完成项目所必需的人才条件和知识产权管理等制度 3. 申报单位为企业的，须在我市注册成立满一年以上（截至2022年4月30日），并符合以下条件之一： （1）有效期内的国家高新技术企业、技术先进型服务企业、宁波市级及以上农业龙头企业 （2）2021年度企业研发费用超过500万元，或2021年度企业研发费用超过300万元且研发费用占管理费用比例不低于30%的 4. 申报单位为企业的，2021年度已纳入研究与试验发展（R&D）经费统计范围；其中对于2021年度研发投入低于1000万元的，牵头承担2021年度市级科技研发项目应不满2项，对于研发投入达到1000万元的，牵头承担的宁波市科技计划在研项目应不满3项。宁波市高端创新创业人才计划项目包括市"3315"高端创业双创工程项目 5. 不存在承担的宁波市科技计划项目到期（截至2022年4月30日）未提交验收的情况 6. 自2021年1月1日以来，未发生重大安全、重大质量事故和严重环境违法行为，且未被列入经营异常名录	对产业链关键核心技术攻关项目，财政资助总额不超过500万元；对前沿引领性技术攻关项目，财政资助总额不超过100万元	—

续表

实施地点	牵头组织实施部门	出台文件	发布时间	榜单领域	榜单类别	申报（主体）范围	经费支持	考核与验收
宁波市	宁波市科技局	关于发布2022年度宁波市重点研发计划暨"揭榜挂帅"第三批（重大应用场景）项目申报指南的通知	2022年9月5日	应用场景：智慧港口、智能制造、道路交通、电力水务、医疗健康、市政建设	—	申报主体。除获得省技术创新中心、省重点实验室、省重点企业外，其他须为研究院和省新型研发机构资格的独立法人企业，其他须注册运满一年（2021年8月31日前）。申报主体须具备实施项目的研发基地条件，具有完成项目所需的人才条件和研发基础，有健全的科研管理、财务管理和知识产权管理等制度，近三年内未发生重大质量事故和严重环境违法行为，且未被列入经营异常名录。申报单位、合作单位及项目团队成员诚信状况良好，在市级财政专项资金审计、检查过程中无重大违规行为，无在惩戒执行期内的科研严重失信行为记录和相关社会领域"黑名单"记录	一般情况下，每项最高不超过500万元；对于个别特别重大的，每项最高不超过1000万元	—

续表

实施地点	牵头组织实施部门	出台文件	发布时间	榜单领域	榜单类别	申报（主体）范围	经费支持	考核与验收
宁波市	宁波市科技局	关于组织申报2023年度宁波市重点研发计划暨宁波市"揭榜挂帅"第一批项目的通知	2023年2月3日	本批发布生命健康、双碳科技，现代农业和现代文化服务业（文化科技融合）4个专项	技术攻关	1. 在我市注册登记的具有独立法人资格的企业、高等院校、科研院所、其他具备研发或科技服务能力的单位 2. 具备实施项目的人才条件和研发场地条件，具有完成项目所必需的研发场地基础，有健全的科研管理、财务管理和知识产权管理等制度 3. 申报单位为企业的，须在我市注册成立满一年以上（注册时间为2022年3月1日前），并符合以下条件之一 （1）有效期内的国家高新技术企业或技术先进型服务企业或市级以上农业龙头企业 （2）2022年度企业研发费用超过500万元，或2022年度企业研发费用超过300万元且研发费用占管理费用比例不低于30% 4. 申报单位为企业的，2022年度研发费用不满1000万元的，牵头承担的市级重点研发计划在研项目不限项 对于2022年度研发费用超过1000万元企业，牵头承担在1000万元基础上每增加5000万元研发项目相应增加1项；对于2022年度研发费用超过5亿元的企业，牵头承担的市级重点研发计划在研项目不限项 5. 不存在承担市级重点研发计划在研项目到期且未按规定进行验收的情况 6. 自2021年1月1日以来，未发生重大安全、重大质量事故和严重环境违法行为，且未被列入经营异常名录	原则上对同一指南方向的项目立项不超过1项，如专家意见相近且评审优良，在项目技术路线项目级别区别明显的情形下，可视情形支持多项	

实施地点	牵头组织实施部门	出台文件	发布时间	榜单领域	榜单类别	申报（主体）范围	经费支持	考核与验收
宁波市	宁波市科技局	关于组织申报2023年度宁波市重点研发计划暨"揭榜挂帅"第二批项目的通知	2023年2月7日	本批发布数字创新、先进材料、机器人和高端装备、核心基础件、空天海洋5个专项	技术攻关	1. 在我市注册登记的具有独立法人资格的企业、高等院校、科研院所，其他具备研发或科技服务能力的单位 2. 具备实施项目的研发场地条件，具有完成项目所必需的人才条件和知识产权成果，有健全的科研管理、财务管理等制度 3. 申报单位为企业的，须在我市注册且成立满一年以上（注册时间为2022年3月1日前），并符合以下条件之一 （1）有效期内的国家高新技术企业或技术先进型服务企业或市级及以上农业龙头企业 （2）2022年度企业研发费用超过500万元，或2022年度企业研发费用超过300万元且研发费用占营业管理费用比例不低于30% 4. 申报单位为企业的，2022年度研发费用计划在1000万元的，牵头承担的市级重点研发计划项目不超过2项 对于2022年度研发费用超过1000万元的企业，牵头承担在1000万元基础上每增加5000万元相应增加1项；对于2022年度研发费用超过5亿元的企业，牵头承担的市级重点研发项目不限项 5. 不存在承担市级重点研发计划项目到期且未按规定进行验收的情况 6. 自2021年1月1日以来，未发生重大安全、重大质量事故和严重环境违法行为，且未被列入经营异常名录	原则上对同一指南方向的项目立项不超过2项，如专家评审意见相近且评审评价优良，在项目技术路线明显区别的情形下，可视情支持多项	一

续表

实施地点	牵头组织实施部门	出台文件	发布时间	榜单领域	榜单类别	申报（主体）范围	经费支持	考核与验收
宁波市	宁波市科技局	关于组织申报2023年度宁波市重点研发计划暨"揭榜挂帅"第三批项目的通知	2023年2月27日	本批发布数字孪生专项	技术攻关	同上	原则上对同一指南方向的项目立项不超过3项，如专家评审意见优良，且项目技术路线明显区别的情形下，可视情支持多项	—
温州市	温州市委人才办、温州市科技局	关于发布2021年·全球引才"揭榜挂帅"重大科技攻关项目榜单的通知	2021年10月27日	生命健康、数字经济、新材料、新能源、智能装备	—	国内外具备技术攻关能力的高校院所、企业、创新人才和科研团队。揭榜方应符合以下条件：1. 国内外具有独立法人资格的高校、科研机构、企业等单位及创新联合体等其他组织，以及创新人才和科研团队。2. 具有较强的研发团队，科研条件和自主研发能力，在相关领域具有良好科研业绩，具备较强的国际影响力，能对项目需求提出攻克关键核心技术的可行方案、掌握自主知识产权。3. 具有良好的科研道德和社会诚信，近三年内无不良信用记录和重大违法行为。4. 揭榜方不得与发榜方存在股权关系和关联交易。	对纳入市重大科技创新攻关项目立项的揭榜约定项目，根据年度财政科技经费预算情况，按项目投入不超过25%的比例给予补助，最高补助不超过500万元，且不超过揭榜额	—

· 250 ·

续表

实施地点	牵头组织实施部门	出台文件	发布时间	榜单领域	榜单类别	申报（主体）范围	经费支持	考核与验收
上海市	上海市科技委	关于发布2020年度科技"揭榜挂帅"项目指南的通知	2020年9月29日	—	技术攻关	对揭榜方不设行业门槛限制，揭榜单位应为国内法人单位，并须遵循下列条件要求，需承诺所提交材料真实性，揭榜单位应当对申请人的申请资格进行审核，并对申请材料内容的真实性和完整性进行负责，不得提交有涉密内容的申请材料 2. 所有揭榜单位和参与人应遵守中国知识产权法律、法规、规章，具有约束力的规范性文件及在中国适用的与知识产权有关的国际公约，所申报项目的知识产权明晰无争议，归属或技术来源正当合法，不存在知识产权失信违法行为	单个项目的资助经费一般不超过200万元	由市科委会同技术需求方共同组织开展受理、评审、立项、验收等项目管理事项
上海市	上海市科技委	关于发布2021年度上海市科技攻关"揭榜挂帅"项目指南的通知	2021年8月12日	—	技术攻关	对揭榜方不设行业门槛限制，揭榜单位应为国内法人单位，并须遵循下列条件要求，需承诺所提交材料真实性，揭榜单位应当对申请人的申请资格进行审核，并对申请材料内容的真实性和完整性进行负责，不得提交有涉密内容的申请材料 2. 所有揭榜单位和参与人应遵守中国知识产权法律、法规、规章，具有约束力的规范性文件及在中国适用的与知识产权有关的国际公约，所申报项目的知识产权明晰无争议，归属或技术来源正当合法，不存在知识产权失信违法行为	每项榜单金额100万～300万元	由市科委会同技术需求方共同组织开展受理、评审、立项、验收等项目管理事项

续表

实施地点	牵头组织实施部门	出台文件	发布时间	榜单领域	榜单类别	申报（主体）范围	经费支持	考核与验收
上海市	上海市科技委	关于发布上海市 2021 年度 EDA 领域"揭榜挂帅"项目申报指南的通知	2021 年 9 月 14 日	EDA 领域	技术攻关	1. 项目申报单位应当注册在本市的法人或非法人组织，具有组织项目实施的相应能力 2. 研究内容已经获得财政资金支持的，不得重复申报 3. 所有申报单位和项目参与人应遵守科研伦理准则，遵守人类遗传资源管理相关规定和病原微生物实验室安全管理相关要求。项目负责人应承诺所提交材料真实性，申报单位应当对申请人的真实性和完整性进行审核，不得提交有涉密内容的项目申请	每个项目设置了不同的资助金额，不超过 100 万元、200 万元或 2000 万元不等	—
上海市	上海市科技委	关于发布上海市 2022 年度 EDA 领域"揭榜挂帅"项目申报指南的通知	2022 年 9 月 20 日	EDA 领域	技术攻关	1. 项目申报单位应当注册在本市的法人或非法人组织，具有组织项目实施的相应能力 2. 研究内容已经获得财政资金支持的，不得重复申报 3. 所有申报单位和项目参与人应遵守科研伦理准则，遵守人类遗传资源管理相关规定和病原微生物实验室安全管理相关要求。项目负责人应承诺所提交材料真实性，申报单位应当对申请人的真实性和完整性进行审核，不得提交有涉密内容的项目申请	每个项目设置了不同的资助金额，不超过 100 万元、600 万元不等	—

续表

实施地点	牵头组织实施部门	出台文件	发布时间	榜单领域	榜单类别	申报（主体）范围	经费支持	考核与验收
上海市	上海市科技委	关于发布2022年度上海市科技"揭榜挂帅"项目申报指南的通知	2022年9月30日	一	技术攻关	对揭榜方不设行业门槛限制，揭榜单位应为国内法人单位或非法人组织，具有组织项目实施的相应能力，并须遵循下列条件 1. 所有揭榜单位和参与人应遵守科研诚信管理要求，需承诺所提交材料真实性，揭榜单位应当对申请人的申请资格负责，并对申请材料的真实性和完整性进行审核，不得提交有涉密内容的申请材料 2. 所有揭榜单位和参与人应遵守中国知识产权法律、法规、规章，具有约束力的国际公约，归属或技术来源在中国适用的与知识产权有关的规范性文件及报项目知识产权明晰无争议，不存在知识产权失信违法行为 3. 项目经费预算编制应当真实、合理，符合上海市科技计划项目经费管理的有关要求	每项榜单金额50万~600万元	由市科委会同技术需求方共同组织开展受理、评审、立项、验收等项目管理事项

续表

实施地点	牵头组织实施部门	出台文件	发布时间	榜单领域	榜单类别	申报(主体)范围	经费支持	考核与验收
上海市	上海市科技委	关于发布2023年度上海市科技攻关"揭榜挂帅"项目指南的通知(沪科指南〔2023〕23号)	2023年9月28日	—	技术攻关	对揭榜方不设行业门槛限制,揭榜单应当为国内法人单位或非法人组织,具有组织实施项目的相应能力,并须遵循下列条件 1. 所有揭榜单位和参与人应当遵守科研诚信管理要求,需承诺所提交材料真实性,揭榜单位应当对申请人的申请资格进行审核,不得提交有涉密内容的申请材料 2. 所有揭榜单位和参与人应当遵守中国知识产权法律、法规、规章,具有约束力有关的国际公约,所申报项目的与知识产权清晰无争议,归属知识产权应当真实,不存在知识产权失信违法行为,在中国适用目的与知识产权有关的规范性文件及所申请提交材料的真实性和完整性进行审核,不得在知识产权违法,符合上海市科技计划项目经费管理的有关要求 3. 项目经费预算编制应当真实、合理,符合上海市科技计划项目经费管理的有关要求	每项榜单金额100万~450万元	由市科委会同技术需求方共同组织开展受理、评审、立项、验收等项目管理事项

续表

实施地点	牵头组织实施部门	出台文件	发布时间	榜单领域	榜单类别	申报（主体）范围	经费支持	考核与验收
上海市	上海市城市数字化转型工作领导小组办公室	关于开展上海市五个新城数字化转型首批榜单任务"揭榜挂帅"的通知	2022年8月26日	榜单领域涉及数字设施、数字家园、公共空间、未来产业四大方面	—	揭榜方应为本市内外有能力解决榜单任务的高校、科研院所、企业或相关单位组成的联合体，应与提出榜单任务单位（发榜方）不存在关联关系，且无不良信用记录或重大违法行为。同等条件下，优先支持长三角地区具有良好科研业绩的单位和团队揭榜攻关。鼓励产学研合作、组团揭榜攻关	—	—
上海市	上海市经济信息化委	关于开展2023年重点行业网络安全解决方案揭榜工作的通知	2023年12月14日	网络安全	—	揭榜单位应在中华人民共和国境内注册，具备独立法人资格、信用良好且具有较好的网络安全金融合创新、项目集成建设等能力。鼓励各揭榜单位组建申报联合体，为发榜企业提供理念先进、技术一流、集成度好的整体解决方案	—	—

续表

实施地点	牵头组织实施部门	出台文件	发布时间	榜单领域	榜单类别	申报（主体）范围	经费支持	考核与验收
上海市	上海市经济信息化委	关于组织开展2023年度大企业"发榜"中小企业"揭榜"工作的通知	2023年5月9日	—	—	各区中小企业主管部门组织有意愿且符合《中小企业划型标准规定》（工信部联企业〔2011〕300号）的中小企业围绕大企业技术创新需求目录"揭榜"	对入选"揭榜"名单的国家级专精特新"小巨人"企业、市级专精特新中小企业、创新型中小企业，各区中小企业主管部门要结合当地实际，充分发挥相关专项资金作用，采取适当方式予以支持	—

续表

实施地点	牵头组织实施部门	出台文件	发布时间	榜单领域	榜单类别	申报（主体）范围	经费支持	考核与验收
上海市	上海市经济信息化委	关于组织开展2024年度上海市未来产业试验验场"揭榜挂帅"工作的通知	2024年3月7日	生物制造、量子科技、6G技术、新型储能、商业航天、低空经济、深海探采、绿色材料、非硅基芯材料	技术攻关、成果转化	申报主体应为场景提供方、建设方、运营方、支持方等，鼓励企业、高校、科研院所、园区、医院、银行、商业体、社会团体等各类企事业单位以联合体方式申报，牵头单位参与单位不超过4家。申报主体须为在本市注册、具有独立法人资格的企事业单位。申报单位需承诺揭榜后能够在指定期限内完成相应任务	对接各区和未来产业先导相关政策，对于特别优质的揭榜单位项目，加强市区协同，统筹给予资金支持和各区配套资金保障	建设完成后，对项目成效进行评估，择优确定并公布揭榜优胜单位

· 257 ·

续表

实施地点	牵头组织实施部门	出台文件	发布时间	榜单领域	榜单类别	申报（主体）范围	经费支持	考核与验收
						参加省技术产权交易市场"专利（成果）拍卖季"、"J-TOP 创新挑战季"活动，签订技术合同，并实现技术交易的高校院所、新型研发机构以及科技型企业等具有独立法人资格的技术输出方		—
江苏省	江苏省科技厅	关于组织申报 2021 年江苏省产学研合作"揭榜挂帅"项目的通知（苏科机发〔2021〕244 号）	2021 年 11 月 2 日	—	成果转化	1. 技术交易双方通过省技术产权交易市场线上平台发布供需信息，参加"专利（成果）拍卖季"或"J-TOP 创新挑战季"两个揭榜挂帅品牌活动 2. 技术交易双方于 2020 年 1 月 1 日以后签订责权利明确的技术合同，在"江苏省技术合同认定登记系统"完成登记（关联交易除外） 3. 技术合同执行期不少于 1 年，合同成交额达 20 万元及以上。技术合同签订的当年度，技术实际支付金额不少于 5 万元 4. 技术吸纳方须为江苏境内注册的企业	—	

续表

实施地点	牵头组织实施部门	出台文件	发布时间	榜单领域	榜单类别	申报（主体）范围	经费支持	考核与验收
江苏省	江苏省科技厅	关于组织申报2022年江苏省产学研合作项目"揭榜挂帅"的通知(苏科机发〔2022〕220号)	2022年9月19日	—	成果转化	参加江苏省"专利（成果）拍卖季"活动、实现技术交易并签订技术合同的高校院所、新型研发机构（含企业性质）等具有独立法人资格的技术输出方 1. 技术交易双方通过省科技资源统筹服务云平台"揭榜挂帅"专题页发布供需信息，参加江苏省"专利（成果）拍卖季"或"J-TOP创新挑战季"品牌活动 2. 技术交易双方签订责权利明确的技术合同，在"江苏省技术合同认定登记系统"完成登记，获得技术合同登记编号，关联交易除外 3. 技术合同起止时间为：合同开始时间大于2021年1月1日（含），合同结束时间大于2022年12月31日（含），技术合同执行期不少于1年 4. 技术合同实际成交额累计达20万元及以上，且2022年当年度有实际支付金额 5. 技术吸纳方须为江苏境内注册的企业	—	—

续表

实施地点	牵头组织实施部门	出台文件	发布时间	榜单领域	榜单类别	申报（主体）范围	经费支持	考核与验收
常州市	常州市科技局	关于发布常州市"揭榜挂帅"科技攻关重大技术需求榜单的公告	2023年3月28日	新能源、新材料两大产业领域	技术攻关	国内：揭榜单位是中国境内具有研发实力的高校、科研机构、科技型企业、创新联合体等，并须满足下列条件 1. 具有较强的研发实力、科研条件和稳定的人员队伍等，有能力完成发榜单位提出的任务 2. 能对发榜重大技术需求提出可行的解决方案，拥有自主知识产权 3. 揭榜单位研发团队成员与发榜单位没有互为发起人、出资人、股东、董事、高管、债权人等关联关系 4. 财务状况良好且管理规范，具有良好的诚信，近三年内无不良信用记录，道德和社会诚信：揭榜单位是国际内及国际港澳台具有研发实力的高校、科研机构，科技型企业、创新联合体等，并满足下列条件 1. 揭榜单位具有较强的研发实力，能对发榜重大技术需求提出可行的解决方案 2. 揭榜单位和研发机构不得是同一企业集团在中国境内外的分支机构，不得是母子公司等关联关系 3. 发榜单位与揭榜单位合作的，其相关行为应应当遵守各自及对方所在地国家或地区的法律法规 4. 发榜单位及揭榜单位签订的合作协议应规范严重，明确职责和分工，并包括知识产权专门条款，合作协议需双方有权签字人签字或加盖印章，或由有权签字人书面授权他人签字，同时明确签字各方的姓名、单位、部门、职务等信息。外文合作协议需同时提供中文翻译件，内容不一致处以中文表述为准	—	—

续表

实施地点	牵头组织实施部门	出台文件	发布时间	榜单领域	榜单类别	申报（主体）范围	经费支持	考核与验收
安徽省	安徽省科学技术厅	关于发布安徽省 2022 年"揭榜挂帅"榜单任务的通知（皖科资秘〔2022〕221号）	2022 年 5 月 30 日	新材料、新能源	技术攻关	揭榜方为省内外有能力解决榜单任务的高校、科研院所，企业或相关单位组成的联合体。同等条件下，优先支持长三角地区具有良好科研业绩的单位和团队组团揭榜攻关。鼓励产学研合作，组团揭榜攻关。揭榜方与提出榜单任务单位（发榜方）不存在关联关系，且双方尚未对榜单任务开展研发	对成功揭榜并立项的项目，由省财政采取无偿资助方式，给予发榜方最高 1000 万元/项配套支持	—
安徽省	安徽省科学技术厅	关于发布安徽省科技特派员农业装备技术攻关揭榜挂帅项目榜单任务的通知	2022 年 11 月 7 日	农业装备	技术攻关	揭榜方为科技特派员所在单位、科技特派团组建单位，以及科技特派员（团）服务的法人实体。鼓励产学研合作，组团揭榜攻关	对成功揭榜并立项的项目，由省财政采取无偿资助方式，给予发榜方 100 万元/项配套支持	—

续表

实施地点	牵头组织实施部门	出台文件	发布时间	榜单领域	榜单类别	申报（主体）范围	经费支持	考核与验收
安徽省	安徽省科学技术厅	关于发布2023年安徽省重大科技攻关专项"揭榜挂帅"类项目榜单的通知（皖科重秘〔2023〕151号）	2023年5月10日	电子信息	技术攻关	揭榜方须为省内有能力有解决揭榜任务的企业或由企业牵头组成的联合体，省内高校、科研院所及企业牵头单位须与省内企业合作揭榜，并由省内企业牵头。揭榜企业或省内企业联合体须有较强的技术储备，研发投入较高，在揭榜的领域具有较强的技术储备，研发投入较高，财务状况较好（牵头企业提供2020年，2021年，2022年财务审计报告，成立时间不足3年的，按实际会计年度提供），具备完成攻关任务的条件，提出的技术方案可行性高，经济性好	原则上按省、市（县）分别不超过项目总投入的20%，企业不低于60%的比例共同出资，每个项目省支持资金1000万元左右；特别重大的项目，财政投入比例可适当提高。首次拨款不低于总额的50%	一

续表

实施地点	牵头组织实施部门	出台文件	发布时间	榜单领域	榜单类别	申报（主体）范围	经费支持	考核与验收
安徽省	安徽省发展改革委	安徽省发展改革委关于发布2024年安徽省产业创新中心"揭榜挂帅"任务榜单的通知	2023年12月29日	—	其他	省产业创新中心须由具备较强研发能力并已在省内注册的企业或科研院所牵头，联合产业链上下游企业（非牵头单位关联企业）、高等学校、科研院所、创新平台组成创新联合体申报。鼓励吸引风险投资、产业基金等金融资本参与。具体条件如下 1.揭榜单位拥有良好的科研条件和稳定的人员队伍，在相关领域具有较强的研发能力和成果转移转化能力，行业影响力和竞争力突出 2.参与单位近三年内无不良信用记录和重大违法行为 3.创新中心应围绕行业发展特点和趋势，科学制定近期、中期和近期发展目标，做到定量与定性相结合，并在提供公共服务和产业化方面提出具有竞争力的量化目标 4.创新中心应承担技术研发、成果转化、投资孵化、资源共享、人才引育等体系化的任务，建立灵活高效的运行机制、人才和成果转化激励机制及知识产权运营管理制度等	—	

续表

实施地点	牵头组织实施部门	出台文件	发布时间	榜单领域	榜单类别	申报（主体）范围	经费支持	考核与验收
合肥市	合肥市科技局	关于发布合肥市2022年第一批市科技重大专项"揭榜挂帅"榜单任务的通知（合科〔2022〕91号）	2022年7月8日	电子信息	技术攻关	揭榜方为市内外有能力解决榜单任务的高校、科研院所、新型研发机构、国家高新技术企业、组团揭榜攻关。鼓励揭榜方与提出榜单任务方单位（发榜方）不存在关联关系，且双方尚未对榜单任务开展研发。发榜方提交的项目申报材料须真实、有效，发榜方和揭榜方项目负责人等责任主体信用记录良好，分别在"信用中国""信用安徽""信用合肥"和"国家企业信用信息公示系统"中进行核查，并就信用情况作出书面承诺，对信用存在问题的，取消项目立项资格	对成功揭榜并立项的项目，市财政给予发榜方单个项目最高500万元支持。财政资助资金不超过揭榜总额的50%	—
合肥市	合肥市科技局	关于组织申报2023年合肥市科技攻关"揭榜挂帅"项目的通知（合科〔2023〕132号）	2023年9月7日	—	技术攻关	揭榜方原则上为有能力解决榜单任务的高校和科研院所、新型研发机构、国家高新技术企业，以及团队和个人。揭榜方和发榜方应没有关联关系，无不良信用记录，且双方尚未对榜单任务开展研发	市科技重大专项"揭榜挂帅"项目揭榜金额不低于1000万元；市关键共性技术研发"揭榜挂帅"项目揭榜金额不低于60万元	—

附表 9　广东省"揭榜挂帅"管理办法、工作指引、工作方案制定情况

区域	实施地点	牵头组织实施部门	出台文件	印发时间	项目分类	发榜方条件	揭榜方条件
珠三角	深圳市	深圳市科技创新局	关于以"悬赏制"方式组织开展"新型冠状病毒感染的肺炎疫情应急防治"应急科研攻关项目的工作方案	2020 年 2 月 12 日	技术攻关（应急科研攻关）	—	可单独或联合申报，支持产学研用合作攻关，鼓励优质资源合作，鼓励牵头单位会同国内外高校、科研机构和企业联合申报，合作单位不超过 5 个 1. 牵头申报单位应当是在深圳市（含深汕特别合作区）依法注册，具有独立法人资格的医疗卫生单位、企业，或香港公营资助的医疗卫生单位、企业，或香港公营资助的医疗卫生机构（包括所有受大学教育资助委员会资助院校，根据《专上学院条例》（第 320 章）注册的香港生产力促进局及香港生物科技研究院等） 2. 牵头企业应当具备疫苗或药物的研发基础和条件，具有良好的研发能力，2018 年营业收入不低于 3000 万元

续表

区域	实施地点	牵头组织实施部门	出台文件	印发时间	项目分类	发榜方条件	揭榜方条件
珠三角	深圳市	深圳市科技创新局	深圳市科技悬赏项目管理办法(征求意见稿)	2021年8月31日	技术攻关(应急类、共性关键核心技术类)	1. 深圳市内重点产业链龙头骨干企业、高等院校、科研机构、行业协会、产业联盟、政府机构等单位 2. 应当提供悬赏需求的应用场景，承诺给揭榜方提供必要的应用场景支持	1. 科技悬赏项目的揭榜牵头单位原则上为深圳市依法注册、具有法人资格的高等院校、科研机构、企业等，鼓励国内外的高等院校、科研机构、企业和社会组织作为悬赏项目的揭榜合作单位 2. 具有项目实施的基础条件和保障能力，拥有与申请项目研究成果相关的科研基础 3. 拥有项目研究成果及实现该成果所需技术、产品、方法的知识产权，或取得相应知识产权许可，无知识产权纠纷，因侵权产生的责任由揭榜方自行承担 4. 采用联合揭榜的，各方应当签订合作协议，合作协议中应当注明各方研究任务分工、知识产权归属等 5. 揭榜方、项目负责人和项目主要成员诚信状况良好，无在惩戒执行期内的科研严重失信记录 6. 因实际需要，经市政府批准的高等院校、科研机构、企业和社会组织可以作为揭榜牵头单位

续表

区域	实施地点	牵头组织实施部门	出台文件	印发时间	项目分类	发榜方条件	揭榜方条件
珠三角	深圳市	深圳市工业和信息化局	深圳市工业和信息化局人工智能产业揭榜挂帅项目操作规程（征求意见稿）	2023年7月11日	技术攻关类（人工智能产业发展面临的关键短板，重点突破一批创新性强、应用效果好的人工智能标志性技术、产品）	—	—

续表

区域	实施地点	牵头组织实施部门	出台文件	印发时间	项目分类	发榜方条件	揭榜方条件
珠三角	广州市	广州市科学技术局	广州市重点领域研发计划揭榜挂帅制技术攻关项目试点工作方案（试行）	2021年3月10日	技术攻关	发榜方是提出依靠自身力量难以解决的重大需求或产业关键技术难题的政府和企业。政府发榜项目主要是根据国家和省委省政府、市委市政府决策部署，需要解决的重大技术需求，研发资金由财政资金予以全额支持。企业发榜项目，每个项目研发总投入不低于2000万元，由发榜方企业和市财政共同承担，发榜方须符合下列条件： 1. 为我市重点产业领域龙头骨干企业，上一年度主营业务收入超过5亿元 2. 有能力并承诺保障发榜项目的企业科研投入，目能够为项目提供研发实施必要的支持和配套条件，在本企业落地应用 3. 项目聚焦产业发展"卡脖子"的前沿技术、关键核心技术，通过项目实施能显著提升企业自主创新能力和核心竞争力 4. 项目攻关任务有明确的考核指标参数、时限要求、产权归属，资金投入及其他信用为揭榜方提出的条件要求 5. 具备良好的社会信用，近三年内无不良信用记录或重大违法行为要求	揭榜方为全国范围内有研发实力的高校、科研机构、企业等创新主体，或各类创新主体组成的联合体，须满足下列条件： 1. 具有较强的研发实力、科研条件和稳定的人员队伍等，有能力完成发榜方提出的任务 2. 能对发榜项目任务提出攻克关键核心技术的可行方案，掌握自主知识产权 3. 优先支持具有良好科研业绩基础的单位同开展揭榜攻关 4. 具有良好的科研道德和社会诚信，近三年内无不良信用记录

续表

区域	实施地点	牵头组织实施部门	出台文件	印发时间	项目分类	发榜方条件	揭榜方条件
						发榜方是提出依靠自身力量难以解决的重大技术需求或产业关键技术难题的企事业单位,也就是技术需求方。每个发榜项目研发总投入不低于300万元,发榜方须符合下列条件: 1.在我市注册的重点产业领域具有独立法人资格的重点的龙头骨干企业,并符合以下其中一项条件:上一年度主营业务收入原则上达到5亿元以上,或上一年度研发投入占主营业务收入10%以上的规模以上企业(以税务部门认定研发费用加计扣除数额为准),或被评为我市"创新标兵"的高新技术企业 2.有能力并承诺保障发榜项目的科研投入,且能够为项目提供研发实施必要的支持和配套条件,在项目发改关成功后成果能率先在本单位落地应用 3.项目聚焦产业发展"卡脖子"的前沿关键核心技术,通过项目实施能显著提升产业自主创新能力和核心竞争力 4.项目攻关任务有明确的任务指标参数、时限要求、产权归属、资金投入及其他揭榜方提出的条件要求 5.社会信用良好,近三年内无不良信用记录或重大违法行为	揭榜方为全国范围内有重大科技成果或者具备充分科研基础的高校、科研机构、企业等创新主体或各类创新主体组成的联合体,须满足下列条件: 1.具有较强的研发实力、科研队伍等,有能力提出发榜方提出的任务 2.能对发榜项目任务提出攻克关键核心技术的可行方案,掌握自主知识产权 3.优先支持有良好科研业绩基础的单位同开展揭榜攻关 4.具有良好的科研道德和社会信用,近三年内无不良信用记录
珠三角	江门市	江门市科学技术局	江门市重大科技计划项目"揭榜挂帅"制技术攻关项目工作方案(试行)	2022年4月8日	技术攻关		

续表

区域	实施地点	牵头组织实施部门	出台文件	印发时间	项目分类	发榜方条件	揭榜方条件
						发榜方是提出依靠自身力量难以解决的重大需求或产业关键技术难题的我市重点产业、领域龙头企业，须符合下列条件	揭榜方为全国范围内有研发实力的高校、科研机构、企业等创新主体或各类创新主体组成的联合体，须满足下列条件
粤西	阳江市	阳江市科学技术局	阳江市科学技术局关于产业"揭榜挂帅"科技计划项目工作方案（试行）	2022年3月28日	技术攻关	1. 原则上为阳江市内注册的具有独立法人资格的行业龙头、骨干企业，年营业收入在2000万元以上，上一年企业研发投入占主营业务收入的比例不低于2%，新成立企业除外 2. 须承诺并有能力保障揭榜挂帅制项目科研投入，且能够提供项目研发实施的相关支持和配套条件，研发实施成功后能率先在本企业推广应用 3. 项目聚焦产业发展"卡脖子"的前沿技术、关键核心技术，通过项目实施能显著提升企业核心竞争力、提升产业自主创新能力和核心竞争力 4. 项目攻关任务有有明确的任务指标参数、时限要求，产权归属、资金投入及其他为揭榜方提出的条件要求 5. 应具备良好的社会信用，近三年内无不良信用记录或重大违法行为	1. 具有较强的研发实力等，科研条件和稳定的人员队伍等，有能力完成发榜方提出的任务 2. 能对发榜项目任务提出攻克关键核心技术的可行方案，掌握自主知识产权 3. 具有良好的科研道德和社会诚信，近三年内无不良信用记录 4. 优先支持有良好科研业绩基础的单位和团队，致励产学研合作，组团揭榜攻关 5. 发榜方和揭榜方不得为关联交易方，之前有合作基础的发榜方与揭榜方，若所提的项目需求为向未正式开展的、具有创新性的全新课题，不受关联交易限制。

附表 10 广东省"揭榜挂帅"需求征集情况

区域	实施地点	牵头组织实施部门	出台文件	发布时间	征集领域	征集项目类别	征集对象	技术攻关类要求	成果转化类要求
广东省	广东省	广东省科技厅	广东省科学技术厅关于征集适合揭榜制的重大科技项目需求的通知	2018 年 9 月 21 日	新一代信息技术、高端装备制造、绿色低碳、生物医药、数字经济、海洋经济、现代材料、现代农业和精准工程技术	技术攻关、成果转化	（一）技术攻关类征集对象为具有独立法人资格的行业龙头、骨干企业（二）成果转化类征集对象主要为有已经比较成熟且又符合广东产业需求的重大科技成果的省内外高校、科研机构、科技型中小企业	应明确指标参数、时限要求、产权归属、资金投入及对揭榜方其他条件要求等	同技术攻关类要求
珠三角	深圳市	深圳市工业和信息化局	深圳市工业和信息化局关于征集2022 年战略性新兴产业"揭榜挂帅"项目建议的通知	2021 年 5 月 31 日	高端装备、人工智能、新型生物药供应应急保障	技术攻关	深圳市行政区域（含深汕合作区）内注册成立的国家高新技术企业或深圳市高新技术企业	包括项目背景、项目必要性、项目预突破的重大共性需求和关键环节、项目预期目标等	—

续表

区域	实施地点	牵头组织实施部门	出台文件	发布时间	征集领域	征集项目类别	征集对象	技术攻关类要求	成果转化类要求
珠三角	深圳市	深圳市工信局	深圳市工业和信息化局关于再次征集人工智能领域"揭榜挂帅"项目建议的通知	2022 年 5 月 20 日	人工智能	技术攻关	深圳市行政区域（含深汕合作区）内注册成立的企业	包括项目背景、项目必要性、项目预期突破的重大共性需求和关键环节、项目预期目标等	—
珠三角	深圳市	深圳市中小企业服务局	深圳市中小企业服务局关于征集校企协同创新"揭榜挂帅"系列活动项目方案的通知	2023 年 2 月 15 日	聚焦深圳市"20+8"产业集群发展	成果转化	深圳市注册、具有独立法人资格的高校或科研机构	—	包括高校或科研机构情况简介、可开展产学研项目情况、活动主要安排等信息

续表

区域	实施地点	牵头组织实施部门	出台文件	发布时间	征集领域	征集项目类别	征集对象	技术攻关类要求	成果转化类要求
珠三角	江门市	江门市科技局	江门市科学技术局关于征集重大科技计划"揭榜挂帅""赛马"项目重大技术需求的通知	2022年4月8日	双碳技术、四大战略性支柱产业集群、四大战略性新兴产业集群、十二大战略性产业集群以及市域社会治理相关领域	技术攻关	江门市重点产业领域龙头骨干企业	包括技术需求背景、技术目标描述、对揭榜方的要求、计划完成时间和经费需求等	—
珠三角	江门市	江门市科技局	江门市科学技术局关于征集生物医药重大领域科技计划"揭榜挂帅"项目重大技术需求的通知	2022年12月22日	生物医药产业	技术攻关	江门市注册的具有独立法人资格的生物医药企业	包括技术需求背景、技术目标描述、对揭榜方的要求、计划完成时间和经费需求等	—

续表

区域	实施地点	牵头组织实施部门	出台文件	发布时间	征集领域	征集项目类别	征集对象	技术攻关类要求	成果转化类要求
珠三角	江门市	江门市科技局	江门市科学技术局关于预制菜领域重大科技计划"揭榜挂帅"制重大科技项目重大技术需求的通知	2023年1月3日	预制菜产业	技术攻关	江门市注册具有独立法人资格的预制菜重点企业	包括技术需求背景、技术难题描述、技术目标的要求、对揭榜方的要求、计划完成时间和经费需求等	—
珠三角	江门市	江门市科技局	江门市科学技术局关于2023年重大科技计划项目"揭榜挂帅""赛马"制技术攻关项目技术需求的通知	2023年2月17日	江门市重点产业领域	技术攻关	江门市注册的重点产业领域具有独立法人资格的企业	包括技术需求背景、技术难题描述、技术目标的要求、对揭榜方的要求、经费需求、计划完成时间、项目成果研究成功后的先进性预计、项目研发成功后带来经济效益和社会效益等	—

续表

区域	实施地点	牵头组织实施部门	出台文件	发布时间	征集领域	征集项目类别	征集对象	技术攻关类要求	成果转化类要求
珠三角	广州市	广州市工信局 广州市科技局	广州市工业和信息化局 广州市科学技术局关于征集 2023 年度广州市中小企业"揭榜挂帅"项目需求的通知	2023 年 8 月 30 日	—	技术攻关	广州市行政区域内注册、具有独立法人资格的中小企业	包括单位基本情况、技术需求领域和类别、现有基础情况、产学研合作方需求描述、产学研合作方式等	—
粤西	阳江市	阳江市科技局	阳江市科学技术局关于征集产业"揭榜挂帅"科技计划项目需求的通知	2022 年 3 月 28 日	合金材料、五金刀剪、新能源、装备制造、食品加工、现代农业等产业	技术攻关	阳江市内注册的具有独立法人资格的行业龙头、骨干企业	包括技术需求背景、技术目标描述、技术难题描述、对揭榜方的要求、计划完成时间和经费需求等	—

区域	实施地点	牵头组织实施部门	出台文件	发布时间	征集领域	征集项目类别	征集对象	技术攻关类要求	成果转化类要求
粤北	梅州市	梅州市农业农村局	关于征集梅州特色现代农业产业人才振兴计划"揭榜挂帅"项目技术需求的通知	2022年5月7日	聚焦梅州柚、嘉应茶、客都米、南药等重点产业领域	技术攻关	面向注册在梅州市内的企业事业单位	包括项目需求的背景与意义、项目需求内容、指标参数、时限要求、经费预算及预期成果及经济社会生态效益等	—
粤东	潮州市	潮州市科技局	潮州市科学技术局关于征集2022年重大科技专项揭榜挂帅项目需求的通知	2022年7月11日	智能卫浴、新材料、现代食品、生物医药	技术攻关	潮州市相关产业发展领域的龙头骨干企业	包括拟解决的主要技术问题、核心技术指标、时限要求（项目实施周期原则上不超过3年）、产权归属、资金投入预测、出资承诺及揭榜方需具备的条件等	—

附表 11　广东省"揭榜挂帅"榜单发布情况

区域	实施地点	牵头组织实施部门	出台文件	发布时间	榜单领域	榜单类别	申报（主体）范围	经费支持	考核与验收
广东省	广东省	广东省科技厅	广东省科学技术厅关于揭榜制项目张榜的通知（粤科函管字〔2018〕2431号）	2018 年 12 月 5 日	新一代信息技术、高端装备、绿色低碳、生物医药、现代农业、新材料和精准农业、现代工程技术等领域	技术攻关、成果转化	1. 技术攻关类。要求揭榜方为省内外有研究开发能力的高校、科研机构，科技型中小企业或其组织的联合体（关联交易方除外） 2. 成果转化类。要求揭榜方为有技术需求和应用场景的广东省内具有独立法人资格的企业（关联交易方除外）	—	省科技厅委托第三方专业机构对目标任务、阶段进展，阶段等情况、资金使用等情况，重点开展中期评估、项目验收等阶段性管理工作
广东省	广东省	广东省卫生健康委	广东省卫生健康委关于组织做好 2021 年度"广东特支计划"卫生健康领域"揭榜挂帅"项目揭榜申报工作的通知	2022 年 1 月 21 日	卫生健康领域	技术攻关	揭榜对象为广东省内各高等医药院校、科研院所、医疗卫生机构从事卫生健康领域科学研究和临床实践的人才。揭榜对象为实践要求。领军人才项目揭榜对象年龄不作限制，青年拔尖人才项目揭榜对象年龄不超过 40 周岁，年龄计算截止至 2021 年 6 月 30 日	直接纳入榜单对应的人才项目给予支持，省财政一次性给予入选的领军人才每人 80 万元、青年拔尖人才每人 50 万元的生活补贴，项目需求方可按一定比例进行配套支持。榜单项目科研经费由项目需求方按榜单项目配套科研经费不低于 200 万元/项，青年拔尖人才项目配套科研经费不低于 100 万元/项	—

续表

区域	实施地点	牵头组织实施部门	出台文件	发布时间	榜单领域	榜单类别	申报（主体）范围	经费支持	考核与验收
广东省	广东省	广东省农业农村厅	关于开展"十四五"广东省农业科技创新领域十大主攻方向大主攻方向"揭榜挂帅"项目申报工作的通知（粤农农函〔2022〕703号）	2022年6月29日	农业科技创新领域	技术攻关	项目牵头申报单位只能为一家，必须是在广东省内注册的具有一级独立法人资格的科研院所、高等院校和事业单位（含中央驻粤单位），从事十大主攻方向研究与推广2年以上	项目资金实施分批拨付，2022年每个榜单启动资金额度不超过300万元。项目牵头申报单位按年度申请资金资助，主管单位在项目资金总额不变的前提下依据项目支出进度和中期考核绩效完成情况，结合当年度财政资金预算安排情况，对项目资金安排实施"动态化管理"	项目实施过程中，将最终用户意见作为重要衡量，通过实地勘察、仿真评测、应用环境检测等方式开展中期考核。项目验收将通过现场验收、用户和第三方测评等方式，在真实应用场景下开展，并充分发挥最终用户作用，以成败论英雄

续表

区域	实施地点	牵头组织实施部门	出台文件	发布时间	榜单领域	榜单类别	申报（主体）范围	经费支持	考核与验收
广东省	广东	广东省发展改革委	广东省发展改革委关于公布《广东省信用应用创新"揭榜挂帅"行动计划项目》的通知	2023 年 3 月 31 日	信用管理	—	广东省内政府部门	—	实施期届满后，市发改委将做好"揭榜挂帅"项目评审，结合项目的创新性、示范性、认可度、时效性等受众面、方面进行评审论证，评选出若干示范项目和特色项目
广东省	广东省	广东省市场监督管理局	广东省市场监督管理局关于征集标准化助力制造业高质量发展重点项目"揭榜挂帅"的通知（粤市监标准〔2023〕261 号）	2023 年 6 月 2 日	广东省 10 大战略性支柱产业集群	技术攻关（标准化研究）	面向国内标准化技术机构、高等学校、科研院所、社会组织、企业等创新主体	项目按照《广东省实施标准化专项资金管理细则》给予事后资助	—

续表

区域	实施地点	牵头组织实施部门	出台文件	发布时间	榜单领域	榜单类别	申报（主体）范围	经费支持	考核与验收
广东省	广东省	广东省住房和城乡建设厅	广东省住房和城乡建设厅关于开展未来城市理论研究课题"揭榜挂帅"项目申报工作的通知（粤建节函〔2023〕892号）	2023 年 11 月 30 日	零碳住宅、智慧住宅	技术攻关	"揭榜挂帅"项目面向全国高校、企业和社会力量，对揭榜方不设行业门槛限制，揭榜单位须在中华人民共和国境内注册并具有独立法人资格	不超过 60 万元，不超过 20 万元两档	—
珠三角	深圳市	深圳市委组织部	改革攻坚推进时深圳 216 名正处以上干部"揭榜挂帅"破改革难题	2021 年	政府管理	—	全市干部	—	专项行动通过"揭榜挂帅"，集中攻坚的方式，分解各类难题，形成了项目化、责任化的考核激励方式

续表

区域	实施地点	牵头组织实施部门	出台文件	发布时间	榜单领域	榜单类别	申报（主体）范围	经费支持	考核与验收
珠三角	深圳市	深圳市科技创新局	关于发布2021年度"揭榜挂帅"技术攻关重点项目申请指南的通知	2021年9月30日	高新技术产业重点领域	技术攻关	"揭榜挂帅"中揭榜方是对张榜项目进行揭榜的创新联合体。揭榜方由牵头单位和合作单位组成。牵头单位或合作单位应当是在深圳市或深汕特别合作区内依法注册、具有法人资格的企业	支持强度：单个项目资助强度最高不超过1000万元。支持方式："里程碑式资助"或"赛马式资助"	阶段性评测报告和用户评价报告将作为项目过程管理及项目验收的重要参考
珠三角	深圳市	深圳市工业和信息化局	2022年战略性新兴产业揭榜挂帅榜单（高端装备）（征求意见稿）	2021年12月15日	高端装备制造业	技术攻关	—	单个项目总投资不超过1500万元	—

续表

区域	实施地点	牵头组织实施部门	出台文件	发布时间	榜单领域	榜单类别	申报（主体）范围	经费支持	考核与验收
珠三角	深圳市	特种机器人产业链专项工作组	关于开展第二届特种机器人产业链"揭榜"推进活动的通知	2023年5月19日	特种机器人产业链	技术攻关	全国具有创新能力和较高成长潜力、在特种机器人产业链上下游从事先进技术与产品科研生产活动，经营规范、信誉良好的企事业单位和具有自主创新成果的团队	引导各地有关专项资金支持揭榜技术攻关和揭榜成果转化	采用技术方案和实物测试两轮评比
珠三角	深圳市	深圳市国防科技工业办公室	深圳市国防科工办关于组织"揭榜挂帅"行动的通知	2024年5月11日	能源工程、航天航空、电子技术、信息网络、新材料、人工智能等	技术攻关	牵头揭榜单位应为深圳市管理区域内依法从事经营活动、具备独立法人资格的企业单位。多个单位联合揭榜的，牵头揭榜单位承研任务比例不低于50%。联合揭榜单位可为国内具备独立法人资格的实体	"揭榜挂帅"项目采取事前申报立项，按"里程碑"分阶段资助方式，最高资助金额不超过3000万元	—

续表

区域	实施地点	牵头组织实施部门	出台文件	发布时间	榜单领域	榜单类别	申报（主体）范围	经费支持	考核与验收
珠三角	广州市	广州市科学技术局	广州市科学技术局关于发布2022年度广州市重点研发计划重大科技专项揭榜挂帅项目榜单的通知	2021年6月23日	广州市重点产业领域	技术攻关	本次揭榜面向全国范围有研发实力的高校、科研机构、企业等法人单位，鼓励各创新主体组成联合体揭榜	单个项目市财政资金支持强度为1000万元，按照事前资助，分期拨付方式，纸质合同签订后拨付支持经费的60%，通过项目实施关键节点考核的，拨付立项资金的40%	列入市重点领域研发计划管理
珠三角	广州市	广州市科学技术局	广州市科学技术局关于发布2022年度广州市重点研发计划重大科技专项广州国家新一代人工智能创新发展试验区人工智能社会实验揭榜挂帅项目榜单的通知	2021年8月6日	人工智能	技术攻关	揭榜方注册地址不限，须为法人单位	125万元	列入市重点领域研发计划管理

续表

区域	实施地点	牵头组织实施部门	出台文件	发布时间	榜单领域	榜单类别	申报（主体）范围	经费支持	考核与验收
珠三角	江门市	江门市科学技术局	江门市科学技术局关于组织2022年江门市重大科技计划项目"揭榜挂帅"技术攻关项目揭榜工作的通知	2022年9月20日	智能装备制造、新材料、新一代信息技术、双碳、生物医药与健康	技术攻关	市内外拥有重大科技成果或充分科研基础的高校、科研院所、科技型企业等各类创新主体，支持多家单位按照"强强联合"的方式组建揭榜创新联合体，联合揭榜开展技术攻关工作	300万～2000万元	参照《江门市重大科技计划项目实施办法》《广东省科研诚信管理办法（试行）》等文件执行

续表

区域	实施地点	牵头组织实施部门	出台文件	发布时间	榜单领域	榜单类别	申报（主体）范围	经费支持	考核与验收
粤西	湛江市	湛江市科学技术局	湛江市关于2022年发布对虾良种选育揭榜挂帅项目榜单的通知	2022年6月30日	虾产业发展	技术攻关	揭榜方须为国内外有能力完成揭榜任务的高校、科研院所、科技型企业或其组成的联合体	（一）项目总经费。对遴选出来的最优需求方和揭榜方，市财政采取无偿资助方式，给予最高600万元经费支持，需求方按照承诺配套经费600万元，项目总经费1200万元。 （二）经费分配。项目立项启动后，市财政拨付首笔支持资金200万元（需求方支付给揭榜方的首次资金拨付证明作为市财政资金拨付凭证之一），揭榜方经费分两年拨付；揭榜方与需求方按总经费3∶1比例分配，支持揭榜经费总900万元	纳入市重大科技计划项目管理

续表

区域	实施地点	牵头组织实施部门	出台文件	发布时间	榜单领域	榜单类别	申报（主体）范围	经费支持	考核与验收
粤西	阳江市	阳江市科学技术局	阳江市关于发布2022年度阳江市"揭榜挂帅"项目榜单的公告	2022年7月8日	合金材料、海上风电和食品加工	技术攻关	揭榜方应为国内高校、科研院所、新型研发机构等独立法人单位，也可组成创新联合体揭榜	与企业、阳江市科技局签订三方协议，由企业支付所有项目经费。市科技局按相关要求给予必要的资金支持	列入市科技计划项目管理
粤北	韶关市	韶关市科学技术局	韶关市科学技术局关于科技创新战略专项资金（"大专项+任务清单"）项目之揭榜制项目（技术攻关类）张榜的通知（韶科〔2021〕63号）	2021年8月11日	新能源	技术攻关	揭榜方为全国范围内有研发实力的高校、科研机构、企业等创新主体或各类创新主体组成的联合体	一是科技计划项目合同书签订生效后向揭榜方拨付首笔财政资助经费，额度为项目财政资助经费总额的50%；二是第1辆车达到考核验收要求并通过专家组验收后，支付剩余的50%；三是项目开发所需资金除财政资助经费外的其余部分，由揭榜方负责筹集。预算项目总投入经费约1550万元。财政资金支持额度：200万元（2021年拨付首期资金100万元）	参照《广东省省级科技计划项目验收结题工作规程（试行）》执行

续表

区域	实施地点	牵头组织实施部门	出台文件	发布时间	榜单领域	榜单类别	申报（主体）范围	经费支持	考核与验收
粤北	韶关市	韶关市科学技术局	韶关市科学技术局关于2021年省科技创新战略专项资金（"大专项+任务清单"）项目之揭榜制项目（成果转化类）张榜的通知（韶科〔2021〕64号）	2021年8月11日	农业基因组学	成果转化	揭榜方为韶关市范围内具有技术需求、应用场景且符合应用条件的具有独立法人资格的企业（关联交易方除外）	财政资金支持额度100万元，立项后一次性拨付至揭榜方	参照《广东省省级科技计划项目验收结题工作规程（试行）》执行

续表

区域	实施地点	牵头组织实施部门	出台文件	发布时间	榜单领域	榜单类别	申报（主体）范围	经费支持	考核与验收
粤北	韶关市	韶关市科学技术局	韶关市科学技术局关于2022年韶关市重大科技专项"揭榜制"项目（技术攻关类）张榜的通知（韶科函〔2022〕59号）	2022年6月24日	冶金	技术攻关	揭榜方为全国范围内有研发实力的高校、科研机构、企业等创新主体或各类创新主体组成的联合体	100万元、200万元	参照《广东省省级科技计划项目验收结题工作规程（试行）》执行

续表

区域	实施地点	牵头组织实施部门	出台文件	发布时间	榜单领域	榜单类别	申报（主体）范围	经费支持	考核与验收
粤北	韶关市	韶关市科学技术局	韶关市科学技术局关于韶关市2022年韶关市重大科技专项"揭榜制"项目（成果转化类）张榜科技成果的通知（韶科函〔2022〕58号）	2022年6月23日	新能源	成果转化	揭榜方为韶关市范围内具有技术需求、应用场景且符合应用条件的具有独立法人资格的企业或单个企业联合体（关联交易方除外）	立项后，财政资助经费一次性拨付至项目揭榜方。财政拨付资金支持额度：200万元；企业自筹资金：800万元	参照《广东省省级科技计划项目验收（试行）结题工作规程（试行）》执行
粤北	梅州市	梅州市农业农村局	关于发布梅州2022年梅州特色现代农业产业人才振兴计划"揭榜挂帅"项目技术需求的通知	2022年6月13日	农业	技术攻关	揭榜方为全国范围内有研发实力的高校、科研机构、企业等科研团队及各类创新主体组成的联合体	财政补助资金：30万元、40万元	梅州市农业农村局负责科技作为发榜方，"揭榜挂帅"项目管理工作

续表

区域	实施地点	牵头组织实施部门	出台文件	发布时间	榜单领域	榜单类别	申报（主体）范围	经费支持	考核与验收
粤东	潮州市	潮州市科学技术局	潮州市科学技术局关于组织2022年重大科技专项揭榜挂帅项目揭榜申报的通知（潮科〔2022〕63号）	2022年9月7日	智能卫浴、新材料、现代食品、生物医药	技术攻关	揭榜方为全国范围内且有研发实力的高等院校、科研机构、企业等创新主体或各类创新主体组成的科研团队	研发总投入150万～500万元	—

附表12 中西部区域"揭榜挂帅"管理办法、工作指引、工作方案制定情况

实施地点	牵头组织实施部门	出台文件	印发时间	项目分类	发榜方条件	揭榜方条件
湖北省	湖北省科技厅	湖北省科技项目揭榜制工作实施方案（鄂科技发重〔2019〕8号）	2019年7月2日	技术攻关、成果转化	（一）技术攻关类项目发榜方。是指提出技术需求的单位，主要为省内具有独立法人资格的科技型企业，对"卡脖子"的前沿技术、关键核心技术，关键零部件、材料及工艺等存在迫切需求，在项目攻关成功后能率先在本企业推广应用，能够显著提升企业核心竞争力 1. 具有保障项目实施的资金投入，能够提供项目实施的配套条件 2. 具有保障项目实施的资金投入，能够提供项目实施的配套条件 3. 近三年内无不良信用记录 4. 无重大违法行为 （二）成果转化类项目发榜方。是指需要依托企业实施自有科技成果转化的单位，主要为省内外高校、科研院所，科技型企业，须符合下列条件： 1. 具有承担国家及省部级科研任务的基础条件，在"卡脖子"的关键核心技术攻关中已取得重大突破，拟转化的成果具备产业化和产业应用条件，且符合湖北省产业和产业化创新发展需求 2. 拟转化的成果知识产权明晰，市场用户和应用范围明确，对湖北省产业转型升级能够发挥关键推动作用 3. 拥有成果转化的技术支撑队伍，能主动参与和协助推广科技成果转化 4. 企业近三年内无不良信用记录 5. 企业无重大违法行为	（一）技术攻关类项目揭榜方。主要为省内外有研究开发能力的高校、科研院所，科技型企业或其组成的联合体（与发榜方不能为同一单位或其下属子公司）。须符合下列条件： 1. 有充足的研发投入，良好的科研条件和稳定的人员队伍 2. 能针对发榜项目需求，提出攻克关键核心技术的可行性 3. 企业近三年内无不良信用记录 4. 企业无重大违法行为 （二）成果转化类项目揭榜方。主要为省内具有独立法人资格的企业（与发榜方不能为同一单位或其下属子公司）。须符合下列条件： 1. 拥有较强的成果转化推广应用队伍，能积极开展示范应用 2. 能够提供成果转化所需的资金、场地、市场等配套条件 3. 近三年内无不良信用记录 4. 无重大违法行为

续表

实施地点	牵头组织实施部门	出台文件	印发时间	项目分类	发榜方条件	揭榜方条件
湖北省	湖北省科学技术厅、湖北省财政厅	湖北省揭榜制科技项目和资金管理暂行办法（鄂科技规[2021]1号）	2021年3月24日	技术攻关、成果转化	—	—
湖南省	湖南省工业和信息化厅、湖南省应急管理厅、湖南省财政厅	湖南省自然灾害防治技术装备重点任务工程化攻关"揭榜挂帅"工作方案（湘工信装备〔2020〕367号）	2020年9月23日	技术攻关	湖南省工业和信息化厅、湖南省应急管理厅、湖南省财政厅作为发榜方	省内从事技术装备研发创新、生产制造、融合应用、支撑服务等各类活动的相关企业、高校、科研院所等各类法人单位，或者由多个单位组成的联合体可申请成为揭榜单位。申请单位应具有较强的研发创新能力、工程化攻关能力、生产制造能力、有过类似产品攻关的经历，并有完成任务承诺揭榜后能够在指定期限内（一般不超过12个月）完成任务，个别技术复杂、研究难度大的项目可酌情延长任务期限（最长不超过18个月）

续表

实施地点	牵头组织实施部门	出台文件	印发时间	项目分类	发榜方条件	揭榜方条件
湖南省	湖南省工业和信息化厅，湖南省财政厅	湖南省制造业关键产品"揭榜挂帅"项目实施细则（试行）（湘工信科技〔2022〕570号）	2022年12月9日	技术攻关（关键产品）	—	在省内注册的具有独立法人资格的单位，或者创新联合体牵头单位可申请揭榜，且须符合下列条件 （一）申请单位具有较强的创新能力、产业化能力、组织能力和开展攻关所需的经济实力。近三年内未纳入失信名单且无违法行为 （二）申请单位对攻关产品拥有相关知识产权且无产权纠纷，能够提出科学的技术实施路线和攻关方案 （三）申请单位是创新联合体的，所有参与揭榜单位应签署联合揭榜协议，明确合作各方的合作方式、任务分工、经费投入及分配、收益分配、知识产权权属等事项

续表

实施地点	牵头组织实施部门	出台文件	印发时间	项目分类	发榜方条件	揭榜方条件
湖南省	湖南省粮食和物资储备局	湖南省粮油科技"揭榜挂帅"项目管理办法（湘粮产〔2024〕61号）	2024 年 5 月 27 日	技术攻关	需求方是指提出技术需求的一方，分为行业共性需求和单位需求。行业共性需求出题方主要指省粮食和物资储备局。单位需求出题方主要为省内依法注册、具有法人资格的粮油企业、涉粮事业单位	行业共性需求揭榜方为省内企、事业单位，鼓励联合具有较强研发能力的省内外高等院校、科研院所、企业共同揭榜（联合单位一般不超过 5 个）；单位需求类揭榜方为省内外具有较强研发能力的高等院校、科研院所、企事业单位或其组成的联合体（与发榜方不能为同一单位或其下属子公司、参股公司，联合体单位一般不超过 6 个）。须符合下列条件：（1）有健全的研发机构、机制，有良好的科研条件和稳定的人员队伍（2）能针对发榜项目需求，提出攻克关键核心技术的可行性方案，总体技术水平和主要技术经济指标符合发榜方要求，达到国内或行业先进水平，具有较好经济效益、社会效益（3）近三年内无不良信用记录，无重大违法行为

续表

实施地点	牵头组织实施部门	出台文件	印发时间	项目分类	发榜方条件	揭榜方条件
重庆市	重庆市农业农村委员会	重庆市种业创新攻关"揭榜挂帅"项目实施工作方案（渝农发〔2024〕49号）	2024年4月2日	技术攻关	市农业农村委为发榜方	揭榜方应为国内注册的具有独立法人资格的科研院所、高校、企业，须符合下列条件： （一）揭榜方应具备能够满足项目实施的相应规模和水平的科研队伍，在揭榜的项目领域具有较强的技术储备，掌握相关核心自主知识产权，能完成揭榜任务 （二）揭榜方应具备较强的科技成果转化能力，拥有成熟、完善的推广体系，确保研究成果在重庆市特色产业中得以应用并做出较大贡献 （三）项目负责人应为牵头揭榜单位在职人员，且项目结题前无退休情况，项目团队能将主要精力用于项目实施 （四）揭榜方应具备良好的科研诚德和社会诚信，近三年内无不良信用记录或违法行为，保证所提交材料真实可靠 （五）揭榜方可以为多家单位组成的联合体，但须明确1家单位为"揭榜单位"，其他参与单位原则上不超过3家

附表 13 中西部区域 "揭榜挂帅" 需求征集情况

实施地点	牵头组织实施部门	出台文件	发布时间	征集领域	征集项目类别	征集对象	技术攻关类要求	成果转化类要求
湖北省	湖北省科技厅	湖北省科技厅关于征集 2020 年度揭榜制科技项目需求的通知	2020 年 1 月 17 日	—	技术攻关、成果转化	主动征集主要由省科技领导小组各成员单位、各行业协会提出公益性、共性技术需求，自行申报由企业、高校、科研院所提出的攻关键技术的攻关需求，或优秀成果的转化需求	应明确需求背景、需求内容、现有基础情况、对揭榜方要求、产权归属、利益分配要求、项目合作方式、实测要求、项目拟总投入金额等信息	除共性的要求外，还应明确成果转让项目拟总投入金额等信息
湖北省	湖北省科技厅	湖北省科技厅关于征集 2021 年度揭榜制科技项目需求的通知	2021 年 2 月 7 日	光芯屏端网、5G 芯片、新型显示、先进制造、生物医药、现代农业等科技创新重点产业领域	核心技术攻关、成果转化	需求单位应为省内企业和其他相关组织	应就需求背景、需求内容、现有基础情况、对揭榜方要求、产权归属、利益分配要求等方面阐明项目需求	—

续表

实施地点	牵头组织实施部门	出台文件	发布时间	征集领域	征集项目类别	征集对象	技术攻关类要求	成果转化类要求
湖北省	湖北省科技厅	湖北省科技厅关于征集2024年度湖北省揭榜制科技项目需求的通知	2024年4月16日	必须为湖北省重点优势产业紧急缺需、应用场景明确的"卡脖子"关键技术需求	技术攻关、成果转化	成果转化类项目需求由省内外拥有科技成果的单位提出转化需求；技术攻关类项目需求主要由省内企业提出技术需求	应包括成果情况、转化形式、归属利益分配等要求、对揭榜方要求、项目研发投入等信息	应包括需求背景、需求内容、验收要求、产权归属和利益分配等要求、对揭榜方要求、项目研发投入等信息
湖南省	湖南省科技厅	关于征集2021年度省科技创新计划"揭榜挂帅"项目需求的通知	2021年3月3日	重点围绕打造先进制造业高地、绿色湖南、健康湖南、安全应急、数字经济、现代农业等方面征集项目需求	基础研究、技术攻关和成果转化等三类项目	主要为省内外高校、科研院所、新型研发机构	包括项目需求的背景与意义、国内外研究现状、项目需求内容描述、预期成果及经济社会效益、对揭榜方要求等信息	包括研发成果在国内外所处水平、市场应用前景及对产业转型升级能够发挥关键推动作用、研发成果简介及转化的基础条件、对揭榜方要求等信息

续表

实施地点	牵头组织实施部门	出台文件	发布时间	征集领域	征集项目类别	征集对象	技术攻关类要求	成果转化类要求
湖南省	湖南省工业和信息化厅	关于征集2022年度湖南省自然灾害防治技术装备重点任务工程化攻关"揭榜挂帅"项目方向的函	2022年11月2日	自然灾害防治技术装备领域，重点围绕森林消防装备、防汛抗旱装备、建筑物坍塌应急救援设备、新型应急指挥通信装备、地质灾害监测预警救援装备等领域	技术攻关（工程化攻关）	全省各有关单位	主要包括需求装备名称、类别、应用场景、技术指标、主要性能、必要性、省内具备生产能力的企业、预计研发花费、预计使用需求量等信息	—

续表

实施地点	牵头组织实施部门	出台文件	发布时间	征集领域	征集项目类别	征集对象	技术攻关类要求	成果转化类要求
湖南省	湖南省工业和信息化厅	关于征集2024年度湖南省先进制造产业关键产品"揭榜挂帅"攻关需求的通知	2023年10月19日	1. 围绕"4×4"现代化产业体系主攻方向,包括工程机械、轨道交通装备、航天航空及北斗产业、新一代信息技术、新能源、新材料、生物医药等领域。2. 聚焦工业"五基"领域中的基础零部件、基础元器件、基础材料、基础软件、基础制造工艺及装备等瓶颈短板。3. 符合国家《产业基础创新发展目录》发展方向	技术攻关(产品)	各市州工信局,有关行业学会协会,有关单位	征集表主要内容包括攻关产品名称、所属产业链群、所属工业"五基",对照《产业基础创新发展目录》情况、省内潜在攻关单位情况、攻关意义及重要性、攻关内容、攻关产品主要性能指标(从国际先进水平、国内现有水平、攻关预期目标三个维度,用可量化的指标参数进行对比分析,原则上主要技术指标应不少于3项)、预计攻关投入、预计攻关成果、攻关周期、产品潜在客户、产业化目标及预计经济效益等	—

续表

实施地点	牵头组织实施部门	出台文件	发布时间	征集领域	征集项目类别	征集对象	技术攻关类要求	成果转化类要求
湖南省	湖南省科技厅	关于征集2024年省重大科技攻关项目技术需求的通知	2023年12月13日	—	技术攻关	各省级有关部门（单位）、市州科技局及全省相关单位	包括技术需求的背景与意义、研究现状、榜单考核指标、预期成果及经济社会生态效益、项目投资情况等信息	—
重庆	重庆市经济和信息化委员会	关于征集第二批工业软件"揭榜挂帅"项目榜单需求的通知	2022年3月25日	软件产业	技术攻关	榜单征集对象为重庆市辖区内（以下均是）有独立法人资格的制造业、行业龙头、骨干企业，高校、科研机构、行业协会以及其他各类创新平台等	应明确的指标参数、时限要求（项目实施周期一般不超过2年），可提供的条件、资金投入及其他对揭榜方的条件要求、产权归属，利益分配等要求等内容	—

续表

实施地点	牵头组织实施部门	出台文件	发布时间	征集领域	征集项目类别	征集对象	技术攻关类要求	成果转化类要求
重庆	重庆市经济和信息化委员会	关于征集重庆市软件产业重点领域"揭榜挂帅"项目需求的通知(渝经信软件〔2023〕7号)	2023年3月13日	软件产业	技术攻关	征集对象为重庆市辖区内具有独立法人资格的行业龙头、骨干企业、高校、科研机构、行业协会以及其他各类创新平台等	项目应明确指标参数、时限要求、产权归属、资金投入及其他对揭榜方的条件要求	—
重庆	重庆市经济和信息化委员会	关于征集农机装备研产用推一体化"揭榜挂帅"项目需求的通知(渝经信装备〔2024〕1号)	2024年1月9日	农机装备	技术攻关(产品)	征集对象为重庆市内的农机制造企业、高校、科研院所、农机用户、农机鉴定推广机构、相关行业协会学会等	项目应明确指标参数、时限要求、产权归属、资金投入及其他对揭榜方的条件要求、产权归属、利益分配等要求	—

续表

▲ "揭榜挂帅" 实践与发展

实施地点	牵头组织实施部门	出台文件	发布时间	征集领域	征集项目类别	征集对象	技术攻关类要求	成果转化类要求
重庆	重庆市经济和信息化委员会	关于征集重庆市软件产业重点领域"揭榜挂帅"项目需求的通知(渝经信软件〔2024〕10号)	2024年4月18日	软件产业	技术攻关(解决方案)	征集对象为重庆市辖区内具有独立法人资格的行业龙头、骨干企业、高校、科研机构、行业协会以及其他各创新平台等	项目应明确指标参数,时限要求、产权归属、资金投入及其他对揭榜方的条件要求	—

附表 14　中西部区域 "揭榜挂帅" 榜单发布情况

实施地点	牵头组织实施部门	出台文件	发布时间	榜单领域	榜单类别	申报(主体)范围	经费支持	考核与验收
湖北省	湖北省科技厅	关于发布2021年度揭榜制科技项目需求的通知	2021年3月25日	—	技术攻关	揭榜方应为省内外注册且具备独立法人资格的企业、科研院所、高校等实体或其下属子公司(与需求方不能为同一单位),有较强的科技研发能力,运行管理规范,诚信状况良好,无在征戒执行期内的科研严重失信行为记录和相关社会领域信用"黑名单"记录	—	纳入省科技计划统一管理

续表

实施地点	牵头组织实施部门	出台文件	发布时间	榜单领域	榜单类别	申报（主体）范围	经费支持	考核与验收
湖北省	湖北省科技厅	关于开展新一代人工智能科技项目揭榜挂帅的通知	2021年7月14日	新一代人工智能	技术攻关	揭榜单位应为湖北省境内注册、具有独立法人资格的企业。对揭榜企业无注册时间要求，学历、学龄和职称要求，鼓励有信心、有能力组织核心技术攻坚的优势团队积极申报揭榜单位原则上应是在人工智能领域提供新产品、新模式、新算法的企业。鼓励企业与高校、科研院所的科研团队组成新联合体共同揭榜攻关	原则上不高于200万元/项	纳入省科技计划统一管理
湖北省	湖北省科技厅	湖北省科技厅关于发布2022年度揭榜制科技项目需求的通知	2022年4月29日	—	技术攻关	揭榜方应为国内具备独立法人资格的高校、科研院所、企业和社会组织（与需求单位不能为同一单位或其下属子公司，不存在股权关系和关联交易），具备解决技术需求的能力，运行管理规范，诚信状况良好，无在惩戒执行期内的科研严重失信行为记录和相关社会领域信用"黑名单"记录。对揭榜方无地域、行业门槛限制，无注册时间要求、项目负责人无年龄、学历和职称要求，支持产学研联合揭榜	择优给予适当财政资金支持	纳入省科技计划统一管理

续表

实施地点	牵头组织实施部门	出台文件	发布时间	榜单领域	榜单类别	申报（主体）范围	经费支持	考核与验收
湖北省	湖北省科技厅	关于发布磷石膏污染防治与综合利用关键技术"揭榜挂帅"课题指南的通知	2022年9月15日	磷石膏污染防治与综合利用	技术攻关	应为湖北省境内注册，注册时间在2021年1月1日前，具有独立法人资格的高校、科研院所和相关企业，有较强的科技研发能力和条件，运行管理规范。如多单位联合揭榜，参与单位（含牵头单位）总数不超过3个，申报书中应提供合作协议书，经费分配要与研发任务匹配。湖北省外单位作为合作单位的，不参与分配省级财政资金	经费支持额度为100万~200万元/项	纳入省省科技计划统一管理
湖北省	湖北省科技厅	湖北省科技厅关于发布湖北省揭榜制科技项目需求的通知	2023年2月8日	—	技术攻关、成果转化	技术攻关类项目揭榜方应为国内具备独立法人资格的高校、科研院所、企业或社会组织，成果转化类项目方为国内具有独立法人资格的企业。揭榜方与需求方不能为同一单位或其下属子公司，不存在股权关系和关联交易	择优立项给予适当财政资金支持	纳入省省科技计划统一管理

续表

实施地点	牵头组织实施部门	出台文件	发布时间	榜单领域	榜单类别	申报（主体）范围	经费支持	考核与验收
湖北省	湖北省科技厅	湖北省科技厅关于发布2024年度揭榜制科技项目需求的通知	2024年5月21日	—	技术攻关	揭榜方应为国内具备独立法人资格的高校、科研院所、企业或社会组织。揭榜方与需求方不能为同一单位或其下属子公司，不存在股权关系和关联交易。揭榜方参加项目人员与需求单位不存在股权关系	—	纳入省科技计划统一管理
湖南省	湖南省科技厅	关于征集2019年湖南省创新挑战赛第一批技术需求解决方案的通知	2019年9月18日	—	技术攻关、成果转化	全球范围内同时符合以下条件的企业、团队和个人均可报名参赛 1. 遵守中华人民共和国相关法律法规，且具有解决企业技术需求的能力，能对企业提出的技术的可行方案、攻克关键核心技术的可行方案，掌握自主知识产权 2. 具有良好的科研道德和社会诚信，近三年内无不良信用记录 3. 愿意无偿参与技术需求对接活动	—	—

续表

实施地点	牵头组织实施部门	出台文件	发布时间	榜单领域	榜单类别	申报（主体）范围	经费支持	考核与验收
湖南省	湖南省科技厅、湖南省财政厅	关于发布2021年度湖南省自然科学基金重大项目揭榜选题的通知	2021年3月31日	重大民生类和前沿技术类	基础研究和应用基础研究	本次揭榜面向国内外高校、科研院所、企业、新型研发机构等法人单位，鼓励产、学、研、用组成协同创新联合体揭榜。揭榜方须符合以下条件：1. 揭榜方要在基础研究和应用基础研究领域具有较强的科研力量和深厚的学术积累，能够为开展项目研究工作提供良好条件；2. 揭榜方需确定一家湖南省内的法人单位为项目依托单位，负责项目管理，要求能够提供成果转化所需的专业人员、资金、场地等配套条件。联合揭榜的，各方须签订合作协议，明确责任和权利，作为申请附件上传（其他细节条件不再列出）	资助额度每项一般不超过1000万元，具体根据揭榜方申请以及项目研究的实际需要确定。资助经费根据项目实施情况分年度拨付，当年拨付40%，中期评估通过后第二年拨付30%，第三年再拨付30%。项目实施成效好且需持续研究的可以滚动支持资助；成效果不好的，终止实施并按规定追回相关财政资金	—

续表

实施地点	牵头组织实施部门	出台文件	发布时间	榜单领域	榜单类别	申报（主体）范围	经费支持	考核与验收
湖南省	湖南省科技厅、湖南省财政厅	关于发布2021年湖南省技术攻关"揭榜挂帅"项目榜单的通知	2021年11月5日	涉及新材料、先进制造、电子信息、现代农业、生物医药、资源与环境六大领域	技术攻关	（一）揭榜方应为我国境内注册的具有独立法人资格的高校、科研院所、新型研发机构、企业等法人单位，或相关单位组成的联合体 （二）具有较强的研发实力、科研条件和团队力量等，在相关领域具有良好科研业绩，有能力完成榜单任务 （三）应具有良好的科研道德和社会诚信，近三年内无不良信用和违法行为 （四）满足发榜单位提出的具体需求 （五）与发榜方存在关联交易的不得参与揭榜	财政资金按不低于发榜方与揭榜方签订的揭榜协议（技术合同）总金额40%的比例给予补助，单个项目资金补助最高不超过1000万元	

续表

实施地点	牵头组织实施部门	出台文件	发布时间	榜单领域	榜单类别	申报（主体）范围	经费支持	考核与验收
湖南省	湖南省科技厅、湖南省发展和改革委员会、湖南省财政厅、湖南省农业农村厅	关于发布"优质高产低镉水稻关键核心技术研究及重大项目品种培育"揭榜挂帅"榜单的通知	2022年6月6日	优质高产低镉水稻	技术攻关	1. 揭榜方应为我国境内注册的具有独立法人资格的高校、科研院所、或新型研发机构、企业等法人单位，或相关单位组成的联合体（项目参与单位总数不超过5家，由牵头单位进行整体申报）2. 具有较强的研发实力、科研条件和团队力量等，在低镉水稻品种培育的技术研究及品种培育方面具有坚实的研究基础，拥有低镉水稻评价体系、检测条件和自主试验表型鉴定，有能力完成榜单任务 3. 具有良好的科研道德和社会诚信，近3年内无不良信用和违法行为	一般不超过2000万元，根据项目研发进展和考核情况，分年度滚动拨付	—

续表

实施地点	牵头组织实施部门	出台文件	发布时间	榜单领域	榜单类别	申报（主体）范围	经费支持	考核与验收
湖南省	湖南省农业农村厅	关于发布农业科技人员"揭榜挂帅"领办示范片项目榜单的通知	2023年3月31日	农业科技人员	其他（人员）	1. 揭榜方原则上为本省、市相关农业科研院所、大专院校专家 2. 揭榜方具有相关专业副高以上职称（或博士以上学位），在领办示范片方面具有丰富的实践经验，拥有相对成熟的科研条件和团队力量，下沉示范片驻点技术指导服务不少于90天，能全面完成榜单确定的面积、产量等目标任务 3. 揭榜方应具有良好的科研道德、敬业精神和社会诚信，近3年内无不良信用和违法行为	在绿色高产高效行动等项目中给予适当补助，补助资金统一安排到县，由项目县支付给中榜者	组织第三方开展项目验收，除重大自然灾害等不可抗因素外，未完成项目榜单任务目标的，扣除相应技术服务补助资金
湖南省	湖南省农业农村厅	关于开展湖南智能农机装备创新研发项目揭榜挂帅的通告	2023年6月13日	农机装备	技术攻关	鼓励国内相关高校、科研院所和湖南省内农机生产企业申报创新研发项目。申报单位应具有独立法人资格，拥有较强科研能力和较好科研条件，运营管理规范，信用状况良好。申报单位须对项目申报信用承诺、合法性、合规性负责。农机生产企业牵头申报项目的，须在申报书中如实填报上年度企业研发投入情况，同时提供上年度贴花审计报告	单个项目不超过1000万元奖补资金由湖南省财政分两次拨付至研发单位，项目确定后即拨付60%，剩下部分待项目验收通过后拨付	—

续表

实施地点	牵头组织实施部门	出台文件	发布时间	榜单领域	榜单类别	申报（主体）范围	经费支持	考核与验收
湖南省	湖南省科技厅	湖南省科技厅关于发布2023年湖南省重大科技攻关"揭榜挂帅"制项目榜单的通知	2023年10月13日	生命健康、资源环境等民生领域公益性技术攻关和重点基础性前沿领域研究任务	技术攻关	(1) 具有独立法人资格的省内外高校、科研院所、科技型企业、新型研发机构或省实验室等创新平台或其组成的联合体（其中牵头揭榜单位原则上不超过1个，其他参与揭榜单位不超过5家）。联合揭榜的所有参与单位应签署联合揭榜协议，明确合作方式、任务分工、经费投入及分配、收益分配、成果转化和知识产权归属等事项。(2) 省外牵头揭榜科技型企业确定1家湖南省科技型企业作为项目依托单位，负责项目日常管理、成果承接和转化。(3) 具有完成揭榜任务的研发实力，良好的科研条件和稳定的科研团队，掌握与榜单相关内容的自主知识产权，且无产权纠纷。(4) 近3年内无不良信用记录或违法行为	非定额资助方式，立项支持经费不超过榜单中明确的支持金额，项目立项后，财政专项资金实际资助额度少于申请额度的，差额部分由项目承担单位自筹配套解决	—

续表

实施地点	牵头组织实施部门	出台文件	发布时间	榜单领域	榜单类别	申报（主体）范围	经费支持	考核与验收
湖南省	湖南省农业农村厅	关于发布2024年农业科技人员"揭榜挂帅"领办示范片项目榜单的通知	2023年12月20日	农业科技人员	其他（人员）	1. 揭榜范围包括本省、市相关农业科研院所、大专院校专家 2. 具有相关专业副高以上职称或博士以上学位（在2023年示范片创建工作中表现特别突出的可适当放宽条件），在领办示范片方面具有较丰富的实践经验，拥有相对成熟的科研条件和团队力量 3. 能确保完成榜单确定的示范片面积、产量等考核指标，以及所包干市州大面积单产提升的技术推广，培训、指导等产业工作任务，示范片和大面积指导服务时间不少于90天 4. 具有良好的科研道德、敬业精神和社会诚信，近3年内无不良信用和违法行为	在绿色高产高效行动等项目中给予适当补助，补助资金统一安排到项目县，由项目县支付给中榜者	组织第三方开展项目验收，除重大自然灾害等不可抗因素外，未完成成果榜单目标任务的，扣除相应技术服务补助资金

续表

实施地点	牵头组织实施部门	出台文件	发布时间	榜单领域	榜单类别	申报（主体）范围	经费支持	考核与验收
湖南省	湖南省科技厅，湖南省财政厅	关于发布2024年度湖南省重大科技攻关"揭榜挂帅"项目榜单（生态环境领域）的通知	2024年7月27日	生态环境领域	技术攻关	（1）具有独立法人资格的省内外高校、科研院所、科技型企业、新型研发机构或省实验室等创新平台或其组成的联合体（其中牵头揭榜单位1个，其他参与揭榜单位原则上不超过5家）。联合揭榜的所有参与单位应签署联合揭榜协议，明确合作方式、任务分工、经费投入及分配、收益分配、成果转化和知识产权权属等事项。 （2）省外牵头揭榜单位需确定1家湖南省科技型企业作为项目依托承接单位，负责项目日常管理、成果承接和转化。 （3）具有完成揭榜任务的研发实力、良好的科研条件和稳定的科研团队，掌握与榜单内容相关的自主知识产权，且无产权纠纷。 （4）近3年内无不良信用记录或违法行为	非定额资助方式，立项支持经费不超过榜单中明确的支持金额，项目立项后，财政专项资金实际资助额度少于申请额度的，差额部分由项目承担单位自筹配套解决	—

续表

实施地点	牵头组织实施部门	出台文件	发布时间	榜单领域	榜单类别	申报（主体）范围	经费支持	考核与验收
重庆	重庆市科学技术局	重庆市科学技术局关于发布第一批"揭榜挂帅"项目榜单的通知	2021年5月26日	高端装备、生物医药和现代农业三个领域	技术攻关	符合条件的市内外高等院校、科研院所和企业等产学研单位均可以参与揭榜	有的不少于1000万元，有的不少于800万元项目实施按照"里程碑"管理模式，最终用户对揭榜单位开展节点考核评估，并视考核情况分阶段拨付经费	纳入市级科研项目管理

续表

实施地点	牵头组织实施部门	出台文件	发布时间	榜单领域	榜单类别	申报（主体）范围	经费支持	考核与验收
重庆	重庆市科学技术局	重庆市科学技术局关于发布第二批"揭榜挂帅"项目榜单的通知	2021年6月12日	生态环保和汽车两个领域	技术攻关	符合条件的市内外高等院校、科研院所和企业等产学研单位均可以参与揭榜	不少于400万元、600万元、1000万元项目实施按照"里程碑"管理模式，最终用户对揭榜单位开展节点考核评估，并视考核情况分阶段拨付经费	—
重庆	重庆市经济和信息化委员会	关于组织开展2021年全球灯塔工厂"揭榜挂帅"工作的通知（渝经信智能〔2021〕72号）	2021年6月21日	制造业	其他	（一）申报主体在重庆市辖区内注册，具有独立法人资格 （二）申报主体大规模采用智能制造和工业4.0领域的先进技术，在多样化、端到端集成、价值创造、规模化等方面开展领先实践 （三）申报主体在智能制造和工业4.0领域的投资（含已投资和拟投资）不低于1亿元	"揭榜"单位成功入选全球灯塔工厂后，市经济信息委在宣传、示范和政策等方面予以支持	—

续表

实施地点	牵头组织实施部门	出台文件	发布时间	榜单领域	榜单类别	申报（主体）范围	经费支持	考核与验收
重庆	重庆市经济和信息化委员会	关于发布重庆市工业和信息化领域"揭榜挂帅"项目榜单（工业软件方向第一批）的通知（渝经信软〔2021〕11号）	2021年8月17日	软件产业	技术攻关（产品）	1. 申报单位应与龙头企业组成联合体进行榜单项目申报，其中，联合体牵头单位最多不超过5家，头单位注册登记地、税务登记地均应在重庆市行政辖区内，具有独立法人资格，以工业软件相应技术服务为主营业务，具有一项以上自主知识产权工业软件产品，在工业领域有应用案例；联合体其他单位中至少保证1家为该工业软件产品应用单位，且该应用单位为行业龙头企业、需求量大，有该工业软件产品丰富的应用场景。2. 联合实施周期内达到该榜单项目能够在项目实施周期完成工作，在项目实施完成既定的考核指标要求，由联合体牵头单位评估测试，计算软件产品的自主化评估登等工作，并整理形成相关自主知识产权、合同、发票等材料便于评审验收。3. 联合组成各单位信用良好，相关信用信息查询之日一年内在全国信用信息共享平台未查到行政处罚、失信态或被列入信息、法人治理结构完善、财务管理等相关企业制度健全	每项600万元。揭榜项目支持资金由市区（县）级经济信息主管部门按照1∶1比例共同承组家年度组织专家对项目进行阶段性评估，并将评估结果作为下一年度资金发放依据	揭榜单位完成关项目后，可申请进行验收。重庆市经济相关信息和检测具备条件的第三方专业机构开展评估工作，评估工作基于工揭榜项目标重庆市场应用情况开展评估并形成评估报告。重庆市经济根据评估结果委专家对项目进行验收

续表

实施地点	牵头组织实施部门	出台文件	发布时间	榜单领域	榜单类别	申报（主体）范围	经费支持	考核与验收
重庆	重庆市经济和信息化委员会	关于开展2022年制造业"一链一网一平台"试点示范"揭榜挂帅"工作的通知（渝经信智能〔2022〕25号）	2022年4月25日	制造业	其他	（一）在重庆市依法登记注册、具有独立法人资格的制造业企业（二）"揭榜"企业依法经营，具有健全的财务管理机构和制度，生产运营状况和信用记录良好，具有较强的经济和技术创新实力（三）"揭榜"企业在研发设计、生产制造、产品服务等各环节具有一定的信息化基础，有专业的信息化建设管理团队（四）"揭榜"企业遵守国家网络安全、数据安全、安全生产等方面的法律法规，近3年未发生重大安全事故（五）每个企业原则上只能"揭榜"一个重点产业链方向，且项目需符合相应要求（六）鼓励大型企业整合集团内部资源，以集团公司名义"揭榜"（项目需全部为集团公司出资）	对通过验收的项目，市经济信息委按照有关政策给予一次性补助；对未通过验收的项目，不给予政策补助	"揭榜"企业在项目建设完成后一个月内向市经济信息委申请验收。市经济信息委委托第三方专业机构对项目完成情况进行评估，并对项目工业互联网安全防护情况进行测评。结合评估报告，市经济信息委组织专家对项目进行验收

续表

实施地点	牵头组织实施部门	出台文件	发布时间	榜单领域	榜单类别	申报（主体）范围	经费支持	考核与验收
重庆	重庆市经济和信息化委员会	关于发布重庆市工业软件和信息化领域"揭榜挂帅"项目榜单（工业软件第二批）方向的通知（渝经信软件〔2022〕14号）	2022年6月24日	软件产业	技术攻关（产品）	申报单位应是工业软件研发企业与龙头制造业企业组成的联合体，每个联合体只能申报一个榜单项目，申报多个榜单项目的无效。具体内容包括 1. 联合体组成牵头单位最多不超过5家，且各单位法人治理结构完善，企业管理制度健全，信用良好（相关法人相关信息在全国信用信息共享平台查询之日一年内未查到行政处罚、失信惩戒信息）。联合体分为牵头单位和配合单位 2. 牵头单位注册登记地、税务登记地均在重庆市行政辖区内，具有独立法人资格，以工业软件开发生产、系统集成、应用服务和其他相应信息技术服务为主营业务，具有一项以上自主知识产权工业软件产品，在工业领域有应用案例，牵头单位确定一个榜单项目申报后，不能再作为配合单位申报其他榜单项目 3. 配合单位中至少保证1家对该工业软件产品的应用单位，且该应用单位为行业龙头单位或工业软件产品产品，有该工业软件产品丰富的应用场景	每项600万元。揭榜项目扶持资金由市级（区）（县）两级经信主管部门按照1:1比例共同承担，按年度组织专家对项目进行阶段性评估，并将评估结果作为下一年度资金发放依据	揭榜单位完成项目攻关工作后，可申请验收。重庆市经济相关信息委托具备相关资质和检测条件的第三方专业机构开展评估评审工作，评估基于揭榜项目需求、考核指标、市场应用情况及效益经济社会效益评估并形成评估报告。重庆市经济信息委根据评估结果评估组织专家对项目进行验收

续表

实施地点	牵头组织实施部门	出台文件	发布时间	榜单领域	榜单类别	申报（主体）范围	经费支持	考核与验收
重庆	重庆市经济和信息化委员会	关于组织开展 2022 年灯塔工厂种子企业揭榜挂帅工作的通知（渝经信智能〔2022〕88 号）	2022 年 10 月 25 日	制造业	其他	（一）申报主体获得重庆市数字化车间或智能工厂称号 （二）申报主体大规模采用工业 4.0 领域的先进技术、在多样化、端到端集成、价值创造、规模化等方面开展领先实践 （三）申报主体在工业 4.0 领域的投资（含已投资和拟投资）不低于 1 亿元，并实现规模效益 （四）申报主体需在揭榜有效期内申请全球灯塔工厂	"揭榜"单位成功入选全球灯塔工厂后，市经济信息委在宣传、示范和政策等方面予以支持	一

续表

实施地点	牵头组织实施部门	出台文件	发布时间	榜单领域	榜单类别	申报（主体）范围	经费支持	考核与验收
重庆	重庆市经济和信息化委员会	关于发布重庆市工业和信息化领域"揭榜挂帅"项目榜单（关键软件方向第三批）的通知（渝经信软件〔2023〕10号）	2023年7月4日	软件产业	技术攻关	（一）申报主体应是最少2家单位，最多5家单位组成的联合体，包含1家牵头单位和其他配合单位，且各单位法人治理结构完善，管理制度健全，信用良好（相关信用信息查询之日一年内在全国信用信息共享平台未查到行政处罚、失信惩戒信息） （二）牵头单位注册登记地、税务登记地均在重庆市行政辖区内，具有独立法人资格，具备软件开发、应用服务和其他信息技术服务能力，相关产品和技术在行业有应用案例 （三）配合单位中至少包含1家应用企业，且该应用单位为该产品的应用方，有实际需求，为行业龙头骨干企业，能为项目落地提供试验环境和应用场景 （四）每个联合体只能申报一个榜单，申报多个榜单的视为无效。牵头单位确定申报一个榜单后，不能再作为配合单位申报其他榜单	项目扶持资金由市、区（县）两级按照1∶1比例共同承担	揭榜单位完成项目攻关后，可申请验收。市经济信息委委托第三方机构开展评估工作，根据评估结果对项目进行验收

续表

实施地点	牵头组织实施部门	出台文件	发布时间	榜单领域	榜单类别	申报（主体）范围	经费支持	考核与验收
重庆	重庆市经济和信息化委员会	关于组织开展软件人才"揭榜挂帅"项目申报的通知（渝经信件〔2023〕22号）	2023年9月21日	软件产业	其他（人才平台）	（一）软件人才"揭级工厂"运营机构 1. 软件人才"揭级工厂"运营机构申报可采用独立申报和联合申报两种方式，联合申报最多由3家单位构成，并确定其中1家单位为主申报单位，否则均视为独立申报 2. 申报单位具有独立法人资格，注册登记地、经营状况良好，税务登记地均在重庆市行政辖区内，财务管理等相关制度健全。具有良好信用，相关信用信息查询之日两年内在全国信用信息共享平台无失信惩戒等信息，无重大社会负面影响行为事件 3. 申报单位具备开展软件人才"揭级工厂"运营管理的能力，具有固定的经营场所和必要的服务设施设备，具有实力雄厚的运营管理队伍，健全的运营管理制度和规范的服务流程 （二）软件人才"揭级工厂"成员单位 1. 软件人才"揭级工厂"成员单位申报主体应至少最少2家单位，最多5家单位组成的联合体，包含1家牵头单位和其他配合单位，牵头单位为具有完成该训培目标任务资格、培训机构等单位，能够统筹调动配合单位共同完成软件人才培训工作，配合单位中至少包含1家行业龙头企业、能为软件人才培训提供实训环境等 2. 申报主体的牵头单位为市内院校的，可由学校申报（需明确1个学院）或其他其他院校作为负责实施的主体）或学院申报。申报主体的牵头单位和配合单位均注册登记地、税务登记地均在重庆市行政辖区内，经营状况良好，相关信用信息查询之日两年内在全国信用信息共享平台无失信惩戒等信息，无重大社会负面影响行为事件 3. 申报主体的牵头单位需具备软件人才培训的相关资质、固定场所和必要的管理设施设备，与完成培训任务相应的师资队伍、课程体系、健全规范的管理服务制度，在软件人才培养、产教融合等方面具有较强能力和丰富经验，具有明确的软件人才培训目标、工作措施、工作计划等	无明确经费支持，在应用推广、试点示范等方面加强支持	揭榜单位在项目实施后，可申请验收。市经济信息委将委托第三方机构开展评估工作，根据评估结果对项目进行验收

续表

实施地点	牵头组织实施部门	出台文件	发布时间	榜单领域	榜单类别	申报（主体）范围	经费支持	考核与验收
重庆	重庆市科学技术局	重庆市科学技术局关于发布重庆市科技攻关"揭榜挂帅"项目的通知	2023年12月15日	聚焦智能网联新能源汽车、先进材料、智能装备、生物医药、软件信息服务、绿色低碳、功率半导体7个重点领域	技术攻关	（一）重庆市内外具有独立法人资格的高校、科研机构、企业等单位及创新联合体等其他组织 （二）具有较强的研发团队，在相关领域具有良好科研业绩，具备较强的国际影响力，有能力完成揭榜任务 （三）能对发榜项目的技术需求，提出计划合理、目标清晰、路线可行的技术攻关方案，项目相关核心技术应有自主知识产权且近三年内无知识产权纠纷 （四）具有良好的科研道德和社会诚信，无在惩戒执行期内的科研严重失信行为记录和相关信用"黑名单"记录 （五）项目负责人应为揭榜牵头单位在职、在岗人员，项目负责团队应弘扬科学家精神，能将主要精力用于项目实施 （六）鼓励揭榜方协同行业上下游和产学研各方力量，联合开展揭榜攻关	分为企业榜单和政府榜单，企业榜单为企业出资，政府榜单为政府出资	—

续表

实施地点	牵头组织实施部门	出台文件	发布时间	榜单领域	榜单类别	申报（主体）范围	经费支持	考核与验收
重庆	重庆市经济和信息化委员会	关于组织开展重庆市制造业数字化转型赋能中心"揭榜挂帅"工作的通知（渝经信智能[2024]5号）	2024年3月18日	制造业	其他	（一）申报主体为依法注册登记、纳税，具有健全财务管理机构和制度，具有独立承担民事责任能力的单位。申报主体负责项目的建设和运营。（二）申报主体应遵守国家网络安全、数据安全、生产安全等方面的法律法规，近3年未发生重大安全事故。（三）拟建设赋能中心应拥有固定场地，且应自有产权或者租赁期限不低于3年，并具备完善的水、电、网络等基础设施（四）项目建设目标、建设任务、资金投入和预期成果符合相应要求（五）各区县经信部门原则上只推荐1个申报主体揭榜。申报主体原则上只能申报1个揭榜方向，申报多方向的视为无效。已获得市级各类财政资金支持的项目不重复支持	获得授牌的赋能中心，市经济信息委按不超过总投资的10%予以补助，最高1000万元。项目日常施期满6个月后，每延期1个月按2%比例减少计划补助资金。不足1个月按1个月计算。超过12个月建设周期仍未通过验收的不予补助	项目建成后1个月内，申报主体报请市经济信息委组织验收。市经信县经信部门组织开展评估验收，对验收合格的项目，按程序进行授牌；对验收合格的项目，责令限期整改，限期整改仍不合格的，责令整改，不予授牌支持

续表

实施地点	牵头组织实施部门	出台文件	发布时间	榜单领域	榜单类别	申报（主体）范围	经费支持	考核与验收
重庆	重庆市经济和信息化委员会	关于发布2024年农机装备研产推用一体化"揭榜挂帅"项目榜单的通知（渝经信备〔2024〕5号）	2024年3月20日	农机装备	技术改关（产品）	（一）申报主体应是由1家牵头单位和最多4家参与单位组成的联合体，具有健全各财务管理制度、信用良好、近3年未发生重大安全事故 （二）牵头单位注册登记、税务登记地均在重庆市行政辖区内，具有独立法人资格，具备农机装备研发、制造、推广，应用4个环节的一项或多项能力 （三）联合体应用单位中至少包含1家该产品的应用单位，有实际的农机装备需求、能为项目落地提供试验环境和应用场景 （四）项目投入不少于1000万元（含设备购置及安装费、软件费、材料费以及检验测试等研发费用、厂房、土地、资金利息等费用），项目实施周期不超过30个月 （五）每个牵头单位只能申报1个榜单，超过单位申报数量限制的申报视为无效	政府按不超过项目总投资的30%予以补助，上限不超过500万元。补助资金分两次拨付，分别在签订项目责任书后、验收通过后拨付补助资金的50%	揭榜单位完成项目攻关后，可申请验收。市经济信息委委托第三方机构进行评估，并根据评估结果对项目进行验收。对通过验收的项目，市经济信息委按计划拨付剩余补助资金；对未通过验收后仍无法达到验收条件的项目，予以终止

续表

实施地点	牵头组织实施部门	出台文件	发布时间	榜单领域	榜单类别	申报（主体）范围	经费支持	考核与验收
重庆	重庆市农业农村委员会	《重庆市种业创新攻关"揭榜挂帅"项目实施工作方案》（渝农发〔2024〕49号）（带有5个榜单）	2024年4月2日	种业	技术攻关	揭榜方应为国内注册的具有独立法人资格的科研院所、高校、优势企业，须符合下列条件 （一）揭榜方应具备能够满足项目实施的相应规模和水平的科研队伍，在揭榜的项目领域具有较强的技术储备，掌握相关核心自主知识产权，能完成榜单任务 （二）揭榜方应具备较强的科技成果转化能力，拥有成熟、完善、人员结构合理的推广体系，确保研究成果在重庆市特色产业中得以应用并做出较大贡献 （三）项目负责人应为牵头揭榜单位在职人员，且项目结题前无退休情况，项目团队能将主要精力用于项目实施 （四）揭榜方诚信，近三年内无不良信用记录和社会违法行为，保证所提交材料真实可靠 （五）揭榜方可以为多家单位组成的联合体，但须明确1家单位为"揭榜单位"，其他参与组成单位原则上不超过3家	项目资金为市级财政资金，2024年合计500万元 "揭榜挂帅"项目资金分年度滚动支持，项目任务书签订后，市农业农村委按照财务有关规定将项目揭榜单位资金全项目揭榜单位账户，第一次为每个项目实施单位拨付40%，第二次为每个项目实施单位拨付40%，第三次验收通过后拨付余款	项目验收分为年度验收和终期验收。市农业农村委（或委托第三方机构）通过召开项目验收专家评审会或总结会议等方式听取项目揭榜单位工作总结汇报，并现场核验相关成果，形成项目年度验收意见和终期验收意见

续表

实施地点	牵头组织实施部门	出台文件	发布时间	榜单领域	榜单类别	申报（主体）范围	经费支持	考核与验收
重庆	重庆市经济和信息化委员会	关于发布重庆市工业和信息化领域"揭榜挂帅"项目榜单（关键软件方向第四批）的通知（渝经信软件〔2024〕22号）	2024年9月19日	软件产业	技术攻关	（一）申报主体应是最少2家单位、最多5家单位组成的联合体，包含1家牵头单位和其他配合单位，且各单位法人治理结构完善，管理制度健全，信用良好（相关信用信息共享平台之日一年内在全国信用信息共享平台之日未查到行政处罚、失信惩戒信息）（二）牵头单位注册登记地、税务登记地均在重庆市行政辖区内，具有独立法人资格，应用软件开发、系统集成，应用服务和其他信息技术在服务能力，相关产品和技术在行业有应用案例（三）配合单位中至少包含1家企业为该应用的应用单位，且该应用有实际需求，有行业龙头企业为行业提供试验环境和应用场景，能为项目落地提供试验环境和应用场景（四）每个联合体只能申报一个榜单，申报多个榜单的视为无效。牵头单位确定申报一个榜单后，不能再作为配合单位申报其他榜单	项目扶持资金由市、区（县）两级按照1∶1比例共同承担	揭榜单位完成项目攻关后，可申请验收。市经济信息委委托第三方机构开展评估工作，根据评估结果对项目进行验收

续表

实施地点	牵头组织实施部门	出台文件	发布时间	榜单领域	榜单类别	申报（主体）范围	经费支持	考核与验收
重庆	重庆市经济和信息化委员会	关于发布重庆市空天信息科技攻关"揭榜挂帅"项目的通知（渝经信软件〔2024〕23号）	2024年9月20日	空天信息	技术攻关	（一）申报主体应是企业或企业牵头的联合体，申报企业或联合体各单位法人治理结构完善，管理制度健全，信用良好（相关全国信用信息查询之日一年内在全国信用信息共享平台未查到行政处罚、失信惩戒信息）。（二）申报企业或联合体牵头企业注册登记地、税务登记地均在重庆市行政辖区内，具有独立法人资格，具备相应的研发实力。（三）每个企业或联合体只能申报一个项目，申报多个项目的视为无效。企业单独申报一个项目后，不能再作为联合体牵头单位申报其他项目。（四）申报主体具有明确的项目攻关任务来源，具备支撑项目攻关相关的必要条件。	—	揭榜单位完成项目攻关后，可申请验收。重庆市经济信息委托具备相关资质的第三方专业测评机构开展评估工作，评估工作基于攻关内容、考核指标及市场应用情况形成评估报告。重庆市经济信息委根据评估结果组织专家对项目进行验收。